JN237579

ほんとに使える「ユーザビリティ」

より良いデザインへのシンプルなアプローチ

エリック・ライス 著
浅野紀予 訳

BNN
Bug News Network

本書への賛辞

「モノを使えるようにする仕組みの裏にある基本原則の新たな見方を、賢者ライス氏が示してくれたわ。その取り組み方についての実践的なアドバイスもね。お気に入りの一冊になりそうよ」
　　　　　　　　　　　　　　　　　　　　　　　　　　　　　　　　　　　　──Susan M. Weinschenk, Ph.D.
　　　『インタフェースデザインの心理学―ウェブやアプリに新たな視点をもたらす100の指針』『Neuro Web Design』著者

「これを読んだら、ユーザビリティの欠陥品がこんなに市場に出回ってるのはおかしい、自分が関わるものは絶対に同じ過ちを繰り返さないぞと思うことだろう。エリックはモノを使いやすくするために長年かけて手に入れた成果を、新米デザイナーにも経験豊富なベテランにも役立つテクニックや事例が詰め込まれた一冊の本へと見事に仕立てている」　　　　──Martin Belam, Guardian News & Media リードUX＆インフォメーションアーキテクト

「実践的で、読みやすくて、著者の長年の経験が詰まってるこの本は、あなたの製品やウェブサイトを使いやすくすること請け合いだ」　　　　　　──Gerry McGovern『Killer Web Content』『The Stranger's Long Neck』著者

「ユーザビリティの理解はデザインコミュニティの中だけで終わるべきじゃない。それは哲学的にとんでもなく重要になるんだ。現代社会ではあまりにも多くのものがシステム2の思考によって、またそれを助長する目的で考え出されている。大方の判断をするのは――そして、体験から生じる喜びやストレスをより多く生み出すのは、口数の少ないシステム1の思考の方だという事実が忘れられている。エリックの本は、この重要な議論に加わるとても大きな味方だ」　　　　　　　　　──Rory Sutherland, Ogilvy & Mather UK 副議長、『The Wiki Man』著者

「核心的トピックをめぐる、新鮮で実利的な観点。文句なく一読の価値ありだよ」
　　　　　　　　　　　　　　　　　　　　　──Harry Max, Rackspace エクスペリエンスデザイン担当 上級副社長

「何かをもっと使えるようにするためのアドバイスが欲しい、麻酔をかけたカメや、ひどい航空会社のひどいサービスや、掃除機のごみパックの話を聞きたい、そんな時はエリックにおまかせだ。どのページでも彼のウィットと知恵を味わえるけど、そのすべてがユーザビリティへのすばらしく実践的なガイドにもなってくれる」
　　　　　　　　──Dan Willis, Sapient アソシエイト・クリエイティブディレクター（www.uxcrank.comにて兼務）

「本気で最高のユーザーエクスペリエンスを作りたいなら、これは必読！ ユーザビリティについてのエリックの見識が愉快な事例によって逞しさを増し、類を見ないようなビジネスセンスを兼ね備えた見方で示されている」
　　　　　　　　──Richard Dalton, The Vanguard Group エクスペリエンス戦略＆効果測定担当シニアマネージャー

「良いユーザビリティは、もう"あったらいいな"で済むものじゃない。ビジネスの必需品だ！ この素晴らしく役に立つ、使い勝手抜群の本で、エリックはあなたの製品やサービスの改善のため、果ては収益アップのためにやるべき仕事をズバリと解説してくれる。ライバルより先に読むべし！」

——Michael Seifert, Sitecore Corporation CEO

「エリックはこの本で新たな古典を記した。年季の入ったUXエキスパート、新入りデザイナー、心に残る体験を作ることに関心がある誰もが、この本から豊かな見識と魅力とインスピレーションをもらえるはず。あなたの本棚や電子書籍リーダーに、いつでも置いておこう！」

——Matthew Fetchko, デジタル・ストラテジスト

「ユーザビリティの問題はもはやごく一部の専門家だけの関心事ではなく、製品やサービスのデザインに関わる誰もが必ず意識すべき分野となっている。この本には、使えるだけじゃなく魅惑的なモノを作るためのアイデアが満載だ」

——長谷川 敦士 (Ph.D.), 株式会社コンセント 代表／インフォメーションアーキテクト

「著者の言う通り、'ごく単純な話、機能するモノなら使うはず'。で、エリックの本がまさにそれ。彼が解説した、誰もが日々出くわすおなじみの状況の豊富さには驚きだ。ストレスの種になる厄介事も、貴重な時間の浪費も、みんなロクなユーザビリティテストもせずに発売された製品が悪い。この本の選りすぐりのイラストや事例は、ユーザビリティテストに合格すること間違いなしだね。エリックの優れたユーモアも加わった、折り紙付きの楽しい一冊だよ"

——Kiran Mehra-Kerpelman, 国連情報センター ディレクター

「なんという傑作！ エリックは長年にわたって（しかも世界中から）集めてきた、ユーザビリティにまつわる抜け目ない観察結果をまとめ上げた。不安を減らしユーザーに知的な自信を与えるためのガイドラインが、この優れた本の締めとなっている。それらは、食器からインターフェイスまで、あらゆるモノをよりシンプルに、さりげなく、ひたすら使えるものにする方法を決める立場にあるすべての人にとって、集大成的なマニュアルになるよ。こりゃすごい本だって、もう言ったっけ？」

——Jay Rutherford, ワイマール・バウハウス大学 ビジュアルコミュニケーション課程担当教授

Usable Usabilty
Simple Steps for Making Stuff Better

Copyright © 2012 by John Wiley & Sons, Inc., Indianapolis, Indiana

Japanese translation rights arranged with
John Wiley & Sons International Rights, Inc.
through Japan UNI Agency, Inc., Tokyo

Published by
John Wiley & Sons, Inc.
10475 Crosspoint Boulevard
Indianapolis, IN 46256
www.wiley.com

The Japanese edition was published in 2013 by BNN, Inc.
1-20-6, Ebisu-minami, Shibuya-ku,
Tokyo 150-0022 JAPAN
www.bnn.co.jp
2013 © BNN, Inc.
All Rights Reserved. This translation published under license.
Printed in Japan

大いなる情熱を抱いたわずかな人々の努力が
いかに世界を変革できるかを教えてくれた私の両親、
ルイーズ・ライスとエリック・ライスに

謝　辞

　この本は、たくさんの人たちの関わりによって生まれた。その中には、ユーザビリティへの私の見方をかたちづくってくれた、名も知らない無数のアーティストやライター、教育者、政治家、兵士、聖職者のみなさんがいる。それから、いつどこで始まったか今では思い出せない思考のプロセスを生むきっかけをくれた、数多くのプロのデザイナーたちとの出会いがあった。みなさん、ありがとう。名前まで覚えているとは限らないけど、あなたたちがくれたアイデアを忘れはしないよ。

　そうは言っても、とりわけ多大な影響を受けた4人の名前を挙げないわけにはいかない。1980年代のスカンジナビアのサービス・マネジメントについて手ほどきしてくれたクラウス・モレール（Claus Møller）、サービスとコンバージョンが手に手を取り合って進むことを教えてくれたレイ・コンシダイン（Ray Considine）、誰もが"欠陥ゼロ"を目標とすべき理由を明らかにしたTQM（Total Quality Management）の導師フィリップ・クロズビー（Philip Crosby）、そして広告ビジネスでの長年の師であり、形態と機能が一体となって真に驚くべきものが生まれる可能性を見せてくれた、モーエンス・ソーレンセン（Mogens Sørensen）。

　世界中にいるFatDUXの同僚たちはみんな、このプロジェクトを通じてとてつもなく力強い支えとなってくれた。ここデンマークでは、Maiken Kjærulffが多くの日々を費やして写真を加工したり、テキストテンプレートを調整したり、ラフ原稿にコメントをくれたりした。彼女はもちろん、全員に大きな感謝を！

　理性の人である昔からの友人、Lynn Boydenは、本書の編集アシスタントおよびテクニカルエディターとして、優れた腕前を見せてくれた。私は彼女のアドバイスのほとんどに従った。もし気に入らないところがあれば、全部私のせいだ。そしてLynnはこうボヤくに違いない。「だから言ったじゃない」ってね。

　写真やスクリーンショット、その他の画像を提供してくれた以下の方々に感謝したい。Marcel Douwe Dekker、Matthew Fetchko、Mark Hurst、Kishorekumar62、Peter J. Meyers、Anders Schrøder、SEOmoz、John Smithson、そしてWikipediaプロジェクトのみなさん。

　Wileyの担当チームは素晴らしいメンバーばかり。忍耐強い版権取得編集者であるMary Jamesは、私のよき友人で法務担当者でもあるDavid M. Saltielとしっかり手を組み、この本をコンセプトから出版契約へとつなげる面倒をみてくれた。プロジェクト担当編集者のMaureen Speersは、でこぼこ道を平らにならし、このプロジェクトを実行に移してくれた立役者だ。コピーエディターのCharlotte Kughenには、流れるような文体を保ち、スペル

ミスを直してもらった。そしてシニアプロダクションエディターのDeb Banningerと、プロダクションエディターのKatie Wisorが、ちゃんとすべてを一冊の本という形にしてくれた！ みなさんには、いくらお礼を言っても足らない。

　そして最後に、このてんやわんやを我慢してくれた妻のドルテに、大いなる感謝のハグとキスを。それにもちろん約束するよ。もう家中のドアノブや調味料入れの写真を撮りまくるのはやめるって。いつかはね。

——エリックL. ライス
デンマーク コペンハーゲンにて
2012年6月

[著者について]

エリック・ライス（Eric Reiss）は、思い出したくもないほど長いことサービスデザインや製品デザインのプロジェクトの数々に首を突っ込んできた。現職は、デンマークのコペンハーゲンを本社拠点とする国際的なユーザーエクスペリエンスデザイン企業、FatDUXグループのCEO。また、ワイマール・バウハウス大学ではデザイン原則についての講義を行ない、マドリードのIEビジネススクールのユーザビリティ／デザイン担当前任教授でもあり、ヨーロッパとアメリカの両方ではいくつかの大学や協会の顧問を務めている。彼の「Web Dogma」は、一時の流行と技術の発展のどちらも超えていくデザイン哲学であり、世界中で数多くの開発者や企業に採用されている [訳注]。Twitterアカウント：@elreiss

---

[訳注] 　ウェブサイトやオンラインアプリケーションのユーザーエクスペリエンスを高める10箇条のルール。以下のページで公開されている。
http://www.fatdux.com/how/our-web-dogma/

目次 **Usable Usability** Simple Steps for Making Stuff Better

イントロダクション … 015

第1部 使いやすさ … 026

第1章 機能性 … 028

機能性を高める3つのポイント … 029
クリックからコンバージョンまで：ボタンを確実に機能させる … 030
ブラウザ戦争とハードウェア問題 … 031
ホームページに悩むより、フォームのお手入れを … 032
機能的なフォームを作る4つのポイント … 033
入力必須フィールド … 033
フォームと業務ルール … 034
相互依存型フォーム … 035
操作説明と機能性 … 036
ナビゲーション：行きたい場所へ導く … 038
我が家のお粗末な新入りテレビ … 038
目標を理解し、そこに狙いを定める … 039
おとぎ話のほんとの話 … 040
機能性は時間と共に変わる … 041
苦情という名の贈り物 … 042

第2章 反応性 … 049

機能性を高める3つのポイント … 049
反応性を高める伝統的な3つのポイント … 050
第4の視点：「レスポンシブデザイン」 … 051

「起きろ、このバカマシンめ！」	054
FUD：恐れ、不安、疑い	055
トランジション技法——さらに詳しく	057
トランジション技法と物理的オブジェクト	059
オンライン環境での反応メカニズム	060
物理的オブジェクトの反応メカニズム	062

第3章 人間工学性　067

ヘンリー・ドレフュス：工業デザインへのエルゴノミクスの導入	068
ボタン：時には大きいほど良いのはなぜか	070
数ミリ秒が肝心	072
学者たちを連れてこよう	073
"箇条書きの先頭の一語"	074
TABキー、その他のキーボードショートカット	077
ゆとりを持たせる	078
「列の最後尾にお並びください」	080
労働組織を改善する	080
エリックとIRS	080
"寡黙な案内係"	082

第4章 利便性　088

不便なところを好転させる	089
エリックが恋の痛手にアドバイス	091
マルチモーダル体験	091
ルーチンの切り替え	092
銀行に電話するのが嫌いな理由	093
インターフェイスの切り替え	095

オンラインからオフラインへの切り替え　　096
　　いつもと違う状況が便利さを際立たせる　　097
　　ペルソナ、その他の便利なツール　　098
　　コンテクストは王国なり　　099
　　"必需品"はすべて用意しておく　　101
　　"3クリックで一巻の終わり"　　103

第5章 万人保証性　　109
　　勝利を助けるRAFの仕組み　　109
　　人間は忘れっぽい。だから思い出させてあげよう　　110
　　アラート、その他の警告　　111
　　"オオカミ少年"症候群　　113
　　物事を強制する　　114
　　パーソナライゼーションの危険性　　115
　　冗長性の魔法　　116
　　役立つエラーメッセージを書く　　117
　　より良い判断を助ける　　119
　　スペるミスはつきもの　　120
　　利用手順なんて誰も読まない　　121
　　メッセージを暗記させないこと　　123
　　わかりきったことを言うべき時もある　　124
　　前回のことは次回には覚えていない　　125
　　物理的抑止力　　126

第2部 優美さと明快さ … 134

第6章 可視性 … 136
不可視になる4つの状況 … 139
謎の"折り目" … 140
みんなスクロールしてるよ！ … 141
折り目を特定できない理由 … 142
折り目が重要な場合 … 145
折り目が重要じゃない場合 … 147
スクロールフレンドリーなページを作る … 148
フレンドリーじゃないスクロールフレンドリーなページ … 148
スクロールとメニューの長さと携帯電話 … 149
重要なものは広告もどきにしない … 150
USATODAY.comとバナーブラインドネス … 150
すべてを見せないようにする … 152
エリックのひらめきエレベーターテスト … 154
シャーロック、エドワード、ドン、そして「気」について … 156

第7章 理解可能性 … 162
「共有参照」とは？ … 163
言葉についてひとこと … 163
エリックの"電球"テスト … 164
有効な「共有参照」作りの5つのポイント … 167
安全地帯を作る … 169
ストーリーは堂々と語ろう … 169
写真、その他の視覚的援助 … 172

アイコン、その他のトラブルメーカー　173
"ブレッドケースくらいの大きさ"　174
太陽の沈まないウェブの世界　176
オーディオとビデオ　178

第8章 論理性　183

論理的推論の3つの基本型　183
"なぜ"という魔法の言葉　184
機能性と論理　185
反応性と論理　185
人間工学性と論理　186
利便性と論理　186
万人保証性と論理　187
デザイン的不協和　188
ユースケース　190
リニアなプロセス　192

第9章 一貫性　198

ひとつご注意を　199
シノニムの誘惑　199
均等性を保つ　199
遡行的推論ふたたび　202
標準化は一貫性を促す　204
一貫性は当たり前のものじゃない　205
1つのボタンに1つの機能　208
1つのアイコンに1つの機能　209
1つのオブジェクトに1つの動作　209

第10章 予測可能性　215
- 予測可能性を高める6つの方法　216
- 予想すべきものを知る　217
- ブランディングと顧客満足度と期待の関係　218
- 期待形成を助ける　219
- 操作説明ふたたび（読んだことないけど）　220
- あなたの期待をみんなに伝える　221
- プロセスに含まれるステップ数を知らせる　222
- どんなプロセスにいるのか知らせる　223
- 予想通りの場所に置いておく　225
- 見えない状態を警告する　226

第11章 これからのステップ　232
- ゲリラ形式ユーザビリティ　232
- 正式な思考発話法テスト　233
- ユーザビリティをビジネス事例の一部に　234
- 発明か、それともイノベーションか？　236
- 事故原因は1つに絞り切れないもの　238
- 単発的な出来事から結論を出さない　238

- おすすめ本ライブラリー　242
- 訳者あとがき　246
- 索引　248

イントロダクション

Introduction

　「ユーザビリティ」という言葉にはうんざりだ。「ユーザーフレンドリー」ときたらなおのこと。「これはすごい」なんて決まり文句と同じで、ほぼ無意味になるほど乱発されているからだ。Amazon.comで「usability」というキーワードを検索すれば、4,000件を超える結果が返ってくる。「web design」の検索結果の倍に近い。経験の浅いウェブデザイナーが、自分のデザインを手直しするよりも、それをかばおうとしてユーザビリティ的な"統計値"を言い訳にすることがよくあるのは、たぶんそのせいだろう。

　もちろん、この用語の使い過ぎや調査結果の間違った利用が後を絶たないとはいえ、われわれIT業界人の多くは、「ユーザビリティ」がビジネスの成功の秘訣に他ならないことを昔から知っている。オンラインでもオフラインでもね。だから私は、目的を果たすために政治的な駆け引きよりも常識を頼りに、ひたすらより良いモノを作り出そうとしているみなさんと、自分が考え、見つめてきたこと、そして事実の数々を分かち合いたい。

　まずは、いちばん大事な概念を定義することから始めよう。

「ユーザビリティ」とは？

　この本をどう位置づければいいかわかるように、私自身のユーザビリティの定義をお見せしよう。

　ユーザビリティ（Usability）とは、調べたり、改善したり、デザインしたりするあらゆる対象（ドアノブや、ウェブページのような"物"を伴うことすらないサービスまで含む）を「利用」しながら、特定のタスクを遂行したり、より幅広い目標を達成したりする各個人の能力を扱うもの。

　まったくシンプルなものだ。つまり、こういうことになる。

もし自動車が発進しなかったら、その基本となる機能的ユーザビリティは最悪だ。走り出しても、安全性や信頼性に欠けていたり、ただ快適性がイマイチだったりすれば、その車にはやはりユーザビリティ的な課題がある（ちょっと気づきにくいけれど）。でも肝心なのは、どのケースにしても、車のユーザビリティが状況次第のニーズに関わっているという事実だ。つまり、体験による"満足度"が、ユーザビリティの質にも影響するということ。のんびりした車での長旅なら、快適さが大切だろう。雨の日に近所の誰かが車で職場まで送ってくれる場合には、快適さよりも利便性が先に立つ。もっと言えば、走行不能となった車体でさえも、一種のシェルターになったり、遊び場になったり、研究対象として役立ったりすることがある（ホームレスの人々、遊技場の古い消防車によじ登る子どもたち、自動車博物館を思い浮かべてみよう）。

　オンラインでは、読み込み時間やナビゲーション、グラフィックの配置、ボタンのサイズなどが論点となるだろう。それこそまさに、ユーザビリティの話だ。

　この基本的な定義を認めてもらえれば、ユーザビリティとは、ウェブサイトのデザインやモバイルアプリ、ATM、その他の画面上の体験に限られるものではないとわかるだろう。個人的に見れば、どこもかしこもユーザビリティの問題だらけだ——自宅のキッチンで缶切りがうまく使えない件から、はるか海外でパスポートが役立たずとなる件まで[原注1]。総称として、私はこういう物事を全部ひっくるめて「ユーザビリティ事案（stuff）」と呼んでいる（もっと仰々しい技術的用語が見当たらないせいでもあるが）。要するに、私が思い描くユーザビリティとは、杓子定規な「リンクは青くするべし」という類いのありがちなアドバイスに留まりはしない。だからこそ、本書でこれから見てもらうのも、標準的なスクリーンショットだけじゃないのだ。

（実体のある製品でもサービスでも）あらゆるもののユーザビリティは完全に状況次第で決まる。この機械の場合、消防活動に使われていた時には、今では手ごろな遊び場となっているのとは別の面でユーザビリティを判定されていたことになる。[写真提供：shoutaboutcarolina.com]

[原注1]　先日、旧ソ連方面に訪れた時、真新しい制服に大きな肩章を付け、態度もデカい19歳の国境警備員に出国を認めてもらえなかった（パスポートの写真が別人と判断されたのだ）。ほぼ丸1時間かけて3名の上長たちが彼女を説得した挙げ句、やっと搭乗することができた。明らかに、私のパスポートにはユーザビリティの問題がある。

それは「要求」に応え、「期待」にも応えるもの？

　ユーザビリティには、コインのように裏表がある。一面は使いやすさ (ease of use)、もう一方の面は優美さと明快さ (elegance and clarity) だ。使いやすさは実質的な性質に関わる（「それは"要求"することをしてくれる」）。一方、優美さと明快さは心理的な性質に関わる（「それは"期待"することをしてくれる」）。そこで、この本は大きく2部に分かれているというわけだ。第1部と第2部のどちらでも、検討すべき5つの重要課題をなぞっていく。すると、その両方で重なる部分がたくさんあることに気づくだろう。

　誰よりも先に自分が認めざるを得ないけれど、ユーザビリティというテーマはとことん細かくみじん切りにされてしまうことがある。だから、（私のアドバイスも含めて）どんな「ルール」でも話半分で聞くようにしよう。この本で紹介するのは、私の経験上うまくいった1つの方法でしかない。あなた自身や、あなたが所属する企業、またそのクライアントにとって、この情報をもっと活用するためにふさわしいことがあれば、何でも遠慮なくやってみてほしい。

　私は3年間ほど、スペインのマドリードにあるビジネススクール「Instituto de Empresa」で、ユーザビリティ／デザイン学科の教授を務めた。これはデジタルマーケティングの修士課程の一部だった。自分の知る限り、デザインの分野をまともにとりあげていた教授は私だけ——カリキュラムの大部分は、起業家精神やその類いのビジネス方面の話題を扱っていたのだ。本書の内容は、私がその授業で教えてきたことにもかなり近い。で、その成果はいかに？　1学期を終えた時点で、私の生徒の多くは、これまでプロのユーザビリティ評価担当者が見せてくれたものにも匹敵するようなユーザビリティ調査結果を出してきたのだ。デザインの素養がないビジネススクールの学生にその方法論が通用するなら、ちょっとした実践的ガイダンスがあれば、価値あるユーザビリティの改善をほぼ誰もが果たせることになるだろう。

なぜユーザビリティが大事なの？

　ごく単純に言えば、機能する製品なら使うし、機能しなければ使わないからだ (iTunes、Facebook、Microsoftなどのデザイン上のひどい判断ミスの数々は、大目に見られているけどね)。それに、何かを使うにはそれを買わなきゃいけないのが普通だから、ユーザビリティはたちまちオンラインビジネスの場で不可欠なものとなる。少なくともそうあるべきだ——特に、無料体験版を提供している場合には。でも、ユーザビリティは基本的な使いやすさ以上のものだ。思い出そう、ユーザビリティにはコインのような二面性があることを。使いやすさの裏には、心理的な側面があることを。

　たとえば、近所に2軒のピザ屋があるとしよう。味では甲乙つけがたい。値段もほぼ同じだ。でも、一方の店主は、注文しても素っ気ない対応を見せる。もう一方の店主は、あなたの名前を覚えて挨拶してくれるので、歓待さ

れている気分になる。

　あなたなら、どっちの店にピザを買いに行くかな？

　これはサービスデザインの問題か、それともユーザビリティの問題か？　私は両方だと言いたい。ユーザビリティは、ユーザーの満足度に直結するのだから。

　もちろん、こんな声が上がるだろう。「でも、"製品"って何のこと？　ユーザビリティは何かとのインタラクションに見られる実質的な面と心理的な面を取り扱うものだって言ったばかりなのに！」とね。そりゃその通りだ――そういう見方は、まだ必要以上に狭いけれども。（それを一緒に広げていこう。）　ちょっと考えてみてほしい。客として"利用"したくなるのは、サービスが良いピザ屋の方だ。違うかな？　だから、サービス品質もユーザビリティの方程式の一部ということになる。ユーザビリティは製品の、つまりピザ自体やそのパッケージなどの品質に関わっているだけじゃないのだ。ユーザビリティこそが、サービスを製品にするのだと言ってもいい。

　製品とサービスのユーザビリティは、お互いを補っているだけじゃない。極端な話、あるブランドの何か1つの要素でひどい体験をすれば、他の要素とお近づきになりたいという意欲はしぼんでしまう。サービスや望ましさをユーザビリティの要素としても捉える必要があると考えるのはなぜか、それをわかりやすく示すちょっとしたエピソードを紹介しよう。

　先日、我が家の立派な食器洗浄機を修理してもらうことになった。保証期間中につき無償だったのが不幸中の幸い。修理担当者の説明によると、この食洗機はたくさんのグラスを割ってしまったので、ガラスの破片がポンプを傷め、ちゃんと洗浄できなくなったのだという。数時間かけてポンプやフィルターやチューブなど（この手の機械の中身はまるで人工心肺みたいだ）の交換を終えると、愛想のいい担当者はそつなくこう告げた。食洗機には割れたグラスを入れないでくださいね。今回はご迷惑をおかけしましたが、このメーカーの印象を悪くするほどの問題じゃないと思います。

　えっと……何だって？　私は割れたグラスを洗ったりしないぞ。ちゃんと処分している。グラスを割るのは、この情けない食洗機の方だ。しかもこいつは、その破片をちゃんと洗い流してもくれない（そのせいでポンプがダメになってしまうのに）。

　要するに、我が家の食洗機は（高価な割には）二流品だったというわけで、私は1年以上もグラスを手洗いしている。この有名メーカーの他の製品を、今後私は買うだろうか？　ノー。ユーザビリティは――考えられる限りの広い意味合いで――ビジネスの場を左右するか？　絶対にイエス！　ユーザビリティをおろそかにすることは商機を逃すこと。それくらい単純明快な話だ。

ユーザビリティなんて誰が気にするの？

　誰でもみんな気にする！　ある問題がユーザビリティのせいなのかどうか、すぐには見分けがつかないかもしれないが、それは大したことじゃない。ユーザビリティに関わる問題は、誰でも感づくもの。顧客はあなたの企業に愛着を持ちたいのだ。取引する気がなければ、誰も店に入ってきたりウェブサイトにアクセスしたりはしない。

　訪ねてきた顧客は、どんな心づもりでいるのだろう？　すぐに取引を始める気があるのか、それともまだ十分に納得していないのか？　もし初めての取引に持ち込めるとしたら、あなたの製品やサービスは、彼らをリピーターにできるほどの満足を与えられるだろうか？　そうなると願おう。

　たとえば航空会社の場合。各種のロイヤリティプログラムがたくさん用意されてはいるが、旅行客たちのロイヤリティはいかほどだろう？　業界アナリストの話では、大したことはない。大半の乗客は、ただA地点からB地点まで、いちばん安くて手軽なルートで、ほぼ予定通りに移動できればいいと言うだろう。（ほら、航空便にスケジュールがあるのはそのためだよね？）

　そりゃごもっとも。あなたもそう思うはずだ。でも、この話をさらに分析してみよう。

　「いちばん安い」とはどういうことか？「いちばん手軽」とはどういうことか？

　基本となるチケット代が安くても、友人や配偶者と隣り合った席を予約したり、荷物をチェックインしたり、機内食を注文したり、その他あれこれするには何でも別料金がかかるとしたら……それでも「安い」チケットと言えるだろうか？

　これまた覚えておいてほしいのだが、われわれ乗客により多くの判断が求められるほど、"ユーザビリティ教習"の単位を取るのは難しくなる。航空会社が「ご心配なく。すべてこちらで手配しますし、別料金もかかりません」と言うだけで済むなら、ユーザビリティをもっと向上させられるはずだ。違うかな？　しかも、こういう便利さにはお金を払ってもいいという客だっている！

　これを逆手に取って、ユーザーにかなりの困難を突き付けている企業もある。良いサービスをあえて提供しないようにすれば、製品価格を格安にできるはず、という発想によるものだ。これはヨーロッパで十数年前から見られる傾向で、特にディスカウントスーパーでは目立っている。未開封の商品の箱で通路が塞がれ、陳列システムはほぼ無きに等しく、製品のセレクションもいい加減で、セルフレジにはいつも長蛇の列ができている。

　この話から何を学べるだろう？　ユーザビリティ業界には、単純に白黒が付くものなどないってことだ！　だからこそ、このビジネスの基礎知識を身につけておく必要がある。ユーザビリティに関わる判断は、ほぼどんな組織でも収益性に直結するのだから。どんな選択肢があるのか、自分のアクションがどんな結果をもたらすのか、それら

を本当に理解すれば、より良い判断を下し、あなたの会社の収益向上に貢献できるだろう。本当だよ。

使えるだけじゃなく、実用的にして！

ユーザビリティと実用性（usefulness）が混同されることは、びっくりするほど多い。こんな話がある。

何年も前のこと、私は早朝5時にコペンハーゲン空港に出向いて、高機能なインタラクティブオーディオインターフェースを評価することになった。世界最高レベルのサービス精神を誇る航空会社の一社が、B-747のファーストクラスのサービスの一環としていたもの。システム自体は見事なものなのに、ほとんど利用されていないらしい。夜明け前の短い乗り継ぎ時間内に、その原因を突き止めるのが私の仕事だ。

iPod登場以前のその当時、機内のシートの肘掛けの中で何千曲もの演奏が出番を待っているというのは実に奇抜なアイデアだった。ファーストクラスの乗客は、極東にあるその航空会社の拠点とヨーロッパとを結ぶ12時間のフライト中に自分好みのプレイリストを編集することができて、その機能がこの革新的コンセプトのカギを握っていた。

調べてみると、システムは使いやすいしとても直感的でもあるとわかったが、1つ大きな落とし穴があった。一度しか使えないプレイリストをわざわざ編集したがる乗客などいるだろうか？　そのインターフェースは、ユーザビリティ的にはきわめて優秀でも、大陸間を飛び回りながらただゆったりくつろぎたいという乗客にとって、実用的とは限らなかったのだ。

私のアドバイスはシンプルなものだった。ロック、ジャズ、クラシック、イージーリスニングといった、古典的なカテゴリによる分類を復活させること。ボタン一発で、あとは機械におまかせできるようにすること。また、再生中の曲がお気に召さなければ次の曲へとスキップできるように、シンプルな「リジェクト」ボタンを付けることも勧めた。果たしてその結果は？　なんと乗客たちは、新しいシステムを使い始めた。しかも、気に入ってくれたのだ！

やればできるという理由だけで、何かをやるべきだということにはならない。それが、この経験から得られる教訓だ。「欲しがる人がいそうだから」という理由で、あまりにも多くのアプリケーションやイントラネット機能、無意味なコンテンツだらけのウェブページの山が作り出されている。ペルソナ概念の考案者で、業界内の真のパイオニアの一人でもあるアラン・クーパーがかつて述べたように、「'誰かがこれを欲しがるかも'という声が聞こえたら、まさに最悪のデザイン判断が下される寸前だ」ということ。

そんなわけで、どうかちゃんと利用されるアプリを設計してほしい。みんながもっとスマートに働くうえで本当に役立つイントラネット機能を作り上げよう。肉汁ばかりで肉がない500ページのサイトじゃなく、キラーコンテンツが詰まった100ページのサイトをデザインしよう。

ボゴ・バトベックの3段階式ユーザビリティプラン

　ある晩のこと、親友のボゴがビールを片手にこんなモデルについて説明してくれた。彼曰く、どんな組織でも、ユーザビリティを成就するまでに3つの段階が見られるという。

1. 誰もユーザビリティの話をしない。
2. 誰もがユーザビリティを語る。
3. 誰もユーザビリティの話をしない。

　第1段階は説明不要だろう（まあ少なくとも、この本を手に取ってくれたあなたにはね）。ショックなことに、相変わらずほぼどこの企業もユーザビリティ対応を語るのは口先だけで、実は手をつけていないように見える。でも第2段階になると、社外から専門家が来て啓蒙的なワークショップを一通り実施した後、ユーザビリティが組織をどう変革していくのかが、全社的な話題となる。第3段階は、二通りのパターンが考えられるから、ちょっと厄介だ。

　ベストなかたちとしては、ユーザビリティ思考が当たり前のことになるため、誰もあえてそれを話題にしなくなる。それがプロジェクト開発プロセスの一部となっている。事業計画の一部となっている。システムに組み込まれ、そのシステムの中で働く人々の頭と心に根付いている。

　それが、良いパターンだ。

　あまりよろしくないパターンでは、ギャラの高いコンサルタントが去ったとたん、それまでの騒ぎが嘘のように、みんなユーザビリティのことなど忘れてしまう。こっちの方がよくある結末に見えるし、それがこの本を書こうと決めた理由の1つでもある。いくつかシンプルなアイデアをつかめば、たった一人でもちゃんと変革を起こすことはできるのだ。

ボゴ・バトベックの3段階式ユーザビリティプランは実にシンプル。最初のバージョンは、コースターの裏に走り書きしたものだ。第3段階はちょっと厄介で、大成功か大失敗、どっちに転ぶかわからない。正しい方向に舵取りできるかどうかは、あなた次第だ。

大型予算は要りません

　10年から15年ほど昔には、ウェブサイトの正式なユーザビリティテストを実施するということは、テスト仕様書を書き上げ、被験者を5〜6名スカウトし、まるで警察署の取調室みたいなテストルームに一人ずつ放り込むことを意味していた。マジックミラー越しに被験者の一挙一動を見逃すまいとするクライアントやデザイナーと一緒にね。

　まあ、我々は長年たくさんのことを学んできたし、ユーザビリティの問題はまだ山積みとはいえ、10年前と同じ多数のミスを犯すことはなくなった。ウェブサイトを形にする際に、それなりに確立した"ベストプラクティス"を活用したり、相当しっかりしたデザインパターンを選んだりできるからだ。それはつまり、少なくともウェブサイトの場合、ユーザビリティテストがかなりコモディティ化し、結果的に安上がりになったということでもある。それに、コンパクトなウェブカメラがあるおかげで、怪しげなマジックミラーや本格的なテストラボの必要性は格段に減った。

　でも、モバイルアプリについてはどうだろう？　工業用インターフェースの場合は？　ユーザビリティラボに持ち込むことさえできないものは、どうやってテストする？　下水処理施設の制御装置とか、車のダッシュボードみたいに。

　もしあなたが本物のユーザビリティテストをするつもりなら（それは今でも立派な思いつきだ）、その大部分については、特別な"現地調査"を企画・実行しないといけない。でも、それにはすごくいい面もある。こういう原則を肝に命じて、ユーザビリティの観点から物事を考えるようになれば、ちょっとした常識を働かせるだけで驚くほど多くの問題を防げるのだ。ここで包み隠さず言わせてもらおう。自分たちのデザインについて正式なユーザビリティテストを実施している事業会社は、ごく少数派なのだ。やるべきなのに、ほとんどの会社はやっていない。本書では全編にわたって、私が経験したもっとおかしな事例を紹介していく。

　大半の企業で最大の難関の1つとなっているのは、ウェブサイトから下水処理施設まで、すでに公開したり、出荷したり、委託したもののユーザビリティをテストするための予算を獲得すること。だから、本書の各章のおまけとして、よくある問題点を洗い出すシンプルなチェックリストを付けた。もし何か見つかったら、直しておこう。そうすれば、おそらく正式なテストを実施する必要はなくても、製品のクオリティはぐっと上がるだろう。

　もう1つ覚えておきたいこと。インタラクティブなメディアを扱う場合、あなたはプロジェクトの一部ではなくプロセスの一部となる。言い換えれば、そこには小刻みな改善を繰り返していくチャンスがあるはず、ということだ。ただし、社内で財布の紐を握っている人々が、どうしても期限付きのプロジェクトしか認めてくれなければ、ユーザビリティテストの予算なんて獲得できそうにない。だから、これらのチェックリストをお見逃しなく！

工業用インターフェースの多くは、ユーザビリティを本気で考えたことなどない開発チームがデザインしている気がする。チェルノブイリの原発事故を不用意に引き起こしたのは、反応炉の点検中にたった1つのボタンを押したせいではないかという議論がいまだに続いているのを知っているかな？ もしあなたが裏方的な装置をデザインするチームの一員なら、まさしくここに世のため人のためになるチャンスがある。

英語以外のウェブサイト事例について

　私はデンマークのコペンハーゲンに住んでいる。そして我が社では国際的にビジネスをしているので、英語以外の多くの言語によるサイトやアプリを目にする。その一部をみなさんにも紹介していきたい。心配はご無用。どの事例も、いちいちGoogle翻訳が欠かせないというものじゃない。これらのサイトは、広告業界用語で言う「グリーキング（正式なコピーが間に合わない場合に、ラテン語の代替テキストを入れて広告を本物っぽく見せること）」をしたものだと考えよう。言語の違いは問題にならないはずだ。そしてそれは、ユーザビリティ上の課題の多くがかなり普遍的であることを示してくれる。

あなたをあれこれ考えさせます

　ユーザビリティ関連書籍でベストな一冊と言えるのは、友人のスティーブ・クルーグが書いた本だ。その名も『Don't Make Me Think』(New Riders, 2005年)[訳注1]。どうしてスティーブの話をするのかって？ それは彼の本が、「私に考えさせないで」というユーザーのニーズに呼応しているから。この「私」とは、ユーザーのこと。でも、使う立場じゃなく使ってもらう立場で、自分の会社やチーム、あるいは自分自身のためになることをしようとするな

[訳注1]　日本語版タイトルは『ウェブユーザビリティの法則』（ソフトバンククリエイティブ）。初版刊行は2001年だが、改訂第2版が2007年に発売された。その際に、サブタイトルが「ストレスを感じさせないナビゲーション作法とは」から「ユーザーに考えさせないためのデザイン・ナビゲーション・テスト手法」に変更されている。

ら、自分の頭で考えることが不可欠となる。私はあなたを考えさせるようなアイデアを、これから共有していくつもりだ。

　あいにく、このユーザビリティというやつが気になり出したら、それを止めるのは難しい。そのうち、家族があなたと食事に出かけなくなるだろう。レストランに行けば、あなたはそのサービスを改善する方法を山ほど見つけるからだ（そして食後に店のマネージャーを呼びつけるからだ）。あなたはショッピングカートより先に、問い合わせメール送信用のリンクを探すようになる。子どもたちにレモネードを作る代わりに、レモン絞り器のデザインを考え直すようになる。まるで、1つのゴブレットと2つの顔のどちらかが見える、ルービンの花瓶の絵みたいなもの。いったん2つのイメージが見えたら、もう両方とも見ずにはいられなくなるのだ。

　大変な仕事には違いないね。でも、誰かがやらなきゃいけない。もしその気がないなら、ここで読むのをやめよう。この本を棚に戻そう。あなたの最大の敵にあげてしまおう。そうすれば、あなたはいやでも考えさせられるはずだから。

　『The Pre-History of The Far Side』（Andrews and McMeel, 1989年）という本の序文で、この奇妙に愉快なコミックの作者であるゲイリー・ラーソンはこう語っている。「こうして生まれたこの作品がほんとにどれほど面白いのか、もちろん僕にはわからない。でも、それを自分の脳細胞に取り込んだからには、もう君は逃れられないよ」と。

　この本を読み進めてもらえるなら、もうあなたはユーザビリティから逃れられなくなるだろう。

この有名な錯視画像は、1915年にデンマークの心理学者エドガー・ルービンが紹介したもの。2つのまるで異なる画像が含まれている。どちらも見えるかな？ もし見えなければ、じっと見続けよう。いったん見えてしまえば、もう両方とも見ずにはいられなくなる。ユーザビリティについて考えることも仕組みは同じ。探すべきものに気づいたら、それを二度と無視できなくなる。[写真提供：John Smithson, the Wikipedia Project]

その他のおすすめ本
Other Books you might like

どんな組織でも、変革を起こすのは一大事だ。あなたの会社をもっとうまく動かすための手助けやひらめきが欲しければ、これらの本がとりわけ役立つだろう。

■
Kathleen Kelley Reardon, Ph.D.
『The Secret Handshake: Mastering The Politics Of The Business Inner Circle』
(Currency Doubleday, 2000年)

■
Chip and Dan Heath
『Switch: How To Change Things When Change Is Hard』
(Random House Business Books, 2011年)

日本語版:
チップ・ハース、ダン・ハース
『スイッチ!』
(早川書房, 2010年)

■
Roberta Cava
『Dealing with Difficult People』
(Results-Driven Manager Series、Harvard Business School Press, 2005年)

日本語版:
ロベルタ・カバ
『厄介な人たちの上手な扱い方』
(すばる舎, 2005年)

検索したいキーワード
Things to Google

■
Bogo Vatovec
ボゴ・バトベック

■
Alan Cooper
アラン・クーパー

■
Usability plan
ユーザビリティプラン

■
Service design
サービスデザイン

第 1 部

使いやすさ
Ease of Use

これから始まる5つの章では、実質的なパラメータについて語っていきたい。それらは基本的に、あなたが要求することが確実に実行されるようにするものだ。ボタンやコントロール、その他の応答メカニズムは、あなたがタスクを達成するのを助けるためにそこにある。それらは、あなたのニーズや習慣を察知するかもしれないほどの機能や特徴を備えている可能性だってある。要するに、こういうものが使いやすさを生み出すのだ。

この考え方はごく自然なものに思えるかもしれないが、そうじゃない。"ユーザーフレンドリー"であることを売り文句にしながら、がっかりするほど多くのプログラムや製品がいまだに全然"フレンドリー"じゃないのだ。この後に続く5つの章を通して、良心的なデザインが常に機能的に優れたものになるとは限らないことを紹介していこう。

第1部の内容は？

この第1部では、「使いやすさ」に見られる以下の性質をとりあげていく。

- Functional──機能性（ちゃんと動作する）
- Responsive──反応性（動作していることがわかる／どこで動作しているかを自ら知っている）
- Ergonomic──人間工学性（見やすいし、クリックしたり突っついたり、ひねったり、回したりしやすい）
- Convenient──利便性（何もかも必要なところにちゃんとある）
- Foolproof──万人保証性（デザイナーのおかげで何かミスしたり壊したりしなくて済む）

私が呑気に願っているのは、このリストを見たあなたがこうつぶやくことだ。「うん、そりゃわかるよ。だから何なの？」とね。でも、私の言いたいことがよくわかるように、あなたのお気に入りのサイトにちょっとアクセスしてみてほしい。さっき挙げたポイントについて考えながら、しばらくあちこちクリックして回ろう。このリストのどれかに照らして、改善できそうなところがないかな？ きっと見つかるはずだ！ ようこそ、ユーザビリティの世界へ。

第1部 使いやすさ

第1章

機能性

Functional

　スイッチを入れれば灯りが点く。エンジンキーを回せば車が走り出す。冷蔵庫の中は冷たいし、オーブンの中は熱いはず。これらはみな、機能的インタラクションだ。こういうごく基本的なレベルで機能しないものは、いかに美しくデザインされていようと、どうでもいいことになってしまう。だから、ユーザビリティについての議論を始めるには、まず機能性を語るのがいちばんだ。

　機能性の話には、本書の「使いやすさ」の部で扱うその他の話題と重なる部分が出てくることを覚えておこう。ここでの話題の一部にはまた後の章でも触れるが、とりあえずこの章では、ユーザビリティとデザインに見られる"機能するか／しないか"という面に専念している。

マドリードの人気レストランで食べた、美味なるスペイン風デザート。でも、真四角なカップの隅々まで、真ん丸なスプーンですくえるわけがない。私は自分の指を使って、このおかしな機能的失敗を回避したのであった。

現代的な空港、それはもっとも技術的に高度な環境のひとつだが、いまだにロープ付きの木製の車止めが機体を正しく停止させておくための推奨手段となっている。すっきりとシンプルで、機能性の高いソリューションだ。

機能性を高める3つのポイント

　ちょっとここで、水道の蛇口について考えてみよう。栓をひねれば、水が出てくるはずだ。温度調節は簡単にできるようにしてほしい。熱湯か冷水を出したい場合には、望みの温度になるまであまり待たずに済ませたい。

　もっと一般的な見方をすれば、これら3つの機能は、ウェブサイトでのこんな基本的ニーズにも相当する。

- ボタンやリンクは、クリックしたら必ず機能すること。
- ナビゲーションはきちんと反応すること。
- 処理速度が許容できるレベルであること。

　おそろしく多数のウェブサイトやアプリ、サービスなどが、まさにこれら3つが災いして失敗に終わっている。蛇口だってそう。広く一般にあてはまる同じ課題が、現実の世界にある多くの製品の指針となっているのだ。

このフライパンはバランスが悪すぎるので、取っ手をずっと持ち上げていないと（あるいはすごく重たい卵を料理していないと）、まるで使えない。機能的欠陥は、実に思いがけないかたちであらわになる。この調理器具を店頭で見た時に、普通は誰もそのバランスを確認しようとは思わない。だから、デザイナーが代わりに確認しておくべきなのだ。

クリックからコンバージョンまで：
ボタンを確実に機能させる

あなたはきっとこう思っているだろう。「おいおい、壊れたボタンは修理すべきだよ。考えるまでもないさ」とね。まさにその通り。驚きなのは、壊れたボタンがあなたの予想を上回る大問題になるってこと。リンクが機能しない場合だけじゃなく、そもそも基本的なメカニズムが動いていない場合もあるのだ。こんなエピソードを紹介しよう。

私の義理の娘が、あるジュエリーショップのサイトで販売中のイヤリングを欲しがった時の話。私はそれを見つけて「買い物かごに入れる」ボタンをクリックした。でも、購入手続きをしようとしたら、かごは空っぽだった。自分が何か間違えたのだと思って（こんな馬鹿げたトラブルは、まともなECサイトではあり得ないからね）、もう一度やり直してみた。しかし、また無駄な結果に終わった。これはおかしいというわけで、他の商品もかごに入れようとしてみた。何一つ購入できない。明らかに何かが故障中だ。

そのイヤリングを電話で注文しようとしたところ、そのショップでは実質的にすべての商売をオフライン経由で行なっていると言われた。「当店のウェブサイトでの売上は、ほぼゼロに近いんです」とのこと。なんてこった。サイトで商品を買うのが物理的に不可能なら売上ゼロになるのは当然だし、そのせいで客は電話するか店に出向くしかなくなる。

デッドリンク？ サーバが落ちてる？ それとも他の理由？ ウェブ解析結果で「404 ― ページが見つかりません」のエラーページのページビューが多いとわかったら、ただちに調査しなきゃいけない。

さらに話を聞くうちに、オンラインでの売上が皆無となっている本当の原因について、その会社はまったく気づいていないことがわかった。EC事業のことを真剣に考えていなかったせいで、社内の誰一人として、ウェブサイトの機能性をちゃんと細かくチェックしていなかったのだ。

オンラインで取引ができないとしたら、企業にはどれくらいのコストがかかるのか？ 他の販売チャネルが存在しなければ（つまりオンライン取引専門の場合は）そのコストは莫大なものになるが、だからこそオンライン専業の企業は、ウェブサイトの稼働状況に十分注意し、問題点を迅速に把握しているはずだ。オンラインでの存在に注意を怠りがちなのは、さっきのジュエリーショップみたいに、代わりとなる販売チャネル（実店舗もその一例だ）が使える場合なのである。

「まあどこもみんなサイトを立ち上げているので、うちも作ったんですよ……」というのがサイトオーナーの態度だとしたら、こういうトラブルに陥る運命となる。もちろん、この手の問題は簡単に直せるのが普通だけれど、まずそれを発見しなくちゃいけない。

ブラウザ戦争とハードウェア問題

言うまでもなく、画面に表示されるインタラクティブな製品の機能性をチェックするためにまずやるべきなのは、クリックしてみることだ。ウェブサイトの場合、デッドリンクなどの問題を見つけるには、Google Analyticsなどの各種ツールも役立つ。でも本当に探したいのは、正しくプログラミングされていないナビゲーション要素だ。リンク先が間違っているものや、そのページからどこにも行かせてくれないもの（そう、よくあるケースだ）など。

また、2種類のブラウザをダウンロードして、どんなツールでも機能性に差がないか確認しておくといい。最低でも、以下のブラウザでサイトをチェックしよう [訳注1]。

- Internet Explorer
- Safari
- Firefox
- Opera

さまざまな小型のインタラクティブ要素、たとえば埋め込み型の音声／動画コントロールやアニメーションなどは、すべてのプラットフォームで機能するわけじゃないこともわかるだろう。たとえば、Flash（Adobeのアニメーション制作ツール）でプログラミングしたウィジェットは、一部のApple製品では表示されない（その件で悪名高いのがiPadだ [原注1]）。そのサイトにインタラクティブ要素が不可欠なら、以下のデバイスの主要OSでの動作をチェックしよう。

[訳注1] ブラウザシェアから見ると、Operaでのチェックは不要な場合が多い。その代わり、なぜかここに挙げられていないGoogle Chromeでのチェックはほぼ必須となりつつある。

[原注1] スティーブ・ジョブズは、著者ウォルター・アイザックソンによる2011年刊行の自伝で、Flashテクノロジーは他のプログラミング言語に比べてiPadの希少なバッテリーを消耗しすぎると述べた。いやはや。もっともな技術的考察か、それともビジネス上の仁義なき戦いか？ いまだに結論は出ていない。

- スマートフォン
- タブレット
- ノートパソコン
- スマートテレビ

大抵のデバイスでは、ちっぽけなFlash画像でポッドキャストの音声をコントロールできる（上図）。でもiPadはFlashを表示できないから、これらの画像は見えなくなり、ウェブサイトが使いものにならない。面白いことに、私のiPadは自らサポートを拒否したソフトウェアをどこでダウンロードできるか、ご親切に教えてくれた（下図）。

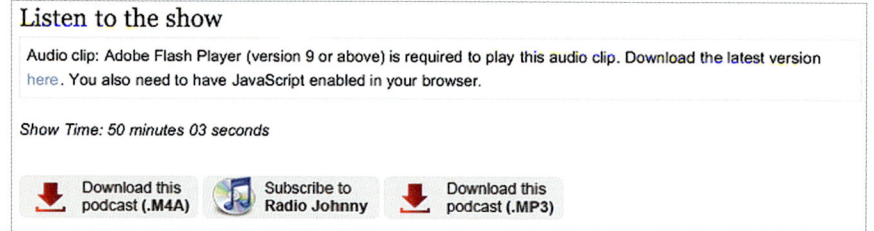

ホームページに悩むより、フォームのお手入れを

　デザイン関連の会議に出ると、ウェブサイトのホームページについてのお悩みをうんざりするほど聞かされる。でも、ホームページこそもっとも重要度が低いページだという見解もある。確かに、ホームページはそのビジョンを——つまり、何のためのサイトなのかを——アピールし、訪問者が利用できる情報や機能を一通り見せるにはもってこいの場所だ。でも現実には、このオンラインの玄関マットをうまくデザインするほど、訪問者がそこに留まる時間は短くなる。行きたいところへ連れて行ってくれるリンクが、すばやく見つかるようになるからだ。しかも、検索エンジン経由でやって来て、サイトの奥深くのページにたどり着く人々もいる。ホームページを目にすることさえない訪問者も大勢いるはず。

　ビジネスの観点から見れば、ホームページはおそらくオンラインでのコンバージョン（ほぼ常にそれはビジネス上の最優先事項だ）を生み出す場所とは言えないだろう。たとえば製品の発注や、メルマガの購読、資料のダウンロード、ブログへのコメント投稿、あるいは単なる問い合わせメールの送信など。こうしたコンバージョンには、お金が絡むとは限らない（そうなる場合は多いけどね）。とは言え、大半のコンバージョンは、何らかのフォームへの入力を必須とする。したがって、サイト内のどんなページを調整するにしても、フォームに注力すべきなのだ。

　フォームの問題は、故障中ボタンの問題に関わっている。サイト内の何かが災いして、訪問者に思い通りの操作

をしてもらえないということなのだから。ただし、すべての訪問者の行く手を遮る故障中ボタンとは逆で、大抵のフォームデザインの問題はもっと発覚しにくい。そういうフォームは、少なくとも一部のユーザー（当初のデザインチームがターゲットとしたユーザー集団のこと）にとっては、機能しているに違いないからだ。

機能的なフォームを作る4つのポイント

フォームのデザインに見られる他の面は後回しにして、機能性の面から言えば、気をつけたいポイントは4つある。

- ▶ あなたが入手したい情報を、ユーザーが提供できるようにしておかねばならない。
- ▶ 入力形式が柔軟でないと、フォームが失敗する見込みが跳ね上がる。
- ▶ 相互依存型のフォームやログインが必要になると、やはり失敗する見込みが高まる。
- ▶ 誤解を招く操作説明は、ユーザーを苛立たせる最高の手段だ。

言うまでもないが、他にも注意すべき点はある。パスワードのセキュリティ、メッセージの書き方、レイアウトの理解しやすさ、その他諸々。でも、ひとつずつ見ていくとしよう。

入力必須フィールド

フィールドとは、フォーム内のセクションのこと。何かを入力できる小さな長方形のエリアの1つだ。この用語はデータベース設計に由来するが、今ではデザイン関係者の間でかなり広く使われている。フォームをデザインする際によく使うのが、特定のフィールドに何らかの印（アステリスク（*）が一般的）を付けて、フォーム入力を完了するために記入が不可欠な箇所、いわゆる「入力必須フィールド」を示すという方法だ。あるいはそのフィールドは、サイト側で収集したいものではあるが、送信完了するために絶対必要なわけじゃない補足的な情報を入れるだけのものかもしれない。だが実は、こういう"なくてもいい"データの入力を要求するのは、EU加盟国では違法になる。面白いことに先日、米国の有名出版社のサイトで無料ダウンロード版のデータを入手しようとしたら、クレジットカード情報の入力が必須だった！　でも余談はさておき……。

主に米国からの訪問者向けのウェブサイトを手がけているなら、住所を入力してもらう際に「州」のフィールドを入力必須としたくなるはずだ。カナダからの訪問者にも応じるとしたら、「州／郡」といったさらに広がりのあるフィールド名を付けたくなるだろう。

折しも私はデンマークに住んでいる。人口で比べれば、ヒューストンやマイアミと大差ないくらいの小国だ。当然ながら、デンマークには「州」がない。実は、ヨーロッパの大部分の国には、州や郡、あるいは区というものが

ないのだ。つまり、それらを入力必須フィールドとしたら、世界中の大勢の人々がこのフォームをどうしても埋められなくなる。

　これこそ、一部の訪問者にとっては完璧なのに、それ以外の人々には散々な思いをさせるものを、プログラマーやデザイナーが作りかねない状況の一例となる。こういう州／郡のフィールドは大抵、ドロップダウンリストでの選択式になっているので、「なし」という選択肢があればヨーロッパの人々は助かるはずだ。では、州はあってもアメリカとは別の州名の一覧が必要となるオーストラリアの人々の場合はどうする？　1つの解決策としては、まず国名をたずねてから残りの住所の情報を入力してもらうことにして、各国に応じたフォーム項目に入力できるようにするという方法があるだろう。（プログラマーがそれを面倒だと思うだけなら、そもそもユーザビリティについてよく考える理由をちゃんと問い直す必要があるね。）

　とにかく、フォームをテストする際には、ユーザーが作業を完了するために必要となるすべての情報を、確実に無理なく入力できるようにしておこう。コンバージョンに失敗する唯一最大の理由がそこにあるのは間違いないと、私は確信している。

ロシア連邦への入国にあたっては、このエントリーカードに記入することになる。でも、ロシア人以外にとっては「父称 (patronymic)」の概念がおそらく謎に近いだろう。というわけで、このフォームは大半の外国人を混乱させる。

フォームと業務ルール

　フィールドの入力チェックは、コンピュータが理解してちゃんとデータベースに格納できるデータを確実に入手するのに役立つ。構文チェックをしたり、クレジットカード番号が桁数不足にならないようにしたりするためのもの。問題なのは、こうしたルールがユーザーには見えないため、エラーが起こる機会がとても多くなっていることだ。

たとえば、クレジットカード番号を入力してほしい場合、4桁ごとにスペースを入れるユーザーもいれば、16桁の番号を続けて入力するユーザーもいる。入力チェックのルールが柔軟でなく、どちらかの入力方法しか認めないとしたら、多くのユーザーにストレスを与えてしまう。システムが必要とするのは、スペースを除いた16桁のデータに決まってる。それが正真正銘の要件だ。でも、スペースを入れるべきかどうかでユーザーを悩ませるのはバカバカしい。もっと柔軟なプログラミングをするのはたやすいことなのだから、必ず誰かにやってもらうべきだ。

電話番号、住所、郵便番号、日付など、あらゆる種類の（普通は数値的な）データが問題を起こしがちになる。私の住所に州がないことを認めてくれるサイトでも、4桁の郵便番号や、デンマーク語の町名（Strandøre）までは受け付けようとしないことが珍しくない。

業務ルールのテストは、機能をチェックするのではなく、システムを壊そうとするつもりで取り組む必要がある。あなたの家族に試してもらうといい。それは、基本的な問題点を突き止めるには効果抜群の方法だ。

相互依存型フォーム

どういうわけか、私の地元の映画館のチケット販売サイトは、座席を選択させて購入手続きをかなり進めた後で、いきなりユーザー登録情報（ユーザー名とパスワードだ）を要求してくる。実は映画なんてめったに観に行かないので、前回購入時に登録したかもしれない情報なんてとっくに忘れている。それがわからないと、購入タスクを中断して、私よりもサイトオーナーのためになりそうな別のタスクを完了しなくちゃいけない。

私の妻が先日、孫をディズニー・オン・アイスに連れて行こうとしてチケットを予約した時のこと。なんとかチケット販売サイトを見つけて、希望する座席を探し、支払いをしようとしたら、そこで唐突に個人情報の登録を求められた。なんというデジャブ！ 特にこのサイトで気になったのは、タスクを5分以内に完了させないと、座席の選択が無効となって最初からやり直しになってしまうところだ。悲しいかな、サーバの重さその他の技術的制約のせいで、ユーザー登録手続きには10分程度かかってしまった。全体として、チケット2枚の予約にほぼ30分かかったことになる。妻は怒り心頭で、こんな役立たずなサイトは二度と使わないと誓った。しかも巻き添えで、そのチケット販売サイトの運営には無関係な組織であるディズニーにまで怒りをぶつけることになったのだ。（これはサービスデザイン上の教訓になるね。）

当然ながら、ショッピングカートで順番に表示されるひと続きのページのような相互依存型フォームの中には、おぞましくもなんともないケースもある。問題が起こるのは、自分の道を進もうとするユーザーにまず他のことをさせようとして、連続的なプロセスを断ち切ってしまう時だ。実感できるユーザーエクスペリエンスは、ユーザーがインタラクションを1つずつ重ねながら前進するにつれて形成されていく。それを邪魔しちゃいけない。

早い話が、2種類のフォームに入力してもらう必要があるなら、必ず適切な順序で見せること。そしてお願いだ

から、時間切れになる前に、どちらのフォームにもゆったり入力できるだけの猶予を与えてほしい！

幸いにも、Amazonのログインページはカスタマージャーニーの序盤で出てくるので、すんなりと購入手続きを完了しやすい。

操作説明と機能性

　ウェブサイトに限らないが、ごく具体的な操作をするように指示しつつ、私がその通りにやると文句を付けるものに出くわすと、いつもびっくりしてしまう。こういう事態がよく起こるのは、操作説明（またはドキュメント）を書いた人物と、デザイナーやプログラマーとの間にまったく接点がない場合だ。ちょっとした例を2つ紹介しよう。

　何年も前に私は、ドイツのSaba製のイカれたビデオデッキを使っていた。デザイン過剰な機械の古典的事例だったので、取っておけばよかったと後悔している。そのフロントパネルには、46個ものボタンが付いていたのだ！　そのほぼ半分はドイツ語、もう半分は英語でラベリングされていた。たとえば、主電源は英語の「Off/On」なのに、タイマー機能は同じ意味のドイツ語の「Auf/Zu」になっている、という具合に。

　もうこれだけで、基本的な認知上の問題があるとわかるだろう。ユーザーがあいにくドイツ語を知らない場合には特に深刻となる。でも、さらに悪いことに、そのでっかちな機械に付いてきた分厚いマニュアルは、あちこちで事実に反することを言っていたのだ。たとえば、主電源を入れるには「Zu」を、タイマー機能を使うには「On」を押せと言い張っていたが、それは機械本体のボタンに付いているラベルと正反対だった。その野獣を飼いならすには、ちょっとした実験を要したことは言うまでもない。

036

この件での教訓。デザインしたものをテストする時には、とにかく与えられた操作説明に一字一句従うこと！ もしその説明通りにいかなかったり、つじつまが合っていなかったりすれば、機能的な問題にぶつかることになる。だから、この手の落ち度がないか常に目を光らせ、修正しておこう。すべて同じ言語で統一しておくのも良いアイデアだ。同一ページに言語を混在させている国際的なウェブサイトに今後アクセスした時には、それについて考えてみよう。

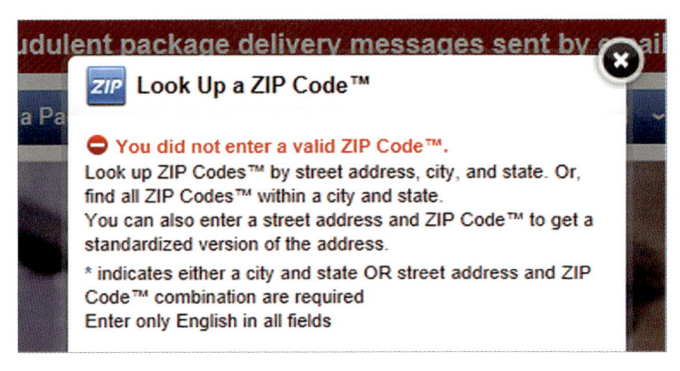

The United States Postal Service (USPS)のサイトには、便利な郵便番号検索ツールがある。でも、そのデザイナーはなぜ郵便番号を入力必須フィールドにしたのかな？ それこそ、まさにユーザーが探しに来た情報なのに！

次に紹介したい例は、ブラジル大使館のサイトでフォームに日付を入力しようとした時の話（ビザの申請中の出来事だ）。フィールドの横にはカッコ書きで、「（スラッシュを入れた）dd/mm/yyyy」という形式で日付を入力せよ、という詳しい指示があった。それなのに、裏でプログラミングしている開発者にしかわからない理由で、「（スラッシュなしの）ddmmyyyy」という形式で入力しないと受け付けてもらえなかったのだ。そのサイトにフォーム送信の受け入れを拒否された私は、何が間違っているのか突き止めるために時間を取られてしまった。

コペンハーゲンのブラジル大使館のサイトにあるこのフォームは、日付の入力方法をきっちり教えてくれるが、実はサイトの業務ルールが、説明と食い違うスラッシュなしの形式しか認めようとしない。これはユーザーに大きなストレスを与えるし、まぎらわしい限りだ。

正直に言って、スラッシュやダッシュ、スペースなど、このフィールドに入力されそうな余分な文字をデータベース側で無視するのは朝飯前に近い。それに、わざわざ特定の形式を要求しておいて、そのデータを拒否するのは、

惨事を招くこと間違いなしのレシピだ。

ナビゲーション：行きたい場所へ導く

　初めの方で挙げた機能性を高める3つのポイントのうち、2番目はナビゲーションの反応性を扱っているけれど、それは3番目のポイント——つまり、処理速度に深く関わっている。この問題には、実は2つの面がある。一方はサイトやデバイスからの認知的フィードバックに関わる面だが、それについては次章で話すことになる。もう一方はスピードと効率性に関わる面で、そっちを今から話題にしたい。

我が家のお粗末な新入りテレビ

　私は先日、ゲスト用の寝室に置く安物の液晶テレビを買った。薄くてピカピカで、映像は素晴らしくシャープだ。でも、まるで麻酔をかけられた亀のように反応が鈍い。チャンネルを変えるには、いちいち5秒から8秒かかる。面白そうな番組を探してザッピングするのがほぼ不可能なことは言うまでもない。今では、私の手元に番組表がないと、家族はそのテレビを見させてくれない。電源を入れる前に視聴予定をきっちり決めていないと、私が脳卒中で死んでしまうと信じ込んでいる始末だ。

　でもどうだろう。短気な人間がこの世で私一人じゃないことは間違いない。ウェブサイトとコンバージョン要因の話で言えば、ウェブページがユーザーからの要求にすばやく反応するほどコンバージョン率も上がるという証拠はますます増えつつある。GoogleもAmazonも、反応速度を0.5秒でも短縮すれば、大幅なコンバージョン改善が見込めることを立証している。

　それをテーマとするすぐれた考察の一例として、Steve Soudersの記事がある。ちょっと古いが（2009年のものだ）、はっきりとした傾向を示していることは確かだ。たとえば、Shopzillaがほぼ7秒から2秒にスピードアップした際には、ページビューが25パーセント増え、収益が7〜12パーセント向上し、ハードウェアは50パーセント削減できたことになる。言うまでもなく、これは一大事なのだ。詳しく知りたければ、その記事の「Velocity and the Bottom Line」というタイトルをネットで検索してみよう［訳注2］。

　何をテストするにしても、我ながら遅いような気がするなら、他人にはもっと遅く感じられること請け合いだ。だから、事態を改善するためにできることがないか洗い出そう。写真やグラフィックのファイルサイズを圧縮する

［訳注2］　以下のURLで記事全文が読める。http://programming.oreilly.com/2009/07/velocity-making-your-site-fast.html

のは着実な出発点だし、Photoshopなどのシンプルなグラフィックソフトが使えれば誰にでもできる。（ところで、経験則から言うと、これ以上クオリティを落とせないと感じるところから、おそらくもうちょっとだけサイズを減らせるはずだ。2枚の写真を並べて見比べないこと。比べてしまうと、ファイルサイズを無駄に大きくせずにはいられない。ウェブ用に最適化する写真やグラフィックは、単独で良し悪しを判断しよう。）

あなたが自分でプログラミングをしていない限り、それ以外に直接手を出せることはあまりないかもしれないが、少なくとも組織内でどのチームに不平を訴えればいいかはわかる。それから、地理的な条件やモバイル通信網の状況によっては、インターネット接続がかなり遅くなることも忘れずに。処理の高速化は必ず、無駄をなくし、見かけ倒しの要素を排除することにつながる。

目標を理解し、そこに狙いを定める

自分が作っているものが何を目標としているのか、それはつい見失いがちだ。目的は何か？ このプロジェクトを立ち上げた理由は？ 自分たちはユーザーの目標を満たしているか？（もしそうでなければ、自らのビジネス目標を達成できっこないだろう。） こうした問いへの答えは結局、成功に至るうえできちんと示しておくべき機能的要件を反映することになる。

プロジェクトが進むにつれ、達成したいことの邪魔になる機能を追加しがちになるのは残念なことだ。誰かがイカしたアイデアを思いつき、もっと平凡な仕事、たとえばちゃんと動くフォームをデザインすることより、そのイカしたアイデアを手がける方が面白くなってしまうと、そういう事態が生じる。

ちょっとここで、ユーザビリティの観点から検証したいプロジェクトに自分が関わってきたとしよう。あなたが考えているはずの質問は2つある。

- ▶ プロジェクトの目標は何か？
- ▶ その目標の達成度を確認するために、どんなコンバージョンを計測しているか？

たとえば、家庭用サーモスタットの目標は、快適な室温を保ちやすくすることになるはずだ。オンラインCDショップなら、CDと関連アイテムの販売。ボーイスカウトのサイトなら、倫理やリーダーシップを奨励すること。

そしてコンバージョンの測定基準の方だが、サーモスタットの場合は調整を要する頻度が目安となるだろう。CD販売サイトなら売上金額、ボーイスカウトのサイトなら新規入会した隊員の数や結成された部隊の数となる。

どんな機能性を評価しているにせよ、それが必ず目標達成の真の支えとなり、スムーズなコンバージョンを実現できるようにしよう。

おとぎ話のほんとの話

　子どもたちにおとぎ話を聞かせるのはなぜだろう？ 嘘っぱちじゃなく、グリム兄弟やマザーグース、アンデルセンといった作者たちの童話のこと。まあ、道徳的な教訓が含まれていることや、昔ながらの慣例が興味深いかたちで記されていることもよくある。でも多くの作品は、ひたすら楽しくて仕方ない物語だ。

この童話の本は、ちょっと素敵に見えるかもしれないが、元のストーリーにあった道徳的、歴史的、倫理的な教訓を伝えることには完全に失敗している。本来の目標への道を、機能性が邪魔してしまった。あなたの製品やサービスで、こんなことが起こらないようにしよう。

　2年ほど前に、ヒラリー・ロビンソンとニック・シャラットの『Mixed Up Fairy Tales』という斬新な本に出くわした時には、ちょっとがっかりしてしまった。その本では、1ダースほどの物語（ジャックと豆の木、長靴をはいた猫、シンデレラなど）が4分割されたページに印刷されていて、子どもたちは4つのあらすじを好きなように組み合わせ、お話のつじつまは合わなくても文法的には筋が通った文章を作れるようになっていた。

　裏表紙には、その典型的な一例が示されている。

「豆の木にのぼって、そのてっぺんで一杯のおかゆを見つけたアラジンのお話を知ってる？」

　アイデアはそれなりに面白いが、子どもにこれらの物語を理解しやすくすることには完全に失敗している。それ

どころか、一部の物語については私でさえ組み合わせに手間取った。奇遇にも私は、レストランのメニューがこれと同じ作りになっているケースを見たことがある。食べたい料理を詳しく伝える自分専用ページを作れるはずなのに、結果的には、注文できるメニューを把握するのがきわめて困難になっていただけ。

らせん綴じされたこれらの印刷物はどちらも、反生産的な機能性の完璧な事例として印象的だった。どんなアドバイスができるかって？ デザイン上の優先順位をはっきりさせておかないと、いわゆる"独創的"なソリューションについ足元をすくわれるよ、ってこと。

反生産的な独創性にはご用心！ かつてデンマークの建築家、ポール・ヘニングセンは、トーネット社のシンボルとも言える曲げ木製の椅子［訳注3］についてこう語った。「この椅子の価格を5倍にして、重さを3倍にして、座り心地を半分にして、美しさを4分の1にしても、デザイナーは名を残せるだろう。」［写真出典：『Kritisk Revy』第4号, 1927年］

機能性は時間と共に変わる

公共の場にあるゴミ箱があふれているのは、ありふれた光景だ。ゴミ箱は、いっぱいになったら機能停止する。満タンの容器にはゴミを捨てられないのだから。これは機能性の問題かな？ 予想されるゴミの量から見て容器が小さすぎるなら、そういうことになる。でも、これはサービスデザインの問題だという可能性もある。つまり、ゴミを回収する頻度を上げる必要があるという問題だ。

デザインしたものを評価する際には、機能に関する問題が、実は物理的デザインや技術的環境とは別のところから芽生えているかもしれないことを思い出そう。

［訳注3］ 1871年に誕生し、トーネット社の代表作として名声を博したアームチェア「No.6009」は、1927年にポール・ヘニングセンによって「No.209」としてリメイクされた。天才建築家、ル・コルビュジェも愛用していたことで知られている。上記のヘニングセンの発言は、独りよがりのデザインの対極にある、傑出した"普遍的デザイン"への自信のあらわれと見ることができる。

また、何かが"おじゃんになる"おそれがあるなら、ユーザーに警告するのを忘れずに。たとえば、初回購入ユーザーは100ドルを超える注文ができない場合、そのユーザーがせっせと買い物しまくる前にそのことを伝えるのが正解だろう。すべてのマーケットで入手できるわけじゃない商品を扱うECサイトの場合も同じ。やはり、ユーザーが何かを注文する前に知らせよう。

ロンドンのヒースロー空港にあるこれらのゴミ箱は、使えない状態だ。でも、これは物理的デザインの問題かな？たぶん、もっと頻繁にゴミを回収すればいいだけで、つまりはサービスデザインの問題ということになりそうだ。

苦情という名の贈り物

数日前にUK版のAmazonのサイトで、ごく普通のデジタル時計をデンマーク向けに売ってくれないという機能的エラーを見つけた。「この製品はあなたのお住まいの地域では購入できません」とね。いや、これはおかしい。その販売者は海外発送に対応しているし、イギリスとデンマークはどちらもEU加盟国だから、内部的な貿易障壁とも無関係なはず。そこで問い合わせメールを送ったところ、数時間のうちに問題は修正された。さすがAmazonだ！

ユーザーがあなたの会社に返してくるフィードバックに常に目を光らせている担当者を、必ず決めておこう。そういうメッセージがどこかのメールサーバに溜まりっぱなしにならないように。問題があるとわざわざ知らせてくれたなら、その助力に感謝して、改善を図ろうとするのが最低限の礼儀だ。昔からの師であるサービス業界の大家、クラウス・モレールがよく言っていた通り。「苦情は贈り物だよ（a complaint is a gift）[訳注4]」ということさ。

[訳注4] これはモレールとジャネル・バーロウの共著書のタイトルでもある。日本では『苦情という名の贈り物―顧客の声をビジネスチャンスに変える』というタイトルで、1999年に初版が発売された。

不可能な募金

前線からのレポート

　60年以上も昔から、我が家では代々アメリカの市民権活動組織であるNAACPを支援している。2011年を迎えた頃、一家のチャリティ担当者を私が引き継ぐことになった。

ここはまずまず。NAACPは、ホームページに募金用の大きなリンクボタンをちゃんと用意している。

　そのウェブサイトは、ホームページから募金ページへ直行できるリンクボタンを用意していた。すばらしい。私はそれをクリックした。それから、フォームに入力しようとした。その先は、すばらしいとは言えなくなった。

そしてフォームへの入力を始めると……

　まず、そのサイトはアメリカ合衆国の州名を選ぶことを強要してきた。私の両親はフロリダ州に住んでいたので、それを選んだ。すると今度は、私が入力したデンマークの4桁の郵便番号に文句をつけた。そこで、郵便番号もフロリダ州のものを入力した。さんざんもめた挙げ句、なんとか電話番号も受け入れてもらうことができた。実は、合衆国のサイトで電話番号を入力必須とするのが合法かどうかもよくわからない。そういう取引は、EU圏内では確実に違法だけどね。

これは有効な郵便番号ではない、ってどういうこと？？　デンマークの正しい郵便番号だよ！
それに、私の住所に州は入ってない。しかも、電話番号まで要求してくるなんて……参ったね。

　次なるステップは、クレジットカード情報の入力だ。驚いたことに、これは受け入れOKだった。でも、それも一瞬だけ。（そのサイトがどこからともなく取ってきた）カードの請求先情報が、入力した住所と一致していないと言う。そりゃそうさ！　正しい住所を入れさせてくれなかったんだから！　こんなシステムにつきあうのはもうこりごりだ。カードが盗品じゃないことを確認したいのはよくわかるけど、ユーザーの住所と違う情報が登録されているカードだってたくさんある。コーポレートカードとか、デビットカードとか。このサイトの自動セキュリティチェック手段は、あまり効果を上げているとは思えない。

第1章　機能性

045

> **HELP US MAKE 2011 EVEN BETTER!**
>
> With the help of loyal supporters like you, 2010 has been an amazing year for the NAACP. Among the top items that we accomplished together were:
>
> - Helping prevent the state of Texas from rewriting America's racial history in its textbooks
> - Calling attention to the racist elements of the Tea Party movement, and helping force out racist Tea Party leader Mark Williams
> - Help narrow the discriminatory gap between crack and cocaine sentencing
> - Helping secure $1.25 billion for upwards of 70,000 black farmers in a settlement with the U.S. Department of Agriculture
> - Supporting the Scott sisters in their bid for justice in Mississippi
>
> But we need your help to continue the fight in 2011, to make America a better place for citizens of all colors.
>
> Donate to the NAACP today by simply filling out the credit card contribution form to your right.
>
> last name: Reiss
> suffix:
> address: Strandøre 15
> city: Copenhagen
> state/region/province: Florida
> zip: 33156
> email address:
> **phone number**
> **not a valid phone number**
> +45 20 12 ...

そこで私はシステムとの勝負に出た。この手続きを進めるための情報を入れようとしながら……

　とにかく、みじめにも募金に失敗した私だったが、数日後にNAACPが入会のお礼をしてきたのには驚いた。それでも、私の銀行口座から募金が引き落とされた形跡はなく、NAACPから勝手に送られてくるメールがたまに届くだけ。正直、自分が正式な会員なのかどうかもわからない。

　いずれ私は募金を小切手にして封筒に入れ、郵送するつもりだ。アメリカの小切手帳が手に入ったら。NAACPの所在地がわかったら。そうしようと決めたのを忘れていなかったら……。

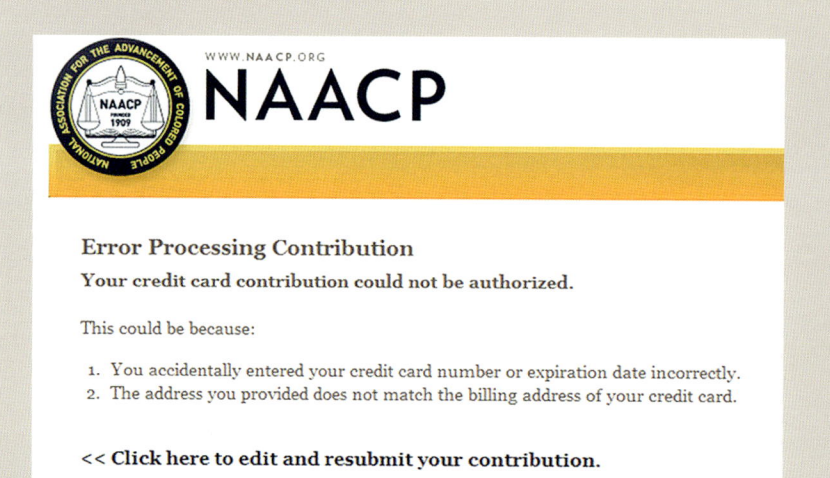

> WWW.NAACP.ORG
> **NAACP**
>
> **Error Processing Contribution**
> **Your credit card contribution could not be authorized.**
>
> This could be because:
>
> 1. You accidentally entered your credit card number or expiration date incorrectly.
> 2. The address you provided does not match the billing address of your credit card.
>
> **<< Click here to edit and resubmit your contribution.**
>
> If the contribution still does not process, contact your credit card company.

　何だって？？　NAACPはどうしても私の募金が欲しくないらしい。それに、このサイトは私の請求先情報をどこから取ってきたのかな？　しかも、何もかも私が悪いような言い方をするのはなぜだろう？

機能性にまつわる10個のチェックポイント
Ten functional things to watch out for

1. デザインするものが目標とするのは何か？ はっきりと理解できている？ もしまだなら、まず小一時間かけてじっくり確認してから、それに伴うタスクを実行してみて、自分がやろうとすることをちゃんと達成できるか確かめよう。（目標とそれに関わるタスクは、複数あるかもしれない。すべてチェックしよう。）

2. 記入が必要なフォームはある？ FAX番号みたいに、全員が持っているとは限らない情報を要求していない？

3. 操作が中断された場合、あとでそこに戻ってタスクを再開できる？ できないとしたら、少しでも作業しやすくするためにどんな変更ができる？

4. 例外的な"エッジケース"は考えられる？ ユーザーが他の国に住んでいる場合は？ 5桁の郵便番号や7桁の電話番号を持っていない場合や、郵便コードに文字と数字のどちらも入れる必要がある場合は？ いずれもユーザーはフォーム入力を完了できる？ できないとしたら、そのハードルを撤去できる？

5. あなたのフォームは"寛容"かな？ それとも、その裏にある業務ルールが、厳格すぎる入力パターンを押し付けていない？

6. 何かが機能しない場合、ユーザーが別の手段を取れるようにしている？ たとえば、オンラインでの問い合わせフォームを補完するために、専用のメールアドレスや電話番号を示している？

7. オンラインショップで買い物かごやカートに商品を入れたら、それは本当にカートに保存されている？ 会計手続きはちゃんと完了できる？ あなたのママでもできるかな？

8. 時間が経つにつれて、機能性が下がることはある（あふれたゴミ箱みたいに）？ それは本当に機能的な問題なのか、それともプロセスやサービスのデザインを見直すべき問題だろうか？

9. それはどんな種類のブラウザでも機能する？ 各種のデバイス（スマートフォン、タブレット、ノートパソコンなど）でちゃんと使える？ オンラインフォーム、動画や音声のコントロール、ダッシュボード形式のウィジェットといった、ミッションクリティカルなものについては、特に気をつけよう。

10. 写真やグラフィックの読み込みが遅すぎることはない？ それらを最適化して、個々のファイルのサイズを減らすことはできる？

その他のおすすめ本
Other Books you might like

基本的な機能性の問題をうまく扱っていると思うのは、これらの書籍だ（それだけがテーマじゃないけどね。どの本も中身は充実しているよ）。

- Matthew Linderman、Jason Fried (37 signals)
『Defensive Design for the Web:
How to Improve Error Messages, Help,
Forms, and Other Crisis Points』
（New Riders, 2004年）

- Caroline Jarrett、Gerry Gaffney
『Forms that Work:
Designing Web Forms for Usability』
（Morgan Kaufmann, 2009年）

- Luke Wroblewski
『Web Forms Design: filling in the blanks』
（Rosenfeld Media, 2008年）

検索したいキーワード
Things to Google

- **Defensive design**
ディフェンシブ・デザイン

- **Forms design**
フォームデザイン

- **Online conversion**
オンラインコンバージョン

- **Service functionality**
サービス機能

- **Velocity and the bottom line**
（38ページ参照）

第2章
反応性

Responsive

　2人の人物が会話している場面に、目と耳を向けてみよう。1人が話し、もう1人が聞いているのがわかるだろう。そのパターンを会話が終わるまで繰り返しながら、2人は役割を交代していく。また、話し手に応じて聞き手がさりげないシグナルを送っていることにも気づく。視覚的な反応（うなずき、しかめっ面、微笑み、手振りなど）もあれば、聴覚的な反応（笑い声、うなり声、「うんうん」といった相づち）もある。時には、背中をポンと叩いたりするように、触覚的な反応も見られる。とにかく、感覚的フィードバックは有効なコミュニケーションを——そして、良いユーザビリティを実現するには欠かせない要素だ。

　もちろん、会話以外の場面での感覚的フィードバックは、五感のうちのどの感覚にも関わることがある。淹れたてのコーヒーの香りがしたら、いつでも飲めるとわかる。親は子どもの指に苦いシロップを付けて、爪を噛むのを防ぐ。でも、私たちがデザインするものが見せる反応メカニズムはどれも、その場にふさわしく、タイムリーで、理解できるものでなくてはならない。たとえば、会議中に携帯電話をマナーモードに切り替えたらバイブレーションで知らせる、という風に。

　反応メカニズムが適切なものでなかったり、まったく用意されていなかったりすると、ユーザビリティが必ず被害者となる。バイブレーション機能しかなく、着信音を鳴らすことができない電話を想像してみるといい。間抜けな話に聞こえる？　普段の暮らしの中で、適切な反応が返ってこないことがどれほど多いか知ったらびっくりするだろう。カフェの店員が、私のカプチーノが用意できたと知らせるのを忘れているという単純な件から、オンラインで何か買った後で確認画面が出ないといった、もっと複雑な件までね。

機能性を高める3つのポイント

　正直言って、双方向コミュニケーションなんてものが実在するとは思えない。いや、それがこの業界で話題に

なっているのはわかるし、辞書で「電話」の定義を見れば、その装置は"リアルタイムな双方向通信"を実現すると書いてあるのも承知のうえだ。でも、細かく分析していくと、もっとも有効なコミュニケーションは、かなり予測しやすくて一本道に近いパターンに従っていると感じざるを得ない。

1. アクション
2. 承認（acknowledgement）
3. 新たなアクション

承認は、あるアクションに相手が気づいたことを示す"レシート"として機能する。これは、コミュニケーションプロセスにおいて不可欠なステップだ。相手の言ったことが聞こえたことを承認するには、本章の初めに挙げたような反応——うなり声や微笑み、身振りが用いられる。

私たち人間にとって、このフィードバックは頼みの綱となる。たとえば、電話での通話中に相手から適切な"レシート"が返ってこなくなったら、きっと「もしもし？　まだ聞こえますか？」とたずねるだろう。電話回線の向こうにいる相手から聞こえるノイズは役に立つし、安心材料にもなるのだ。

こうした考えを踏まえて、反応的要素がどのようにユーザビリティを改善できるのか——あるいは、使い方を誤るといかにユーザビリティがぶち壊しになるのか、それを見てみよう。

反応性を高める伝統的な3つのポイント

反応性は、大きく3つのグループに分けられる。

- **インビテーションのトリック**：注目を集め、何かいいことが起こりそうだと知らせるためにデザインする動き。広告バナーは代表的な例だが、動きがなくコンテンツに大きく依存する「○○も見る」リンクのように、通常はウェブページの右カラムに表示されるような要素もその例となる。
- **トランジション技法**：ユーザーの操作に追随する反応。ウェブページでインタラクティブ要素の上にマウスを重ねると、形が矢印から手のひらに変わるポインターがその例だ。これは状態または存在の変化を表すので、デザイン業界では「状態変化（state change）」と呼ばれる。インタラクティブ要素の上にマウスポインターを重ねることを、技術用語では「マウスオーバー」という。
- **反応メカニズム**：ユーザー側で意識的に実行したアクションに対する、本物の"レシート"になるもの。たとえば、新規ページの読み込み前に画面が空白になったり、ファイルのダウンロードの進行や完了を知らせるメッセージが表示されたりするという例がある。

このセクションでは、トランジションと反応メカニズムの技法に注目する。インビテーションのトリック（要素の

点滅やロゴの回転など)では、コミュニケーションのレシートを届けることよりも人目を惹くことが肝心になる。こういうインビテーションのトリックも確かに重要だけど、それは"フィードバック"ではなく"刺激材料"になっているのが実状だ。

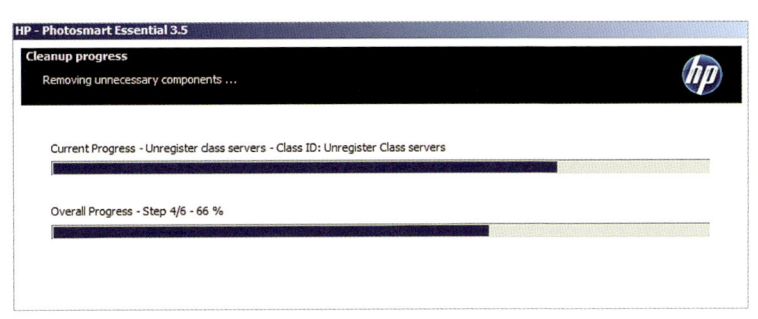

このダウンロード状況表示ダイアログは、ダウンロードとインストールのプロセスを6つのステップに分けている。2つのバーが、個々のステップとプロセス全体のどちらについても、どこまで進んだかうまくフィードバックしてくれる。タスク完了までの予想時間も表示してくれたら、私はこのインターフェースの評価を「良い」から「最高」へと上げるだろう。

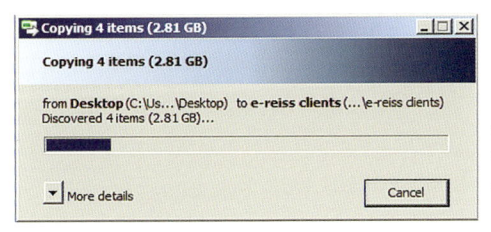

ファイルを別のフォルダにコピーする際に、Windows 7はこの標準的なバーで処理の進行を示す。Apple製品もAndroid製品も、これと似たようなフィードバックのメカニズムを用いている。

第4の視点:「レスポンシブデザイン」

それほど昔でもない時代、ウィンドウをリサイズしてもレイアウトが崩れない無難なリキッドレイアウトを採用していれば、そのウェブサイトのデザイナーの満足度はかなりのものだった。でも最近になって彼らは、パソコンの大画面なら問題ないページが、タブレットやスマートフォン、車載ダッシュボードなどの小型の画面ではイマイチだということ——そして、ナビゲーションのニーズも変化しているらしいことを発見した。たとえばスマートテレビの場合、マウスもトラックパッドも使えなければ、ナビゲーションには手こずるに違いない。矢印キーだけでカーソルを動かすのは、実際かなり難しいからだ。

昨今では、市場に出回っているデバイスの数が多すぎるため、そのすべてについて専用のインターフェースをデザインするのは不可能となっている。そこで、レスポンシブデザインが脚光を浴びることになった。この手法では、情報が表示されるデバイスの種類に従って、表現方法を自動調整する。必要に応じて、画面やブラウザのウィンドウ幅に合うようにページを拡大縮小したり、時にはレイアウトをがらりと変えたり、一部の要素を省略したりすることもある。さらに重要なのは、情報がさまざまな表示環境でうまく伝わるように、今では情報そのものが"デザイン"の対象となっていることだ(記述されたり、優先順位を付けられたり、整形されたり、作成されたり、等々)。これは、何の変哲もないレスポンシブコンテンツという呼び方をされているが、今後しばらくは誰もがそれについて

考えることになるに違いない。

　レスポンシブコンテンツの作り方として、画面上にあるかどうかわからない要素を指すテキストを除去する例がある。その場合、「右側のグラフ」と書くような従来の新聞記事とは違って、その関連画像の物理的な配置に（または画像の有無にさえも）左右されない書き方をすることになる。要するに、レスポンシブコンテンツやレスポンシブデザインの作り方は、特定のデバイスや画面サイズに適していない要素をリサイズしたり、移動したり、切り詰めたり、除去したりできるデザイナーの能力次第となる。

　オンライン製品のテストでは、基本的なブラウザウィンドウをリサイズしてもきちんと表示されるかチェックするのは確かに重要だ。でも今では、タブレットやスマートフォンでのチェックも欠かせない。ページが"レスポンシブ"でないなら、そうなるように修正しておくのが良い心がけだろう。まあ、言うは易し行うは難しで、必要とされる技術的スキルも本書の守備範囲をはるかに超えているけれども。ただし肝心なのは、デザイナーがあなたやチーム全員に対して、高価な黒い厚紙にのり付けして作った小綺麗な画面モックアップを見せただけでおしまい、とはならないようにすること。デザインテンプレートをどうやってレスポンシブなものにしたのか、デザイナーにちゃんと説明してもらおう。

　それに関してもう1つ。コンテンツの観点から言うと、良いユーザーエクスペリエンスを生み出すには、小型の画面向けに作ったものをスケールアップする方が、フルサイズ表示用に作った要素を切り詰めるより楽な作業となるのが普通だ。

レスポンシブデザインでは、レイアウトとコンテンツが画面幅に合うように調節される。
このスクリーンショットは、The New York TimesのサイトをPCで見たところ。

第1部　使いやすさ

052

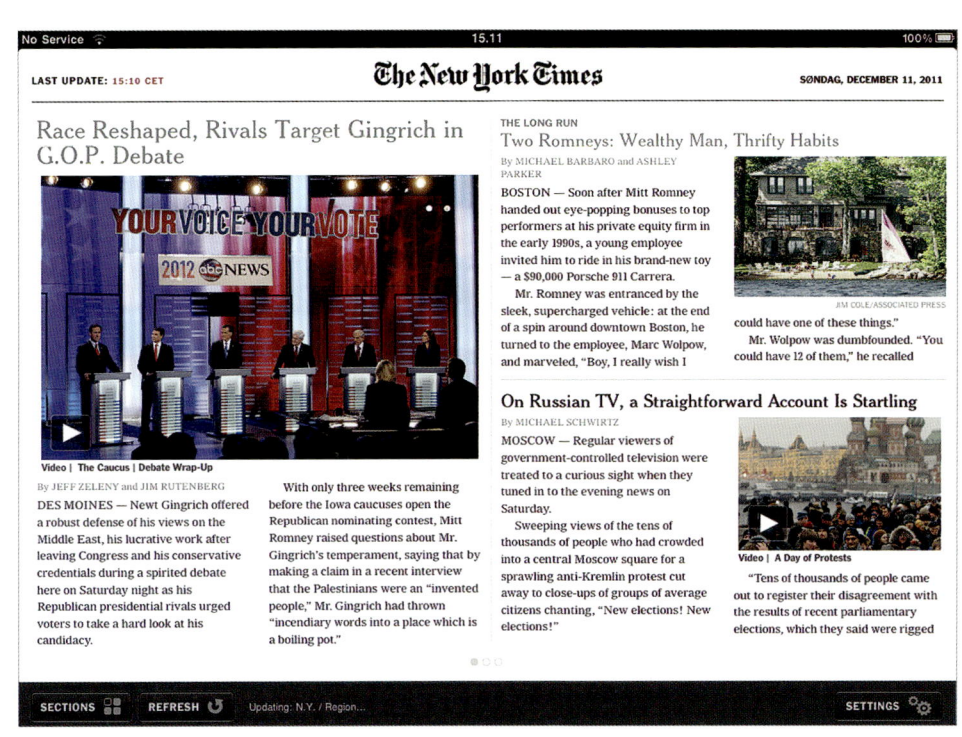

同じサイトをiPadアプリで見るとこうなる。

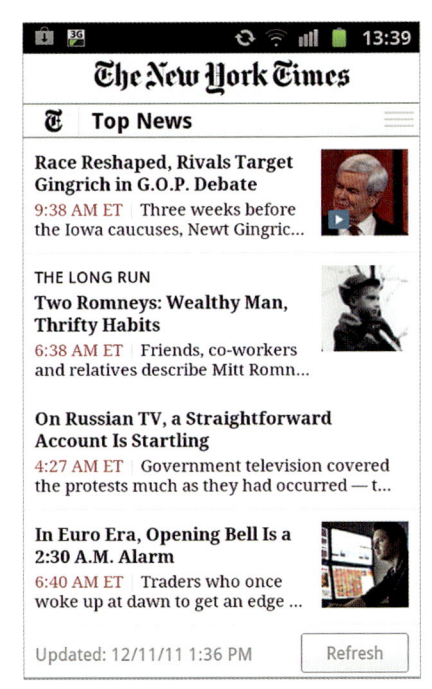

私のAndroidデバイスでは、The New York Timesのアプリは機能を絞り込んだニュースリーダーだ。

第2章 反応性

「起きろ、このバカマシンめ！」

　信じがたいことに、フィードバックの完全な欠如はよくあるユーザビリティ的問題だ。オフラインの世界では、たとえばスーパーのレジで「ありがとうございます。良い一日を」とか何とか、使い古された決まり文句を聞かされる。そんなセリフには飽き飽きだとしても、何も言わないのは無礼なだけ。どんなに平凡な反応でも、やはりありがたいものだ。でも、最近のオンライン体験についてちょっと考えてみよう。自分のクライアントマシンやサーバ、サイバースペース上の見知らぬシステムが、ちゃんとあなたのメッセージを受け取ったかどうかわからないまま、何かをクリックしたことがどれだけあったか？　かなり多かったのでは？　さらっと「良い一日を」というメッセージでも返してくれればまだマシなのにね。

　私は今朝方、買ったばかりのノートパソコンが、デスクトップ画面下部のステータスバーに赤い「X」を表示しているのに気づいた。それをクリックすると、USB何とかかんとかのアップデートをインストールする必要があると言う。そこで私は、「保存する」と「開く」という2つの選択肢をさらに何度もクリックした。でも、マシンはまるで無反応だった。

　このパソコンが検出した問題は、私がクリックしたことで解決したのか、それとも何かがまだおかしいのか？　わかりっこない！　そもそも自分が問題に遭遇したわけじゃないのだから、確認する手段なんて知りようがない。

　それからどうなったか。ひとまずは反応があった。数時間後、私のパソコンは「これで問題は解決しましたか？」

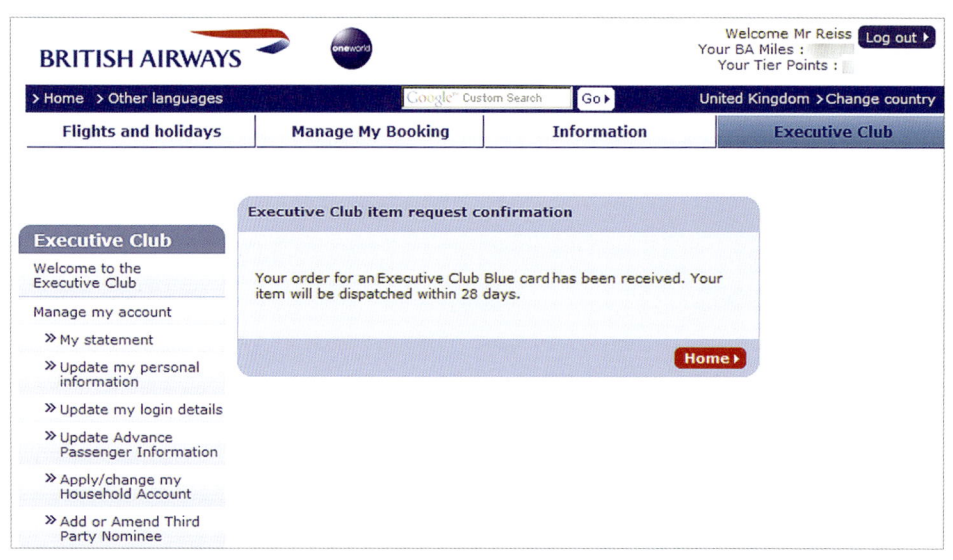

英国航空（British Airways）のサイトは、ユーザビリティ的苦境から飛び立ち、数ある航空会社のサイトの中でも抜群のクオリティを見せるようになった。反応が良く、正確で、使いやすい――優待会員カードの継続申込みが必要になるまではね。オフラインでの実状は、オンラインでのサービス効率が与える印象に追いついているとは限らないのだ。

というアンケートに回答を求めてきたのだ。まったく、「お前が騒ぎ出す前には何も問題なかったぞ」と答えさせてもらえなかったのが悔しい限り。本章の最後にある「前線からのレポート」のエピソードも、フィードバックが用意されていないとどんな事態が生じるかを示す一例だ。

　ここでの教訓。誰かに頼みごとをするなら——そしてそれをやってもらえたなら——何らかの承認の印を見せよう。

FUD：恐れ、不安、疑い

　本書のイントロダクションで、スティーブ・クルーグの『Don't Make Me Think』を紹介したのを覚えているかな？ そう、FUDは人を考えさせるものの一種だ——ただし、ネガティブで気がかりなかたちでね。これら3つの問題を減らせるならどんなことでも、やはりユーザビリティの改善につながる。

- **恐れ**（Fear）とは、自分のアクションがシステムを故障させたり、少なくとも取り消しできない何かをうっかり作動させたりするのを怖がることを意味する。たとえば、フォームで情報を送信したら何が起こるのか？ 何かを買ったことになるのか、それともただ入力内容が正しいと確認しただけになるのか？
- **不安**（Uncertainty）は恐れにも関わっているが、こちらの場合は、致命的な判断ミスを恐れているとは限らない。選択肢が曖昧に示されているせいで間違った判断をしないかと気にしているだけだ [原注1]。
- **疑い**（Doubt）は、必死で考えた末に、何をやっても成功にはつながらないという結論に達する場合に生じる。たとえば、ユーザーが達成しようとしているタスクの状況から見て、まともに見える選択肢が1つもない場合だ。

　レシート、承認、反応メカニズムなど、どんな呼び方でもかまわないが、それらは少なくともFUDの問題をそれなりに軽減してくれる。全面的解決とまではいかなくてもね。何らかの反応的アクションがFUDの影響を抑えるために役立つなら、ユーザビリティ上の大勝利となるのだ！ パソコンショップの役立たずなメニュー項目の場合、おそらく多少の説明文を追加するといいだろう。ちっぽけな黄色のポップアップウィンドウで表示される補足テキスト（alt属性と呼ぶ）を付ければ、それが反応メカニズムとなる。ただし、もっと説明的なラベルを用意する方がさらに望ましいはず。そうすれば、必要な認知上の手がかりを得るためにマウスプロレーション（mouseploration）に頼らなくて済む。インフォメーションアーキテクトはこれを、ラベルの"香気（scent）の強化"と呼ぶ。これは反応性よりも理解可能性の方に関わるものだが、両者は切っても切れない関係にあるので、ここでとりあげてみた。マウスプロレーションについては、次の「トランジション技法—さらに詳しく」というセクションで語るとしよう。

[原注1] たとえば、パソコンショップのサイトで私が見つけたこのリストみたいに、おかしなメニュー項目を目にすることは珍しくない。
- 家庭向け　▶ オフィス向け　▶ パフォーマンス重視　▶ 携帯性重視

仕事用のノートパソコンが欲しくて、出張する機会も多いなら、どれをクリックする？ これが複数選択のテストだとしたら、「上記のすべて」と答えたいところだ。

「メッセージは送信されました。」そりゃよかった。満足だ。ほっとした。ここにはFUDなど微塵もない。

人生の大半をプロの書き手として過ごしてきた私でも、スペルミスはするものだ。Microsoft Wordは、それらに赤い下線を付けてくれる。文法的に問題があれば、緑の下線が付く。とてもありがたい、反応的フィードバックだ。

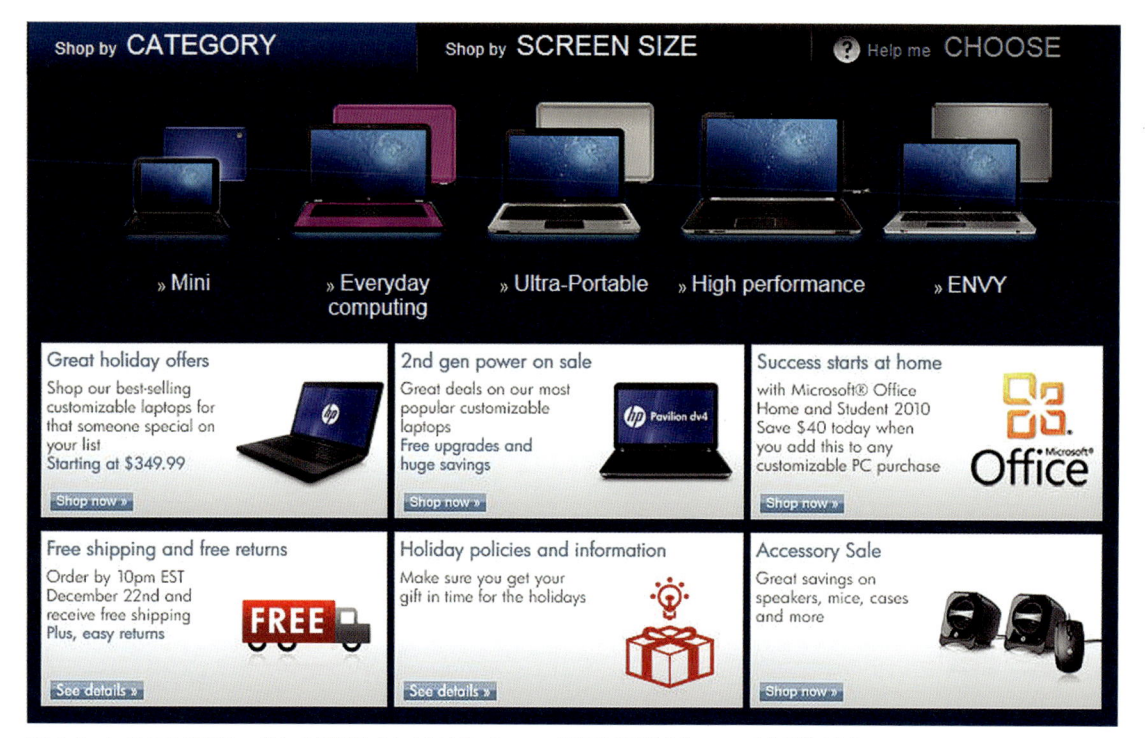

HPのノートパソコン選択は、パソコン関連サイトでナビゲーションの選択肢が曖昧となっている典型的な例だ。恐れ、不安、疑い──私が探している高性能で軽量な業務用パソコンを見るには、どこをクリックすればいい？

トランジション技法──さらに詳しく

　画面上の何かにポインターが重なった時、つまりマウスオーバーした時に見せる反応は、きわめて重要だ。通常は、ポインターの形状が矢印ではなく指差しする手になり、それがクリックできることを象徴的に示す。ほとんどの状況では、ポインターのアイコンは瞬時に切り替わる。

　ユーザビリティ上の主な問題は、ポインターそのものより、ウェブページが発している基本的な視覚的シグナルの方にある。たとえば、近ごろいちばん人気のブログツールの1つはWordPressだ。でも、その見出しなどのクリック可能な項目は、画面上のそれ以外のテキストとほぼ見分けがつかない──ポインターを重ねてみないとね。だからブログでも他のサイトでも、クリックできる項目を見つけるには、ひどいデザインのページの隅々までポインターを動かさなきゃいけない。それらの項目が、我こそはインタラクティブ要素なり、という力強い認知的シグナルを発していないからだ。私の自前のスラングでは、リンクを探してポインターを何度も行き来させるこのおかしな動きを、マウスプロレーション（mouseploration）と呼んでいる。

　もちろん、タッチスクリーンを採用したタブレットやスマートフォンの到来と共に、マウスプロレーションが起こる可能性はなくなる──最新世代の液晶画面テクノロジーには、たとえ画面をタップしなくても指の存在を感知できるものさえあるけれど。大部分のタッチスクリーンデバイスには重要な反応的要素が欠けていることになるので、何か別のかたちで視覚的シグナルを発する必要があると言ってもいい。本書の第2部には、丸ごと可視性をテーマにした章がある。

　とりあえずは、デザインや評価の対象が何であれ、その利用中にはトランジションによる反応をただちに示さなくてはいけないことを覚えておこう。たとえば、ポインターの形状がタイミングよく切り替わらないとしたら、すぐに修正すべき問題がそこにあるというわけだ。そして、リンクにマウスオーバーされたら、強調表示するか、色を変えるか、下線を付けることを検討しよう。そうすれば、ユーザーは心から感謝すること間違いなし！

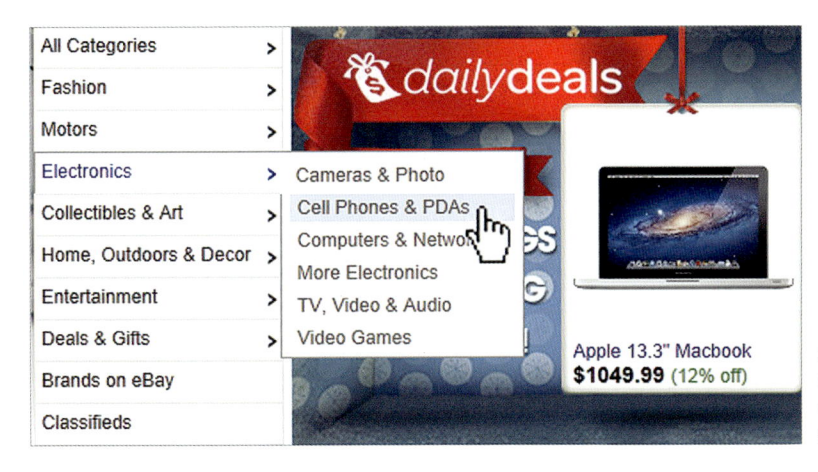

このeBayの例では、どのメインカテゴリーを選択中かを明示し、展開メニューの中で私がクリックしようとしているサブカテゴリーのラベルを強調表示している。

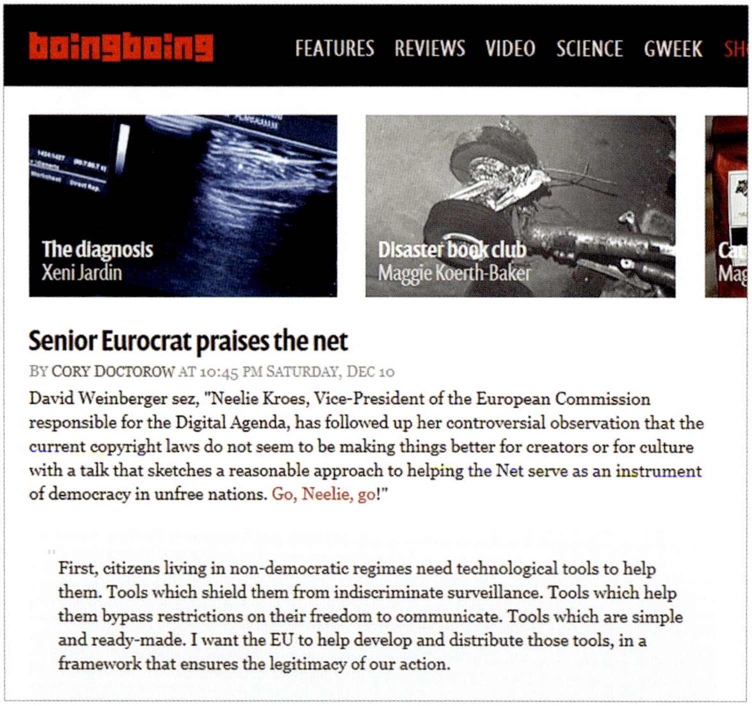

第1部　使いやすさ

コリイ・ドクトロウの「Boing Boing」は、インターネットでもっとも人気のあるブログの1つだ。でも、そこに多くのインタラクティブ機能があることは、一見しただけではわからない。最初の段落には赤いリンクが付いているが、見出しその他の要素もクリックできると気づくユーザーはほとんどいないだろう。

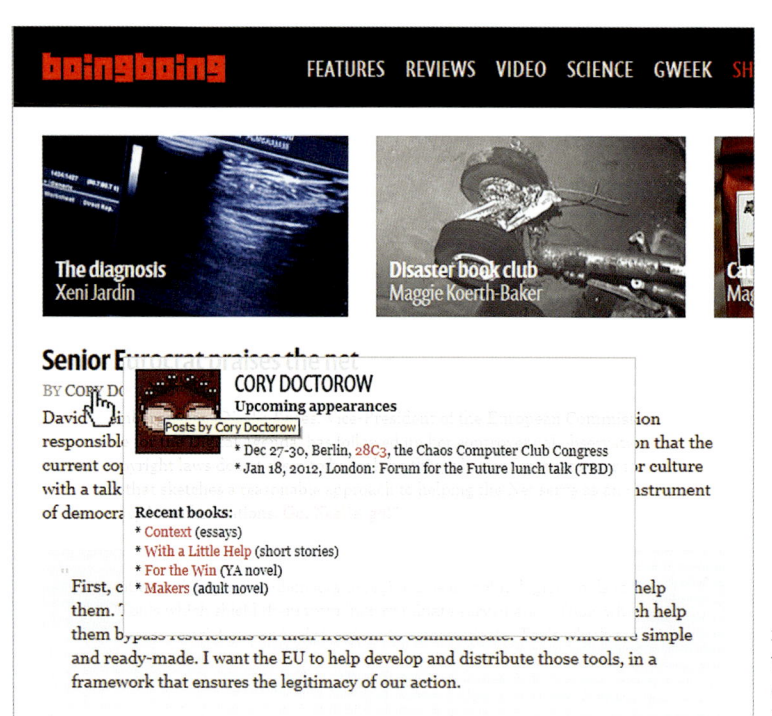

コリイの名前にマウスオーバーすると、ポップアップウィンドウが開いて情報を見ることができ、ちっぽけな黄色いテキストボックスで代替テキストも表示される。

058

トランジション技法と物理的オブジェクト

　カチリと鳴るオン／オフのスイッチ。指で押し心地を感じられるハードウェアキーボード。タッチするとバイブレーションが伝わるオンスクリーンキーボード。こうした技法はすべて、物理的デバイスを操作する時にきわめて役立つ、臨場感あるフィードバックを与えてくれる。

　バーチャルリアリティの開発者の前に立ちはだかる難関の1つは、視覚的／聴覚的シグナルを別にすると、他にこれといった感覚的フィードバックが使えないことだ。"バーチャル"にモノを手に取ることができたとしても、その触感までは得られない。宙に漂う煙をつかもうとするようなもの。そこには何の実体もない。"物質"に紐づけられた触覚的フィードバックを再現できるようになるまでは、バーチャルリアリティは現実的とはならず、仮想的なままだろう。

　つまみやダイヤル、レバー、スイッチ、ボタン、キー、取っ手など、あなたがデザインするものに備わっている物理的なアフォーダンスについて、トランジションによるフィードバックのメカニズムを改善できる方法を考えよう。これらの"クリック"、つまり操作音も重要だ。

私はこのBraun社製の目覚まし時計を愛用している。スイッチが上についていて、アラームのオン／オフを切り替えやすい。それに、スイッチがどちらにへこんでいるか見れば、アラームをセットするのを忘れていないかひと目でわかる。機能性の高いデザインには、すぐれた認知的フィードバックがたくさん用意されている。

オンライン環境での反応メカニズム

　自分のマシンが"ただいま考え中"だと知らせてくれると、いつもほっとするものだ。1983年に、Macintoshの前身であるAppleのLisaを初めて見た時、私はその小さな砂時計アイコンにひとめぼれした。それはこんな基本的メッセージを伝えてくれる。「やあエリック。君のメッセージを受け取って、頼まれた用事を片付けているよ。ちょっと時間がかかるから、我慢してね。このかわいいアニメーションアイコンの表示中は、君から頼まれた仕事を終わらせようと頑張っていることになるよ。」

　かなり大量の情報が詰め込まれた、画面上の小さなシンボル。「戻る」ボタンや「やり直し」コマンドと並んで、これは史上最高にクールなものの1つだと思う。

　この類いのフィードバックは、他にも数え切れないほどのバリエーションがある——指折り数える手や走る犬、腕時計などのアイコンなど。悪名高いApple純正の「スピナーカーソル」もその1つ。機能的に反応が遅いせいで、"くるくる回る最低のビーチボール"といったひどいニックネームをたくさん付けられたアイコンだけどね。ここで教訓となるのは、フィードバックを用意するだけだとしたら、問題を軽減することは多くても解決にまで至るとは限らないということ。だから、長たらしい処理を伴う場合、グラフィックによる技法でもその進行状況を示すことが、より望ましい選択となる場合もあるのだ。

　「ファイルのダウンロードが成功しました」といった基本的な画面表示メッセージや、各種のアニメーションウィジェットに加えて、さまざまなタスクの完了に関連づけられるようになったデザインパターンは豊富にある。もっとポピュラーな定番テクニックをいくつか挙げよう。

- **明暗効果**：特定のエリアがアクティブである（操作対象となっている）ことを示すため、操作が完了するまでそのエリアだけ明るくするか、画面上のそれ以外の部分を暗くする。
- **ズーム**：プロセスの進行中にはズームインし、完了したらズームアウトする（またはウィンドウをたたむ）。
- **サウンド**：特定のアクションに関連づけられた特徴的なメロディや効果音。携帯電話の着メロがもっとも身近な例だろう。

　ピンからキリまであるけれど、他にも文字通り何千種類ものテクニックがある。でも、どんな反応メカニズムを採用するにしても、ユーザーがそれを見たり聞いたり感じたりできれば——そして、その意味を理解していれば——ユーザビリティ的には良好な状態を保てるだろう。

1983年にAppleが発表したLisaでお目見えした砂時計の待機中アイコンは、これまで見てきたフィードバックのメカニズムの中で、いまだにもっとも独創的なものの1つだ。AppleとMicrosoftのどちらでも、さまざまな形態で利用され続けている。それが送ってくれるシグナルは、実にありがたい:「私はあなたの仕事に取り組んでいます。ひと休みしてください。この問題は私が解決します。」

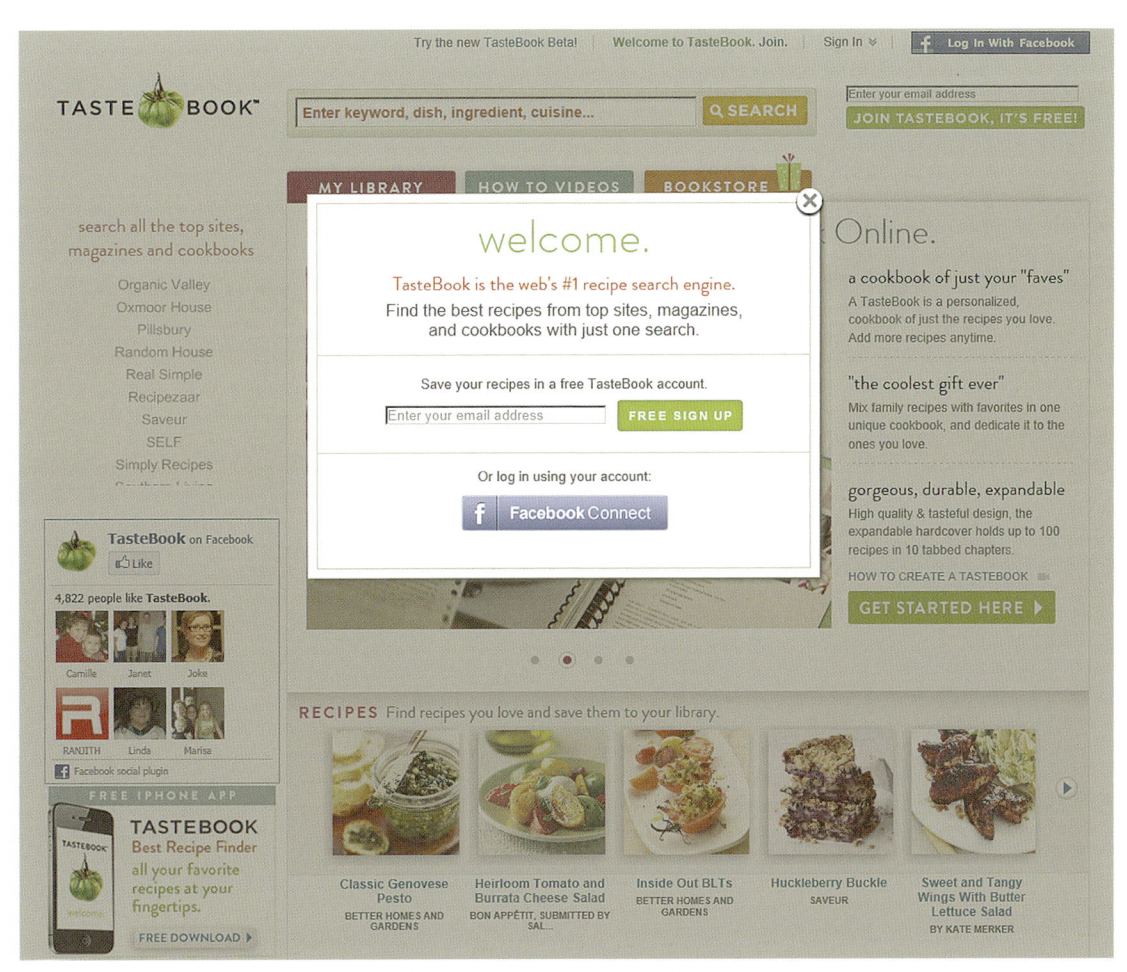

画面の一部を暗くすると、ユーザーが何か操作することをアプリケーション側で期待しているエリアを見分けやすくなる。
画面の一部を明るくしても、同様の効果が得られる。

物理的オブジェクトの反応メカニズム

物理的な反応メカニズムは、それを画面上で表現したものと同様に、何かが起こっていることや、何かを達成したことを伝える貴重な認知的フィードバックをもたらす。ちょっとここで、車や住宅など、何かに鍵をかけることについて考えてみよう。

もしあなたの車にセントラルロックのシステムがなければ、まずキーでドアに鍵をかけてから、取っ手を引いてちゃんとロックされたか確かめることになるはずだ。セントラルロックのシステムがある場合は、キーに付いているボタンを押すと作動することが多いが、ロックしたらおそらくピピッと音を鳴らして、必要なレシートをくれることになる。カチャリという音が聞こえるのも、安心材料となる。

また大抵は誰でも、出かける時に玄関のドアに鍵をかけたら、念のためノブを引いてロックされたか確認する。大半のロックシステムは、あまり手応えのあるフィードバックを与えてくれないのが実状なのだ。たぶん住宅のドアも、ピピッとかカチャリという音を鳴らすべきだろう。

それでも教訓となるのは、どんな会話のやり取りとも同じで、感覚的フィードバックを与えてくれる反応メカニズムが物事をスムーズに進め、FUDを排除するために役立つということだ。

この昔ながらのカウンターは、ボタンを押し込むたびに小気味好い触覚的フィードバックとクリック音を生じさせる。言い換えれば、カウント中にカウンターを見なくて済むのだ。

しまった！ ロールスロイスを
3台も注文しちゃったよ

前線からのレポート

　ウェブの創成期には、「買い物かご」や「ショッピングカート」の概念が、まだメタファーというよりはアナロジーに近いものとみなされていた。

　軽く説明しておくと、アナロジーは「AはBのようなものである」という言い方のこと。たとえば、「私のコンピュータはファイルキャビネットのようなもの」と言う場合、「ファイルキャビネット」がアナロジーとなる。

　メタファーは「AはBである」という言い方になる。たとえば、「このチップは私のコンピュータの記憶である」と言う場合、「記憶」がメタファーとなる。

　というわけで、意味論の講義はさておき、こんなエピソードを紹介しよう。

　1997年頃のある日の午後、ロンドンの有名ディーラーがロールスロイスのオンライン販売を始めたというニュースを同僚が教えてくれた。その理由は2つ。私がEC事業に興味津々だったこと、そしてイギリス車にめっぽう弱かったことだ。それはいまだに（高価な弱みとして）引きずっているけれど。

　当然ながら、私はただちにそのサイトにアクセスした［原注2］。

　そこは、ジャガーやアストン、そしてロールスロイスの魅惑的な写真でいっぱいだった。ページ上部には、どことなく場違いな「買い物かご」のアイコンがあった。1997年当時、「買い物かご」のアイデアは、まだメタファーよりアナロジーに近かったことをお忘れなく。とにかく、ピカピカの高級車を棚から引っ張り出して、ありふれたワイヤー製の台車付きカートに放り込むところを思い描かずにいるなんて（あるいは、せめてその後で笑いをこらえるなんて）、ほぼ不可能に近かった。

第2章　反応性

［原注2］　残念ながら、あれから何年も経ったので、この話を具体的に伝えるスクリーンショットは残っていない。ディーラーの情報は覚えているが、少なくともインターネット時間ではもはや大昔の出来事と言えるデザイン上の判断ミスを今さら糾弾するのは、あまりに気の毒だろう（オフラインとオンラインでの業務サイクルを比較すると、私自身の試算ではインターネットの1年がカレンダー上の約4.7年に相当する）。

意地悪な私としては、まさにその通りのことをやってみたのだ。

　でも、ページは反応しなかった。そこでもう一度クリックしてみた。さらにもう一度。

　当時はサーバの応答時間もうんざりするほど遅かったので、待つのは慣れっこだった。今ではみんなそこまで我慢強くはないし、それがこの手の問題を悪化させる。

　待っている間に電話が鳴った。少しおしゃべりしてから、休憩室にコーヒーを取りに行った。デスクに戻ると、このディーラーサイトでの処理がやっと何もかも完了し、支払いページに移動していることに気づいた。買い物中にしびれを切らしてクリックを繰り返すたびに、私はロールスロイスを買い物かごに追加していたらしい。合計3台注文することになっていたのだ。しかも、3台とも同じ色だなんて。味気ないにもほどがある。

　というわけで、買い物かごに入った3台の高級車と、私を悲嘆に暮れさせた（でも驚いたことにクレジットカードの限度額を超えていることは教えてくれなかった）会計システムを前にして、私がとった解決策は、パソコンの電源をぶち切って帰宅することだった。少なくともサイバースペースに限った話だとして、もし車の1台でも2台でも手違いで買えてしまう仕組みになっていたらどんな事態を招くか、しばしば考えさせられる。でもそれは、反応の悪いシステムを自分がデザインしている時に出てくる疑問だ。私の妻なら、うちにはもう非の打ちどころがない車があるでしょ！とすかさず答えるのはもちろんだけど、それはまるで別の話ということで。

検討したい10個の反応メカニズム
Ten response mechanisms to consider

1. ボタンはクリックされると"反応"するように見える？

2. ファイルが保存されたら、そのことが目で見てわかる？

3. リンクなどのインタラクティブなオブジェクトにマウスポインターが重なったら、それがクリックできることを示すために、ポインターの形状が変わる？

4. ウェブサイトは、画面上でリサイズできる？ タブレットかスマートフォンで見たらどうなる？ スマートテレビでは機能する？

5. ファイルのダウンロードや購入手続きなど、何か基本的なタスクを一通りやってみよう。あなたのアクションをサイトが承認してくれたことを天に祈るしかない時はあった？

6. ファイルのダウンロードのように時間のかかる手順はすべて、進行状況をリアルタイムにフィードバックしている？

7. 物理的オブジェクトを扱っている場合、フィードバックを送り返している？ 何かのスイッチのオン／オフが切り替わったら、そのことがわかる？ レベルを上げ下げした場合はどう？

8. あなたが受け取るフィードバックは、タイミングよく届いている？ それとも、アクションが実行に移されてしばらく経ってからメッセージを受け取るようになっていない？

9. 反応メカニズムは誰にでも理解できる？ アイコンその他のシグナルは、ユーザーを考え込ませていない？ 定番のベストプラクティスを採用したのか、まったく新たに考え出したのか、どっちだろう？ あなたのご近所さんでもそれを理解できる？ 家族だったらどう？

10. コンテンツのレイアウトとクオリティは、それを見る個々のデバイス特有の制約に見合っている？ デバイスによってコンテンツに差がある場合、うまくおさまるようにスケールアップしているか、あるいは削減できている？ スケールアップする方が、一般的には良い選択だ。

その他のおすすめ本
Other Books you might like

もうお気づきのはずだと思うけれど、私がおすすめする本は各章のテーマに100パーセント特化しているとは限らない。でも、その章の成り立ちには深く関わっているし、きわめて重要な情報を含んでいて、読み物としても面白いものばかりだ。

Bill Scott、Theresa Neil
『Designing Web Interfaces』
(O'Reilly, 2009年)

日本語版：
『デザイニング・ウェブインターフェース ― リッチなウェブアプリケーションを実現する原則とパターン』
(オライリージャパン, 2009年)

Susan Weinschenk
『Neuro Web Design』
(New Riders, 2009年)

Ethan Marcotte
『Responsive Web Design』
(A Book Apart, 2011年)

検索したいキーワード
Things to Google

Responsive content
レスポンシブコンテンツ

Responsive web design
レスポンシブウェブデザイン

Navigation feedback
ナビゲーションフィードバック

第3章

人間工学性

Ergonomic

　エルゴノミクス（Ergonomics）。それはヒューマンファクター（Human Factors）とも呼ばれ、人間の肉体的／心理的な能力のどちらにも見合うように各種の機器をデザインする方法を研究する分野だ[訳注1]。労働環境の人間工学的な話題について語り合う時に、その用語に初めて出会うというケースが大半を占める。オフィスの椅子の調節方法、デスクの高さ、パソコンの画面の位置などなど。でも、エルゴノミクスの原則は、ディスプレイの周りで生じる現象に当てはまるのと同じように、画面の上で起こることにも適用できる。

オンラインのデザインとオフラインのエルゴノミクスの出会い。私は電子版の搭乗チケットを印刷すると、折り畳んでジャケットの胸ポケットにしまう。ブリティッシュ・エアウェイズのチケットではバーコードが上の方にあり、セキュリティチェックでも搭乗ゲートでもスキャンしやすい。SASのチケットは上部に大きな余白があって、バーコードが横に付いている。広げないとスキャンできないし、折り目部分のコードがかすれて読み取れないことも多い。実はページのいちばん下にコードを付けている航空会社さえあるけれど、まったく馬鹿げている。

［訳注1］　著者はここで、エルゴノミクスとヒューマンファクターが同じであるような書き方をしているが、厳密にはその基盤となった学問領域や目的には違いがあり、いわゆる「人間工学」がその両者を包括する概念とされている。詳しくは以下のウィキペディアでの解説などを参照のこと。https://ja.wikipedia.org/wiki/人間工学　このような背景を踏まえ、本章の原文タイトル「Ergonomic」は「エルゴノミクス性」ではなく「人間工学性」と意訳したことをご了承いただきたい。

このキッチンタイマーのマグネットは磁力が弱すぎて、すぐ上下が逆になってしまう。機能の問題か、エルゴノミクスの問題か？ その両方だろう（逆さまの文字や数字を読まされるのは、エルゴノミクスに関わることは明らかだよね？）。マグネットというものは単純きわまりない機能だったので、デザイナーが自分で金属面にくっつけてテストするのを忘れたに違いない。

ヘンリー・ドレフュス：
工業デザインへのエルゴノミクスの導入

　アメリカの工業デザイナー、ヘンリー・ドレフュスは、エルゴノミクスという研究テーマの考案者ではないが [原注1]、それを大学の中からデザインの世界へと連れ出したのは彼だ。その半自伝的著書、『Designing for People』（Simon & Schuster、1955年）は、今もなお工業デザインの古典となっている [訳注2]。

　ドレフュスの主な功績は、「ジョーとジョセフィン」という2つのヒューマンモデルを生み出したこと。20世紀半ば、いわゆるミッドセンチュリー時代の北米で暮らす、典型的な男性と女性の判断基準を示すモデルだ。過去60年間にわたって、多くのデザイン哲学に変化が見られたが、いまだにドレフュスの人体測定データに基づいて作られている物体はびっくりするほど多い。

　ここで、エルゴノミクスの基本原則12箇条を紹介しよう [原注2]。

[原注1]　その栄誉にあずかるのは古代ギリシャ人たちだ。「ergonomic」という用語そのものは、1857年にポーランド人のヴォイチェク・ヤストレムスキーが考案した。

[訳注2]　1959年に発売された『百万人のデザイン』というタイトルの日本語版は現在入手困難となっているが、以下のページで復刊リクエストの受付が行われている。http://www.fukkan.com/fk/VoteDetail?no=9132

[原注2]　「ergonomics」というキーワードで検索すれば、似たようなリストがたくさん見つかる。12項目より多いのも少ないのもあるし、言い回しもさまざまだ。いわゆる"公式"なリストは存在するのか、よくわからない。このリストは私のいちばんの自信作で、過去に見つけたいくつかのリストを組み合わせたものになっている。

1. ニュートラルな姿勢で作業する。
2. 余分な力を減らす。
3. 何でもすぐ手が届くようにする。
4. 適正な高さで作業する。
5. 余分な動作を減らす。
6. 疲労と静荷重をできる限り抑える。
7. 圧点をできる限り少なくする。
8. ゆとりを持たせる。
9. 動き、運動し、ストレッチする。
10. 快適な環境を維持する。
11. 明快さと理解を高める。
12. 労働組織を改善する。

　これらの原則は実物の世界でのアクションや効果に基づいてはいるが、画面上のデザインにまで多大な影響を及ぼすため、ユーザビリティの観点から重要となる。たとえば、ポインターは電子的な指の役割を果たす。本物の指と同じように、できる動きとできない動きがある。さらに、タッチスクリーンを使うとなると、指そのものがポインターになることが多く、自分がオンラインとオフラインの両方のエルゴノミクスと同時に格闘していることにふと気づいたりする。

　もしあなたが実体のある何かをデザインしているなら、もうこれらの原則には詳しいはずだから、工業デザインの細かい話にそれ以上立ち入るつもりはない。でも、インタラクティブメディアを手がけているみなさんには、画面上での体験の評価と改善にエルゴノミクスがどう関わるのかについて、私の考えを分かち合っていくとしよう。

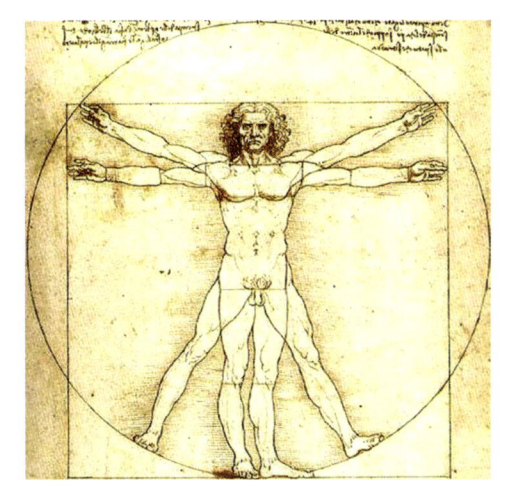

概念図を示したのはレオナルド・ダ・ヴィンチだが……

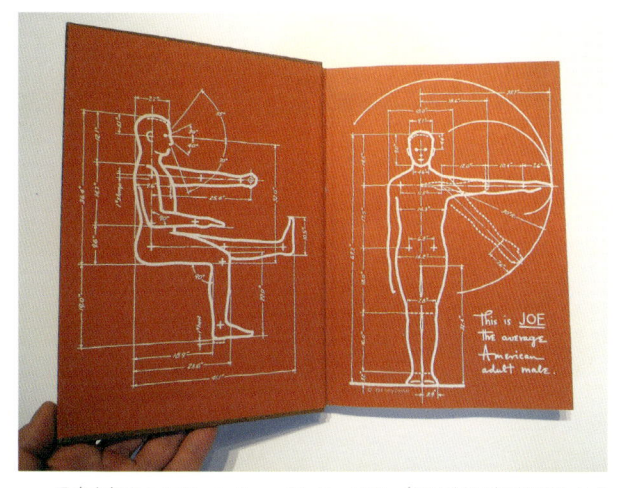

……尺度を加えたのはヘンリー・ドレフュスだ。（1955年に彼が発表した古典、『Designing for People』初版の見返しの写真。）

左のフラスクはデンマークの有名な建築家、エリック・マグナッセンがデザインしたもの。ポケットの中で引っかかりそうな角張った部分や突起をなくしている。でも、これじゃキャップをつかむのは無理だし、フラスクをテーブルの上に立てておくこともできない。残念。右のフラスクは安物だけど、人間工学の観点からすればずっと出来がいい。

ハリケーンによる停電中には、懐中電灯をテーブルの中央に置くとほど良い灯りになる。端っこが平らな場合に限るけどね。この懐中電灯は、フランシス、アイバン、カトリーナ、ウィルマといった歴代のハリケーンたちに負けず、フロリダにいる私の家族を助けてくれた。

ボタン:時には大きいほど良いのはなぜか

人間とコンピュータの相互作用（Human-Computer Interaction：HCI）に詳しい学生たちは、フィッツの法則について教えてくれるだろう。

$$MT = a + b \log_2 (2A/W + c)$$

ややハイレベルなこの数式は、ターゲットエリアにすばやく移動するための所要時間が、ターゲットまでの距離とターゲットの大きさの関数になることを予測している。かなり単純明快だよね？

それは実際、シンプルな話なのだ。大きいボタンの方が、小さいボタンより短時間で見つかってクリックできる、というだけ。

これは画面上のエルゴノミクスについて語る時にきわめて重要となる概念だ。さっき挙げた原則の中で、「何でもすぐ手が届くようにする」「明快さと理解を高める」という2つの原則に直接関わっている。

実際に、クリック可能なリンクが大きいほどユーザーは楽になる。ユーザビリティに関する現状の課題の1つとされているのは、埋め込み型リンクと使い方の作法だ。大画面の上では一般的にかなり使いやすい。でも、小さなタッチスクリーンデバイスをごつい指で操作する場合はどうかな？ 試したことがなければ、今度アップルストアの前を通りがかった時に店内に入って、iPadをさわってみよう。タブレットで従来のウェブサイトをナビゲーショ

ンするには、指が理想的とは限らないのだ。スマートフォンでのナビゲーションでは、もっと小回りがきかなくなる。

今や私たちの前には、スマートテレビが登場しつつある。インターネットコンテンツへのアクセスや、オンデマンドで番組のストリーミング視聴ができる、ブラウザ搭載のインタラクティブなこのテレビでは、従来の放送コンテンツに縛られることが少なくなってきた。

現時点では、テレビ画面上でポインターを動かしやすいコントローラとして真の標準と呼べるものはない。パソコンと同じようなトラックパッド、昔から使われている矢印キー、赤外線ポインターなどがある。スマートフォンやタブレットなどの外部デバイスを連携させ、コントローラとして使うことさえできる。でも実際やってみると、部屋の反対側にあるテレビ画面上の小さなボタンを押すのはいたって困難なだけ。私自身の経験から大雑把に言うと、スマートフォンで何かを突っつくのに手間取るようなウェブサイトやアプリは、スマートテレビでナビゲーション上の問題を起こすことになる。かなりの大画面テレビでさえ、見ている人の視野全体からすればごく一部にすぎないことは多いし、それが手持ちのスマートフォンの画面より小さいこともしばしばだということを考慮しよう。

2章でアドバイスしたように、レスポンシブデザインは今後のインタラクティブ製品を開発するうえでとても重要な役割を演じている。それをお忘れなく。また、代替インターフェースは好きじゃないとか、使う気がないという個人的な意見もあるだろうが、それを他の人々にまでわかってもらえる保証はないことも忘れずに。

ひとことで言えば、どんなプラットフォームでもボタンは大きくてアクセスしやすいものにしておこう、ということだ。

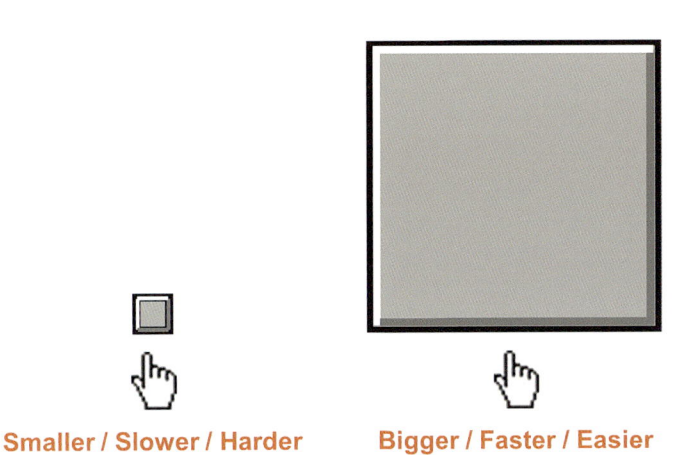

Smaller / Slower / Harder　　　**Bigger / Faster / Easier**

大きいターゲットの方が、小さいターゲットよりすばやく捕捉して利用できる。軍事用ミサイルシステムの設計者にとって、これは重要なコンセプトだ。でも、インタラクティブメディアを手がけている私たちにも、それは同じく重要となる。ボタンは一般的に、大きい方がいい。

最新世代のiPod shuffle®は小さすぎるので、コントロールボタンを押さないようにしてクリップを留めるのはほぼ不可能だ。昔の細長い型では、その点がちゃんと考慮されていた。かつて学んだはずのエルゴノミクス的教訓が、忘れ去られている。

数ミリ秒が肝心

昨今の多くのサイトは、「何でもすぐ手が届くようにする」ことが、ナビゲーションメニューの階層化を意味するのだと考えている。そうすれば、訪問者は他のページを経由することなく、サイトの奥の目的地に到達できるというわけ。その結果、まず下に開いてから、サブメニューが横に"フライアウト"する（飛び出す）ドロップダウンメニューを、いたるところで目にするようになっている。

でも、遠慮なく言わせてもらうと、確かにこの技法は便利かもしれないが、便利なものがちゃんと使えるものになるまでの道のりは長い。自分の指かテレビのリモコンで、その手のメニューを操作してみよう。たちまちデザイナーを呪うはめになるだろう。マウスを使ったとしても、クリックしたい単語やフレーズを選択するにはコツが要るかもしれない。とは言え、そのユーザビリティを劇的に改善してくれる2つのごく基本的な手法がある。

クリック可能なエリアは、リンクテキストより一回り大きくすること。これらのアクティブなエリアは、決して小さすぎないようにしたいところ。

ユーザーがポインターの位置合わせを終えるまで、十分な時間を与えること。技術的な細かい話に立ち入るのはごめんだが、タイミングの問題は実に重要なので、現状でのベストプラクティスをいくつか紹介しよう。

▶ ポインターがリンクの上に"ホバー"した状態で約0.5秒経過してから、メニューを開くこと。こうすれば、Interfloraのサイトで私が遭遇した"満開の花"問題を防ぎやすくなる（本章の最後にある「前線からのレポート」を参照）。

- アニメーション形式のメニューは、できる限りすばやく表示すること。可能なら0.1秒未満に抑えたい。
- メニューからポインターが外れたら、0.5秒待ってからメニューをたたむこと。こうすれば、ポインターをざっと斜め方向に動かして近道してもナビゲーションしやすくなり、アクティブなメニューエリアからポインターがはみ出さないように気をつかわずに済む。
- とは言え、いざメニューをたたむとなったら、開いた時と同じくらいすばやくたたむこと。

機能性の観点から見て、自分の超高速パソコンだけじゃなく、のろまなデバイスでもこれらのアクションのタイミングを必ずチェックしよう。また一般的には、ブロードバンド接続だけではなく、ダイヤルアップ接続でも全般的なサーバ応答時間をチェックしているはずだ。辺鄙な場所では特にそうだが、ブロードバンド回線にアクセスできない人々の多さにはびっくりするだろう。そして、もし国際的な環境で働いているなら、北米やヨーロッパ、太平洋沿岸の数カ国を除いて、いまだにブロードバンド回線がまったく使えず、低速なダイヤルアップ接続とモバイル接続しかできない地域が多いことをお忘れなく。

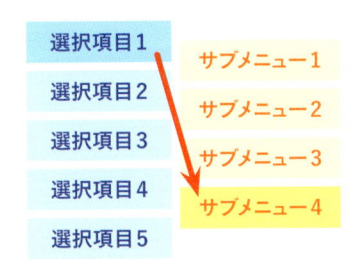

ドロップダウンメニューやフライアウトメニューをたたむタイミングを少し遅らせれば、他の選択項目が開いたり、クリックしたいサブメニューが閉じたりすることなく、斜めに近道してポインターを動かせる。

学者たちを連れてこよう

　学術系コミュニティでは、画面上のエルゴノミクスの分野でたくさんの研究を行なっている。そこでの発見の中には、目を見張るようなものもある。たとえじゃなく、文字通りの意味でね。新たなアイトラッキング調査（ウェブサイト閲覧中の視線の動きを記録する）は、テキストの読み方が画面上ではいつもとかなり違うことを見せつける。上から読み始めて一直線に下まで進んでいくというよりは、まずページ全体にざっと目を通し、自分の興味をそそる単語を探す傾向が見られる。その後で、より認知度の高いトリガーを探しながら拾い読みをする。大半のユーザーがついに細かく読み始めるのは、それからだ。

　きっとあなたもこの本を最初に開いた時、パラパラとページをめくりながら、いくつか目についた画像のキャプションを読み、その後でたぶん同じページか見開きで隣のページにある本文を見たことだろう。いや、読心術を使ったわけじゃないよ。これがかなり定番に近いパターンというだけ。

"箇条書きの先頭の一語"

画面上のエルゴノミクスにまつわるもっとも重要な発見の1つは、長いリンクリストはどうやって作るのがベストかという問題に関わりがある。ユーザビリティの第一人者、ヤコブ・ニールセンは「F型パターン」[原注3]について語っている。基本的な現象として、リストを拾い読みする時には、箇条書きのビュレット記号に続く最初の単語に目が行くのだ。時にはこの単語が呼び水となって、リンクテキスト全体が読まれることもある。

その結果、アイトラッキングのマップ（あるエリアを見つめるほどそこが赤くなる、いわゆる「ヒートマップ」となるのが普通だ）を見ると、そこにアルファベットの「F」に似た形のパターンが現れる。ユーザーは各リンクの先頭の単語だけに目を通し、その中から数個だけを拾い読みする。細かく読むのは、実はそのまた一部だけ。1つ例を示そう。

この2つのリストのうち、ざっと目を通しやすいのはどっちかな？

リスト1：

- Subregional office for Central Africa
- Subregional office for East Africa
- Subregional office for West Africa
- Subregional office for North Africa
- Subregional office for Southern Africa
- Subregional office for Sahil Region

リスト2：

- Central Africa – subregional office
- East Africa – subregional office
- West Africa – subregional office
- North Africa – subregional office
- Southern Africa – subregional office
- Sahil Region – subregional office

リスト1の方は、ジュネーブの国際労働機関（ILO）の旧ウェブサイトから取ってきたもの。幸い、2010年に大規模なリニューアルが行なわれた。

これはつまり、リストを用意する時には――特にリンク一覧の場合には――もっとも重要な単語が必ず末尾じゃなく先頭に来るようにしたいということになる。検索結果一覧に表示されるウェブページのタイトルを指定す

[原注3] ほんとに役立つオンラインの資料をお探しなら、www.useit.com/eyetrackingをチェックしてみよう。

る、マシンリーダブルなメタデータであるtitle要素にも言えることだ。だから、最重要ワードで始まっていないリストやメニュー、リンクがないか、よく目を光らせよう。そして、企業名はおそらくリスト内でもっとも重要な情報じゃないはずだということを忘れずに。

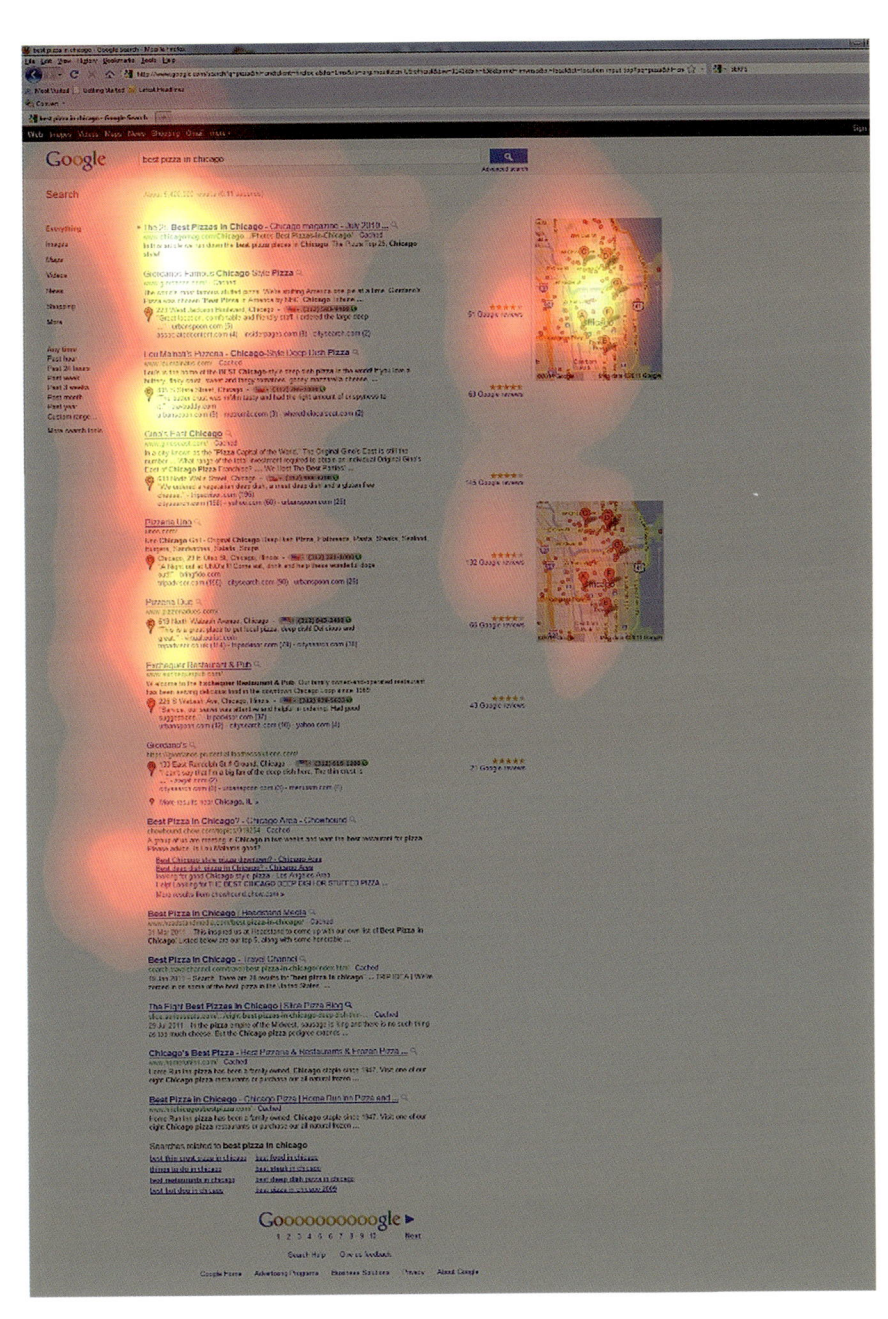

このヒートマップは、ユーザーがリンク一覧ページにどのように目を通しているかをくっきりと示している。リストや見出し一覧を作る時には、重要な単語を必ず先頭にしよう。[画像提供：ピーター・J・マイヤーズ博士、SEOmoz]

第1部　使いやすさ

```
Regions and Technical Cooperation (REGIONS)
  > Development Cooperation (CODEV)
      > Universitas: Innovation, education and training for Decent Work and Human Development
  >
  > Field Programmes in Africa (AFRICA)
      > Regional Office for Africa: Addis Ababa
      > Subregional Office for Central Africa: SRO-Yaoundé
      > Subregional Office for East Africa: SRO-Addis Ababa
      > Subregional Office for West Africa: SRO-Abidjan (temporary location: Dakar)
      > Subregional Office for North Africa: SRO-Cairo
      > Subregional Office for Southern Africa: SRO-Harare
      > Subregional Office for the Sahel Region: SRO-Dakar
      > ILO Office in Algiers: ILO-Algiers
      > ILO Office in Antananarivo: ILO-Antananarivo
      > ILO Office in Dar es Salaam: ILO-Dar es salaam
      > ILO Office in Kinshasa: ILO-Kinshasa
      > ILO Office in Lagos: ILO-Lagos
      > ILO Office in Lusaka: ILO-Lusaka
      > ILO Office in Pretoria: ILO-Pretoria
  >
  > Field Programmes in Latin America and the Caribbean (AMERICAS)
      > ILO Regional Office for Latin America and the Caribbean (Web site in Spanish)
      > Subregional Office for the Andean Countries: SRO-Lima (Web site in Spanish)
      > Subregional Office for the Caribbean: SRO-Port of Spain
      > Subregional Office for the South Cone of Latin America: SRO-Santiago (Web site in Spanish)
      > Subregional Office for Central America: ILO-San José
      > ILO Office for Mexico and Cuba: ILO-Mexico (Web site in Spanish)
      > ILO Office in Argentina: ILO-Buenos Aires (Web site in Spanish)
      > ILO Office in Brazil: ILO-Brasilia (Web site in Portuguese)
      > The Inter-American Centre for Knowledge Development in Vocational Training (CINTERFOR)
```

国際労働機関(ILO)のサイトにあった地方局リストの中で、この部分に目を通すのはものすごく大変だった。

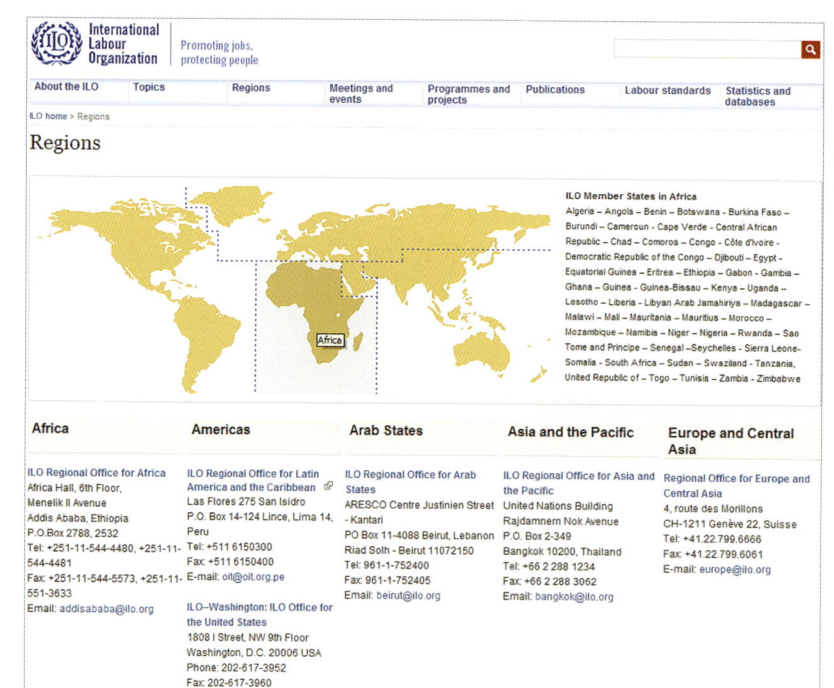

リニューアルされたILOのサイトでは、よりすっきりしたデザインと人間工学的ナビゲーションのおかげで、各局の所在地を見つけやすくなった。

076

TABキー、その他のキーボードショートカット

かつてのパーソナルコンピューティングの黎明期、偉大なOSと共にビル・ゲイツが現れた。彼はそれをディスク・オペレーティング・システムと呼んだ。いわゆるDOSのこと。それはビルを億万長者にし、Microsoftをソフトウェアの世界のリーダーにした。

でもそれは、Appleが我々をグラフィカルユーザーインターフェース（GUI）に夢中にさせ、マウスで画面上の操作をさせるようになるまでの話だったけどね [原注4]。DOSユーザーは、マウスじゃなくTABキーで、メニューの選択項目やフォームの入力フィールドの間を動き回っていた。そしてこの慣習はずっと残っている。

マウスの登場にもかかわらず、多くのユーザーはキーボードからいちいち手を離すのを嫌がる。やはり、ホテルの予約フォームに入力するにはフィールドの間をTABキーで移動したいし、作業中のドキュメントを保存するにはキーボードショートカットを使いたいのだ。こんな例がある。

我が社の経理担当の女性が、新しい高速なパソコンでは動作しないというだけの理由で、使い慣れたDOS版の会計プログラムを渋々手放したことがある。彼女のいつもの作業は、かなり定型的だった。右手でテンキーを叩いて数字を打ち込み、左手でTABキーを押して次の入力フィールドへ移動する。これが余分な動作を減らすことにつながっていたのは間違いない。（本章の冒頭にあったエルゴノミクスの原則を覚えているかな？） また、快適な環境を保ち、疲労を最小限に抑え、何でもすぐ手が届くようにしておくためにも役立っていた。

我々は新しい会計プログラムをいくつか評価した。そこで選んだのは、マウス動作と同じことがちゃんとキーボードでもできるようになっていた唯一のソフト。いきなり、ユーザビリティのエルゴノミクスが実務に介入してくることになる。だから、何か業務アプリケーションを作る場合、特に数百件にのぼる同種の項目（たとえば領収書など）のデータ入力みたいな反復作業を伴う場合は、この機能を重視することが肝心となるはずだ。

でも、キーボードショートカットがもたらすのは利便性だけじゃない。たとえば、反復性疲労障害（Repetitive Strain Injury：RSI）——手根管症候群（carpal tunnel syndrome）という名称でも知られている——も、キーボードショートカットで軽減できる。マウスの常用には健康被害を招くおそれが潜んでいるばかりか、すでに重症を患っているユーザーの場合、キーボードショートカットを使えば音声認識ツールの呼び出しがずっと楽になるし、それ以降はキーボードやマウスにまったく触れずに済むことになる。

TABキーでの移動とキーボードショートカットをオンラインで活用する実験をしたければ、どこか航空会社かホテルのウェブサイトへ行って予約をしてみよう（もちろん、ちゃんと料金を支払う必要はない——予約システムをいじっ

[原注4] コンピュータ用のマウスは、1960年にAugmentation Research Center（ARC）のダグラス・エンゲルバートによって発明された。でも、デスクトップにその永続的な居場所を与えたのはアップルだった。

てみるだけだよ)。旅行日程をTABキーで選べるところもあれば、カレンダーをクリックして選ばせるところもある。理想的には、どちらの方法も使えるようにすべきだ。

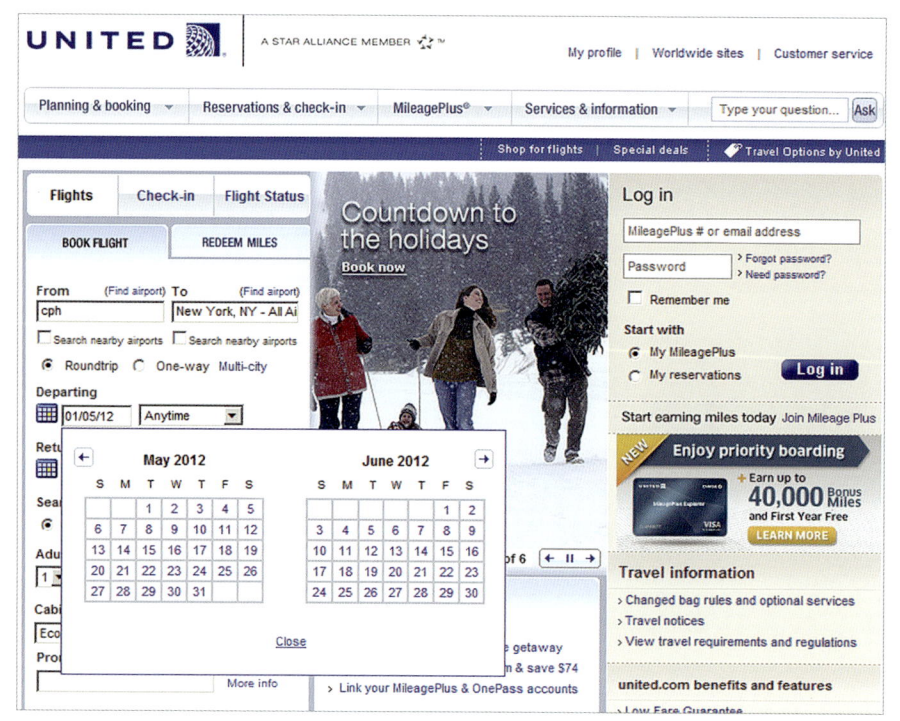

ユナイテッド航空 (UA) のウェブサイトは、かなりいい具合にTABキーでフィールドの間を移動させてくれる。ただし、日付を入力するところまで。残念ながら、これだけはマウスじゃないと無理だった。でも、UAだけを責めるべきじゃない。航空会社やホテルのサイトの大半は、これと同じ不要な問題を見せつけているのだから。

ゆとりを持たせる

　人間工学の基本原則として、ゆとりを持たせるとはどういうことか。スーパーマーケットの通路で2台のショッピングカートがすれ違うことができるようにする、という意味だ。ドアだったら、背が高くても頭をぶつけずに通れるだけの高さにすること。ボタンなら、気持ちよく叩けるくらい大きくすること……　ああ、その件はもう話したね。

　オンラインでは、今や多くのサイトにアニメーション形式の小さなボックスやウィジェットが付いていて、さらに多くのナビゲーションメニューを選んだり、とっておきの情報を見たり、特別な機能にアクセスしたりできる。ページの端っこにずっとフローティング表示されていることもあるが、マウスオーバーするとポップアップするものが多い。問題なのは、それが引っ込んでくれずに、他の情報を覆ってしまうケースがあることだ。

熱意にあふれすぎているデザインチームや開発チームと作業している場合、クールなツールの数々をどんどんレイアウトに採り入れるうちに、つい人間工学の基本を忘れがちなこともある。もう言うまでもないよね。だから、あなたが作るものにとって、有益などころか有害になることをしないようご用心を！

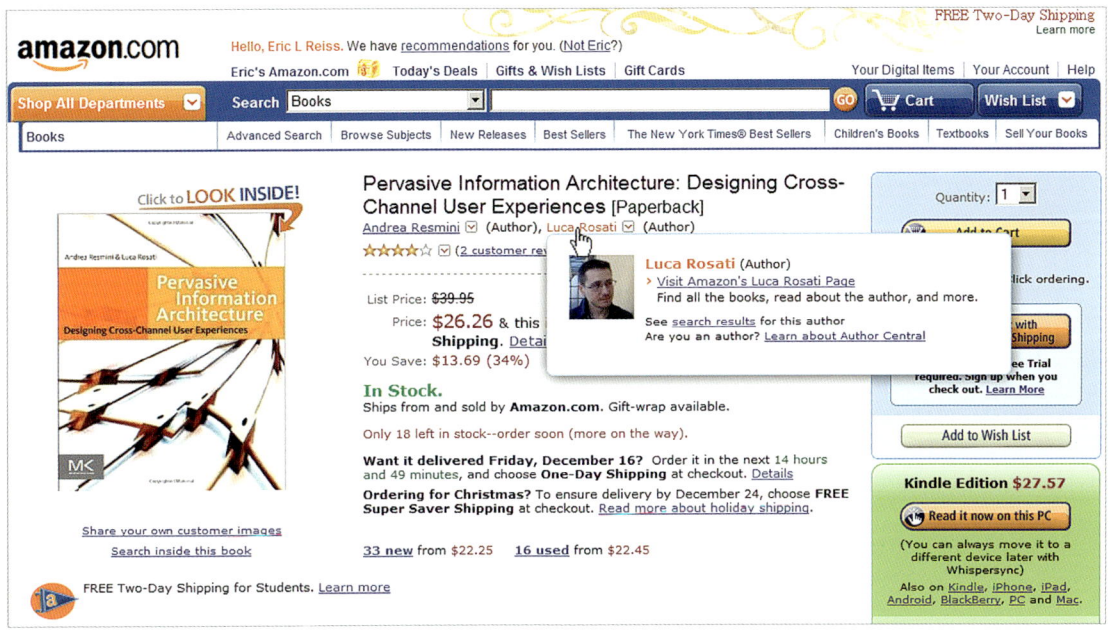

Amazonはこの著者情報のボックスのように、役立つポップアップをたくさん用意している。大抵はどれもうまく機能して、用が済んだら引っ込む。ショッピングカートのボタンを部分的に覆っているこの例では、ひときわ優秀だ［訳注3］。

Tastebook.comのiPad版サイトでは、左側に邪魔なフローティング表示ウィジェットがあり、レシピのほとんどの材料の分量データをまんまと覆い隠している。

［訳注3］　蛇足ながら、これはもちろん皮肉と取るべきだろう。

「列の最後尾にお並びください」

あなたがコツコツとフォームに入力した情報を、サイトが捨て去ってしまったことが何回くらいあるかな？ おそらく1回限りじゃないだろう。普通は、フォーム送信時にコンピュータかウェブサイトが何らかの問題を感知すると、そういう事態が生じる。そのフォームが寛容なら、エラーがあった箇所を知らせて、受け入れ可能な情報はすべて取っておいてくれるだろう。

でも、フォームがご機嫌斜めだと――多くはそうなんだが――「戻る」ボタンをクリックしてエラーを修正しろと言われるだろう。そして「戻る」ボタンをクリックしてみると、入力したデータが何もかも処分されていて、全部やり直しとなるのがわかってゾッとするかもしれない。

こんなことをする必要はないし、ユーザーの怒りをあおることにもなる。これがあなたのサイトに見られる問題なら、ただちに直そう。フォーム（およびそれに関わる業務ルール）のデザインがひどいせいで、同じ情報を何度も送信させるのは、顧客にとってこのうえない嫌がらせだ。

労働組織を改善する

現実世界では、労働組織改善用のエルゴノミクスの原則が意味するのは、理にかなったタスクフローをちゃんと用意するということだ。印刷用紙はプリンターの横に置いてある。工場の製造ラインでは1つの工程から次の工程へきちんと製品が渡っていく。プロセスが開始すれば、中断されることはない。

オンラインの世界では、まだ多くのサイトやアプリがその原則を大切にしていないけれどね。例によって、フォームが主な悪役だ。複数に分かれたフォームに入力を始めてから、3ページ目の画面の半ばまで進んだところで、すぐ入手できない情報を要求されるとわかった時点で問題が生じる。そこまでの入力内容を保存しておいて後で戻れるようにするのが、納得のいく対応だ。理想的には、プロセスを開始する前に、何が必要になるのか正確にわかるようにしたい。レシピの最初にすべての材料をリストアップしておくのと同じように。

ここで1つ、「どうやったか」ではなく「どうやらなかったか」を示す古典的な事例を紹介しよう。

エリックとIRS

アメリカ合衆国の税務部門である内国歳入庁（Internal Revenue Service：IRS）は、国外に物品を発送したい場合

に米国法人番号（Employee Identification Number：EIN）を要求してくる。私の母が亡くなった時、フロリダ州のマイアミにあったその住まいをたたんで、本や家具や書類などをコペンハーゲンの自宅に送らねばならなかった。そこで、EIN番号が必要になったのだ。いやはや。

　オンラインでのIRS体験は、こんなひどい警告で始まる。「15分以内にフォーム入力を完了しないと時間切れになります。書きかけのフォームは保存できません」。残念ながら、どんな情報が必要になるのか見当がつかなかったので、不測の事態に備えるのは困難だ。安全第一で、その家屋についてわかる限りの情報をかき集めなくてはと思った。私はおそるおそる「オンライン申請」をクリックした。

　驚いたことに、デンマークでの日曜日にはそのフォームが利用できなかった。そのデジタルな"オンラインアシスタント"は、どうやら米国の（東部標準時での）通常の業務時間内にしか働いていないらしい！ でもやっとシステムに入り込んだところ、数画面分は入力を進めることができたが、そこで行き詰まった。その家屋の建設や資金提供、検認が行なわれた日付を要求されたのだ。参ったね……

　とにかくそれで時間切れとなり、やり直してみたものの別の問題に出くわしてまた時間切れ、三度目の挑戦もまた時間切れに終わり、ついに私は我慢強くて有能で料金も高い弁護士にすべてまかせることにした。後から数百ドルの弁護士費用を支払って、やっと一件落着。ひどいフォーム、ひどいエルゴノミクス、ひどいサービス、ひどい体験。ユーザビリティの本には最高の事例だ！

　追伸──実はある時点で私はシステムに勝負を挑むことにして、ただ次画面に進むためのでたらめなデータを入力し、必要な情報すべてを洗い出そうとした。でも残念ながら私の負け。そのアプリケーションは本物の、まともなデータを要求してきたから、自分が必要とする"材料リスト"を作るのは無理だった。これは、労働組織に直接関係する明らかなエルゴノミクス的失敗例だ。

```
IRS.gov

EIN Assistant
Our online assistant is currently unavailable.

We apologize for the inconvenience. Please try again at a later time.

This application is available during the following hours:
    Monday – Friday      6:00 a.m. to 12:30 a.m. Eastern time
    Saturday             6:00 a.m. to 9:00 p.m. Eastern time
    Sunday               7:00 p.m. to 12:00 a.m. Eastern time
```

信じがたいことに、IRSのオンラインフォームには開店時間がある。クリスマスや新年には休暇を取ったりもするかもね……

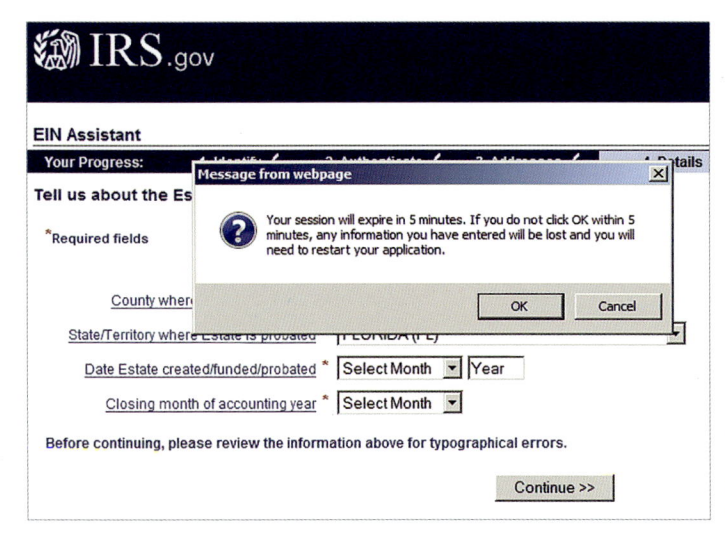

どんなに頑張っても、IRSのサイトは私がすぐ入手できない情報を要求し続けた。結果的に何度も時間切れとなり、一からやり直さねばならなかった。

"寡黙な案内係"

　この素晴らしいコンセプトを発案した設計家が誰なのかはわからないが、私がそれについて知ったのは、何年も前にニューヨークのラジオシティ・ミュージックホールを訪れた時のこと。一部の階段の下に太い柱があり、それらが終演後に階段を下りて来る観客たちの流れを自然に分散していた。その多くは、実は天井を支えているわけじゃないのだが、いわば受動的な交通整理が必要だという理由で、要所要所に配置されていたのだ。

　オンラインの舞台でも、似たような問題に直面する。"階段を下りて来る"ように次々に現れ、サイト訪問者に出会うことになりそうな情報はいっぱいある。必要のない情報、欲しくない情報は早めに除去できれば、後に残るのはより妥当な情報となる見込みが高い。気を散らす要素やリンクが減るから、より見やすくもなるだろう。

　ここでこの話を持ち出したのは、寡黙な案内係のコンセプトが、ウェブサイトやアプリや工業的インターフェースにも確実に応用できると思うからだ。あなたがそれについて一考するようになり、自分がデザインするものをさらに使いやすくする手段としてくれることを願って。

ニューヨークのラジオシティ・ミュージックホールの"寡黙な案内係"は、階段の下で群衆の流れを分散するために役立っている。オンラインでも、あまり多くの回り道をせずに目的地に到達しやすくするための、はっきり見える仕掛けを提供したい。［写真提供：Matthew Fetchko］

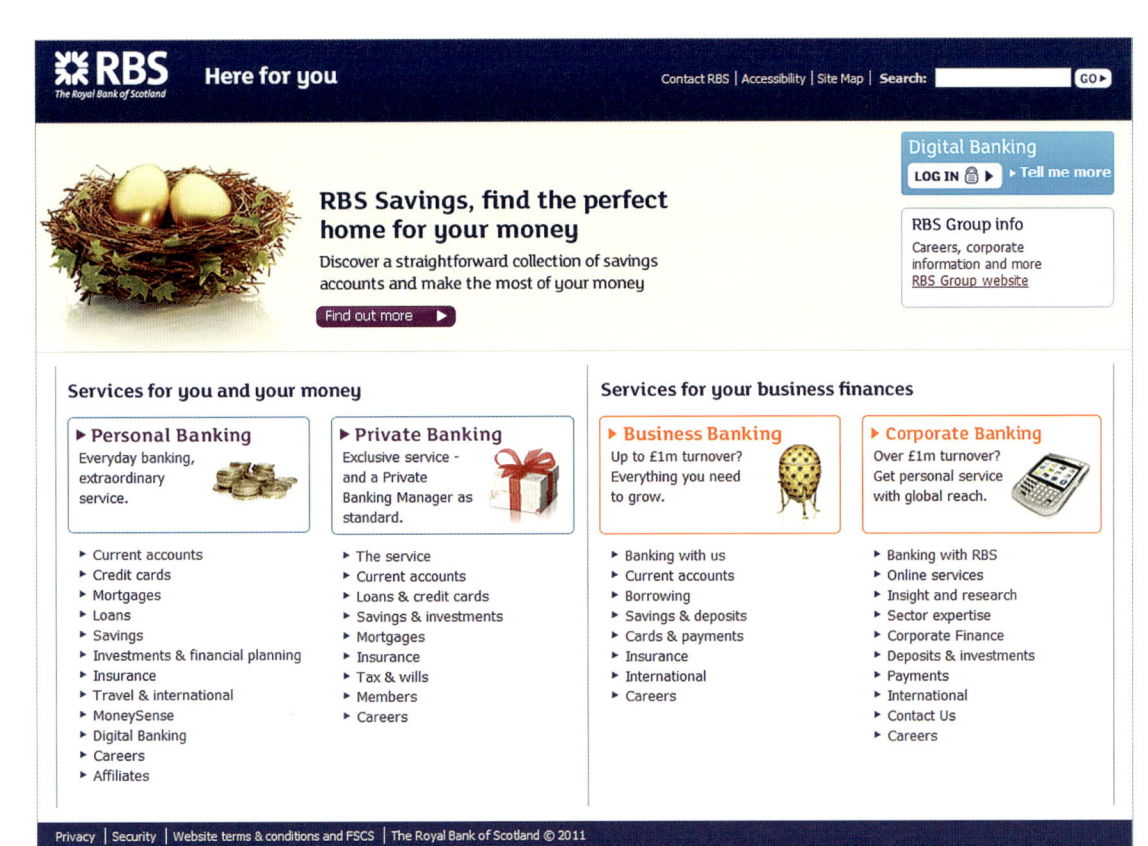

スコットランドロイヤル銀行は、アクセスしてきたユーザーを個人と事業者という2つのセグメントに分けるための、よく目立つ"寡黙な案内係"を用意している。この"寡黙な案内係"にはサブカテゴリーもあるので、よりスピーディーに、かつ画面上の無関係なものにあまり気を取られずに、確実に目的地にたどり着ける。

第3章　人間工学性

083

画面には満開の花

前線からのレポート

　数年前、私は仕事中の妻へのサプライズギフトとして、花を送ろうと思い立った。ネットで検索してすぐに見つけたデンマークのInterfloraというサイトに行くと、素敵なアニメーション形式のドロップダウンメニューが目にとまった。メインメニュー項目のどれかに（クリックせずに）マウスオーバーすると、メニューが広がって小さな花が咲くのだ。ややありがちかもしれないが、愛らしいエフェクトだった。

　注文手続きはとても簡単に進めることができ、クレジットカード情報も入力して、何もかもスムーズにいっているように見えた。しかし……

　問題なく注文を送った後で、手元に残しておきたいはずの注文番号その他の詳細情報が表示されたページを印刷してください、とのこと。そこで、私はそのページを印刷しようとした。

　その時に使っていたバージョンのInternet Explorerでは、ブラウザウィンドウ上部の「コマンド」ツールバーの左寄りに印刷用アイコンがあった。でも、ポインターはページの反対側、右下の隅の「下方向スクロール」アイコンの隣りにあったのだ。

　こりゃ一大事。ページ印刷のために、ポインターをウィンドウの隅から隅へと動かすのがこんなに大変だとは。あなたの想像を超えているかもね！　こんなことになったんだ。

　Interfloraのページ上部のメニューバーにマウスオーバーするたびに、満開の花とドロップダウンメニューが開き、別のメニューにマウスオーバーするかブラウザのツールバー以外の何かをクリックするまで閉じてくれない。その結果、ページを印刷しても大事な情報が隠れて見えない。

　解決策として、私は画面の周辺を這うようにポインターを動かしながら、印刷用アイコンまでそっと忍び寄ることにしたのだ。この馬鹿げたトラブルとぎこちない解決策が我ながら愉快だったので、その様子を一通り録画して短いムービーにしてしまった。以来そのムービーは、世界のあちこちで講演のネタとして使っている。いつもかなりウケがいい。

　そして一応言っておくと、私が送った現実世界の花束は、それと同じくらいウケが良かった。

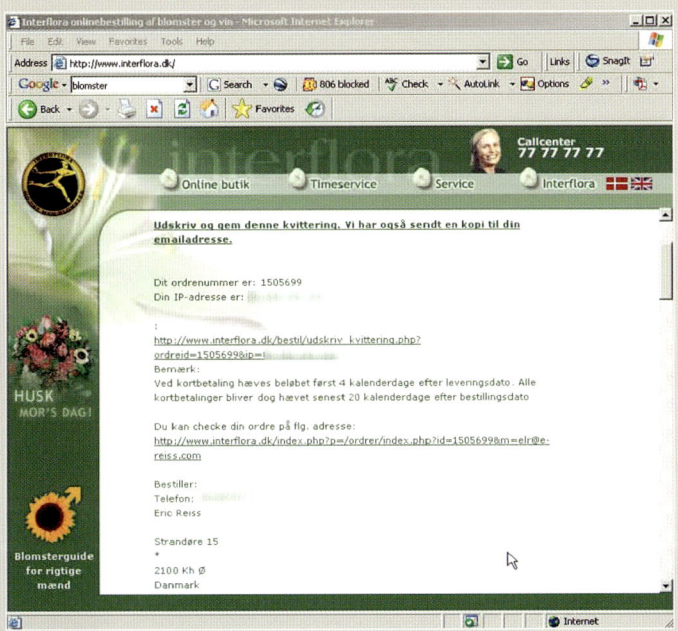

印刷待ちのInterfloraの注文完了ページ。あとは、ポインターを右下の隅から左上の印刷用アイコンまで動かせばいいだけだ……

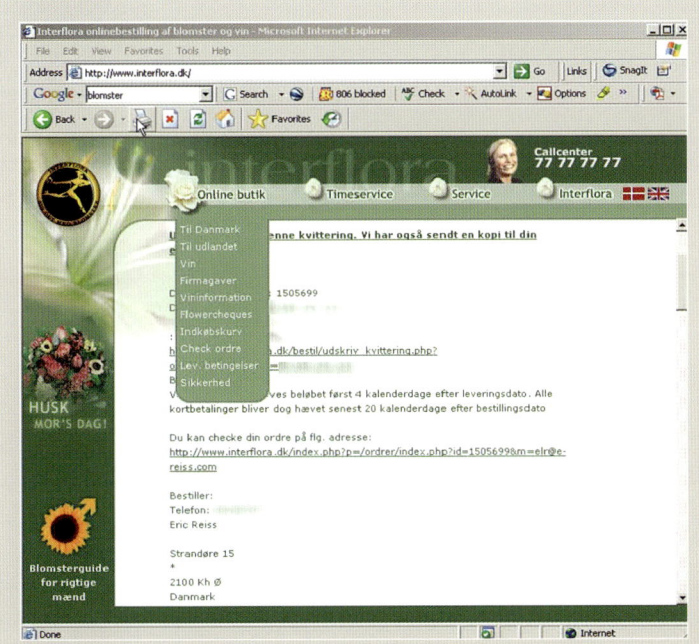

……でも、上部のメニューに近づくたびに、花が咲いてメニューが開き、重要な注文情報に覆いかぶさってしまう。このサイトは2006年頃から数年間稼働していた。現在では、凝ったビジュアルによる仕掛けは一掃されていて、リニューアル後のサイトは見事に機能している。

ひどいエルゴノミクスによる苦痛を防ぐための10の質問
Ten questions to help you avoid aches and pains due to bad ergonomic

1. ボタンはマウスでたやすくクリックできるくらい大きい？
2. タッチスクリーンで指を使う必要がある場合でも、十分な大きさがある？
3. ドロップダウンメニューはポインターで"捕捉"しやすい？ タイミングについて対処すべき問題はない？
4. マウス動作の代わりとしてキーボードショートカットを用意している？
5. TABキーでフォームのフィールド間を移動できる？
6. 同時に利用しなくてはならない要素は、同時に見える状態にもなっている？
7. 画面上でお互いを邪魔している要素はない？
8. やるべきことがわかりやすくなるように、"寡黙な案内係"に相当する仕掛けを用意できる？
9. ビジュアル的に凝った仕掛けのせいで、かえって使いにくいデザインになっていない？
10. 不合理なタスクの流れを変えたり、ワークフローの中断を防いだりして、ユーザーをもっと楽にすることはできる？

その他のおすすめ本
Other Books you might like

もし本気でデザインに興味を持ったなら、こういう素晴らしい本を読んでみるといい。

- Henry Dreyfuss
『Designing for People』
(Simon and Schuster, 1955年)

- Julie Ratner
『Human Factors and Web Development』
(CRC Press, 2002年)

- Gavriel Salvendy
『Handbook of Human Factors and Ergonomics』
(Wiley, 2006年)

検索したいキーワード
Things to Google

- Anthropometrics
人体測定学

- "Joe and Josephine"
ジョーとジョセフィン

- Henry Dreyfuss
ヘンリー・ドレフュス

- Human factors
ヒューマンファクター

- Eyetracking
アイトラッキング

- Heat maps
ヒートマップ

第4章 利便性

Convenient

「convenient」は、とかく厄介な形容詞の1つだ。辞書の定義では、2つの意味を持つことがあるとされている。

1. 自分の快適さ、または気楽さに見合っている。
2. すぐ手元にある。

これらはよしとしよう。問題が出てくるのは、「いつだって、"便利さ"なんて見方次第さ」という観点を視野に入れる時だ。

ユーザビリティの話となると、デザイナーやプログラマー、サイトオーナー、サービス提供者などにとっての便利さが、それぞれの利用者にとっての便利さと同じになることはほぼあり得ない。1つ例を挙げよう。

2年ほど前、私は他社でのミーティングに出席したことがある。そのオフィスはかなり広々としていた。会議室に着くまでに、別のオフィスへのドアが並ぶ長い通路を通った。どの部屋でも、ドアから入って左側の同じ壁面にホワイトボードがある。窓は反対側の壁にあり、デスクは大抵窓の近く。

このすっきりと(そしてかなり画一的に)整備された部屋がどこかおかしいと感じたのは、電源と電話とコンピュータのケーブル類を収容するプラスチックの配線ボックスの位置のせいだった。普通ならデスクの横に設置し、窓の下の幅木に沿ってケーブルを配線するはずだという気がするけど、その部屋ではドアフレームの上に設置されていたのだ。

この失笑モノの設置方法を見て、驚きのあまり写真まで撮ったのだが、これがその一枚。こんな愚かな事態が生じた事情をたずねたところ、「こうするのが電気技師にはいちばん楽だったんですよ」と言われた。たぶん、彼にとっては好都合だったんだね。でも、ユーザーの観点(point-of-view：POV)から見れば馬鹿げている。

では、あなたのデザインを便利にするにあたって、デザインチームはどんな観点に立ったのだろう？　プロジェクトオーナーの観点か、本物のユーザーの観点か？　それはまさに、ユーザビリティと利便性の両方の面からデザインを評価するうえで問うべき、重要事項の1つだ。

このデンマークの事務所では、電源／ネットワーク／電話のケーブルやプラグがすべて単一の、便利な配線ボックスにまとめられている。そして不便なことに、ホワイトボードのはるか上に設置されている！　"便利さ"は、ほぼ立場次第で決まるのだ——モノを作る立場と使う立場、あなたはどっち？

不便なところを好転させる

　時には、貧弱なユーザビリティが実は気を利かせているかのように思い込ませようという悪あがきに、"便利さ"が加担させられたりもする。たとえば、私は「For your convenience...（ご都合に合わせて…）」と言われるといつも、何かとても不都合なことを体験しそうだと勘づくのだ。ちょっとしたエピソードを2つ紹介しよう。

　1つめは、デパートのメンズファッション売場での話。試着したいズボンがいくつかあったので、試着室を探すことにした。やっと見つけたと思ったら、カギがかかっている。そのドアにはこんな説明があった。「お客様のご都合に合わせて、試着室はこのフロアの反対側にございます」とね。いや、都合良くしたいなら、すべての試着室のカギを開けておくはずだぞ。

　2つめは、オレゴン州ポートランドの有名なホテルチェーンの例だ。氷を入れるバケツを手にした私は、いくつか長い廊下をさまよい歩いてから、やっとユーティリティルームを見つけた。ここにも素晴らしい説明があった。

「お客様のご都合に合わせて、製氷機はこのフロアの上下の各フロアにございます」だって。悪いけど、この言い草には寒気がした（そして私の飲み物はぬるくなった）。要するに、そのホテルは館内の製氷機の約半数を撤去したと告げているのだから。

「ご都合に合わせて…」とは、どういう意味か？ わが故郷テキサス州での古いセリフのように、「ひとの靴におしっこ引っかけといて、雨が降ってきたなんて言わないで（Don't pee on my boots and tell me it's raining）」［訳注1］ということだね。

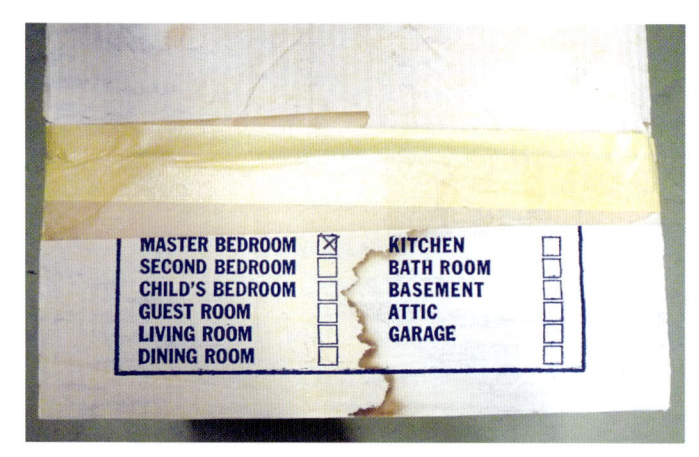

引越し用の段ボール箱に印刷された、シンプルで実用的なチェックリスト。良いユーザビリティだ。

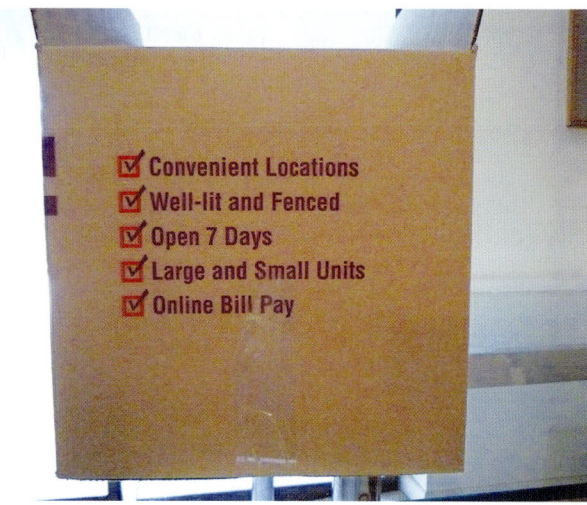

こっちの箱のデザイナーは、引越しに役立つ選択肢の代わりにくだらない広告を並べて、スペースを無駄にすることにしたらしい。ひどいユーザビリティだ。考え直そうよ、ただの段ボール箱なんだから……

［訳注1］ 1982年の映画『テキサス1の赤いバラ』に出てくる有名なセリフに基づくフレーズ。つまりは「自分が引き起こした不便さを他の何かのせいにしてはいけない」という意味だろう。

エリックが恋の痛手にアドバイス

　またちょっと余談にお付き合いを。誰が（ズバリと）言ったか忘れたが、私たちが誰かを「好きになる」のは、その相手ならではの性格的な理由による。でも、誰かを「愛する」ようになると、彼や彼女の性格なんてどうでもよくなるのだ。

　便利さは見方次第とは言え、何かを愛する時、私たちは寛容になる傾向がある。ウェブサイトでもアプリでも、生気のない物体でも。たとえば私は、エルゴノミクスに難ありで機能性も変わっていることが多い、ちょっと癖のあるイギリス車を愛する。だから、もっと意外性の少ないドイツか日本の普通の車を買いたまえという常識の声が聞こえると、それを抑え込んでいるのだ。

　ユーザビリティの話に戻すと、顧客／クライアント／サイト訪問者は、その企業／製品／サービスをまだ愛してはいないと考えておくこと。だからせめて、好きになってもらう理由を与えよう。そして気をつけてほしいのは、ただ奇をてらうだけじゃ愛してくれるとは限らないこと。望み通りの効果をあげたいなら、愛される理由を必ず見きわめよう！

サウナの外にあるこのホルダーは、便利なメガネ置き場となっている。この高級スパのスタッフの誰かが、想定される問題についてじっくり考え、単純ながら喜ばれる解決策を思いついたに違いない。

マルチモーダル体験

　マルチモーダル入力／出力とは、1950年代以来、コンピュータ科学者の間でもてはやされてきた用語だ。ここでその要点をまとめておこう。コンピュータへのマルチモーダル入力には、キーボード、マウス、音声などがある。

マルチモーダル出力には、クリック音、バイブレーション、視覚的シグナルなどがあるだろう。

マルチモーダル体験（この用語は私のオリジナルと言えそうだ）は、タスクの実行中にインターフェースの切り替えを求められる時に生じる。これは、はっきりした3つのカテゴリーに分類される。

- ▶ 同一インターフェース内でのルーチンの切り替え（同一のアプリ／ウェブサイト／物理空間の内部で完結する）
- ▶ 関連のある複数インターフェースにまたがるルーチンの切り替え（オンライン環境とオフライン環境のいずれかの内部で完結する）
- ▶ 関連のない複数インターフェースにまたがるルーチンの切り替え（オンライン環境からオフライン環境へ、またはその逆の行き来が生じる）

おそらく、これじゃまだピンとこないはずだと思うので、もう少し詳しく説明しよう。

同一インターフェース内での切り替えでは、別のブラウザウィンドウを開いたり、店内で別の売り場に行ったり、現実世界かサイバースペースのどちらかでの現在地を離れたりせずに済むことになる（たとえば、日配品と野菜を同じスーパーで買う）。

関連のある複数インターフェースにまたがる切り替えでは、たとえばパソコン画面からスマートフォンへ、あるいはショッピングモール内の店から店へ、といった移動が生じる（たとえば、ある店で靴を買い、別の店で靴下を買う）。

関連のない複数インターフェースにまたがる切り替えでは、パソコン画面から印刷物へといった移動が生じる（たとえば、ドライブルートの情報をパソコンで調べてから、運転する時に持って行けるように印刷する）。

これら3通りの状況はどれも、扱い方次第で素晴らしい体験にもなれば、最悪な体験にもなる。

ルーチンの切り替え

不便な事例として昔から知られているのは、互いに独立した2つのフォームがサイト内にあり、別々に入力しなければならないケースだ。映画のチケット予約サイトにまつわる1章のエピソードは、そのかなり典型的な例となっている。

オフラインの世界では、こんな状況がよくある。長蛇の列に並んで待った挙げ句、まったく別の行列に並ぶべきだったと言われてしまうのだ。大企業に電話したら、たらい回しにされたというのもその一例。本当に話が通じる相手にやっとたどり着くまで、同じ説明をどれだけ繰り返さねばならないことか。

理想的には、ユーザーはシームレスにつながったイベントを体験し、各イベントを経るたびに目的に近づいている実感を味わうはず（これは、本章の終わりにおさらいする重要なコンセプトだ）。何度もやり直しを強いられる感覚はとんでもなく不愉快だし、苛立たしいことこのうえない。

　ちょうど話に出たばかりの問題の多くにまつわるエピソードを、1つ紹介しよう。

銀行に電話するのが嫌いな理由

　私は以前、フロリダの某銀行を利用していた。過去形なのがポイント。以下の通話メモを見てほしい。一字一句正確な記録じゃないが、ほぼそれに近いものだ。

　自分の口座について質問があったので、私は取引明細書に記載されていた番号に電話をかけた。

　「○○するには1を押してください。くだらない広告をお聞きになるには2を押してください。さっぱり見当がつかなければ3を押してください。その他のメニューについては4を押してください。スペイン語での案内をご希望なら5を押してください。それ以外の方はこのままお待ちください。まもなくカスタマーサービス担当者におつなぎします」（この銀行の「まもなく」は、ずいぶん単位が長いな。）

　「ただいま電話が大変混み合っております。このままお待ちください。みなさまからのお電話を大変ありがたく存じます」（でも、待ち時間を減らすためにスタッフを増員するほどありがたいわけじゃないと。）

　「サービス品質向上のため、お客様の口座番号を入力し、最後にシャープを押してください」（OK。それより役に立つことはできないしね。）

　「みなさまのご都合に合わせて、www.crappybank.comでのオンラインバンキングもご利用いただけます」（おいおい……私は電話をかけたんだ。誰かとちゃんと話がしたいからに決まってる。別のインターフェースに追いやらないでくれよ。）

　「サービス品質の確認のため、この通話を録音させていただく場合があります。通話終了後に、アンケートにご協力いただけますか？」（やだね。とにかく話を先に進めよう。）

　「お待たせいたしました。間もなく担当者におつなぎいたします」（それからまた待つこと15分。）

　「アトランタを拠点とする当行には、便利な全国1,658店舗の窓口があるのをご存知ですか？」（そして、電話口には一人しかいないと見える。またしても15分待ち。）

第1部　使いやすさ

「お電話ありがとうございます。担当者のグレッグです。どのようなご用件でしょうか？」（私はそれが本当に生身の人間か確認して、自分の問題について説明した。）

「かしこまりました。お客様の口座番号をおうかがいできますか？」（えーと……もう入力しなかったっけ？）

「ええ……はい……ええ……セキュリティ上の理由で必要なのです……」（口座番号を入力してから現在までの間に私がエイリアンに誘拐されて、電話をかけた当人とはもう会話できていないとでも言うのかい？）

「社会保障番号もお知らせいただけますか？　それからお母様の旧姓も。靴のサイズも」（グレッグは哀れな薄給仕事をこなしているだけらしい。）

「ではご用件を承ります」（私は説明を繰り返した。）

「申し訳ありません、こちらではその情報にアクセスできません。月曜にもう一度お電話いただいて、ご担当のパーソナルアドバイザーにおたずねください」ガチャリ。（なんと、パーソナルアドバイザーだって？　そんなの初耳だ。そいつには名前があるのか？　直通の電話番号は？　もしもし、グレッグ？　それって……もしもし？　切れたのか？　こりゃ酒でも飲まずにいられない。こんな口座は解約しよう。）

（少なくとも自分にとっては）いちばん便利な手段で用事を済ませようとしたにもかかわらず、この銀行は私をとことんまごつかせた。それどころか、丸一時間近く電話していたのに、一歩も解決に近づかなかったというわけ。このやり取りの間に、私は以下のことを要求された。

▶ インターフェースを切り替えること（電話からウェブサイトへ）
▶ 別の行列に並んで待つこと（月曜に電話をかけ直し）
▶ 自分のニーズよりサイトオーナーのニーズに応じること（サービスについてのアンケートへの回答）

しかもこんな目にあった。

▶ 甘い言葉にだまされた（「みなさまからのお電話を大変ありがたく存じます」）
▶ 不適切な／苛立たしいコンテンツ（オンラインサービスの情報）を示された
▶ 嘘をつかれた（「セキュリティ上の目的でもう一度番号の入力が必要です」）

それに、自分がちゃんと事態をコントロールできるかのように錯覚させられた（メニューを選んだり口座番号を打ち込んだりしてね）。実際には、何ひとつコントロールできなかったし、有益なヘルプはまったく受けられなかった。

「年中無休の24時間ホットラインサポートの便利さ」なんてこんなもの。便利さはいつだって考え方次第だということをお忘れなく。あなたにとっては好都合かもしれないことが、顧客にとっては最悪となることもあるのだ。

インターフェースの切り替え

「ワンストップ・ショッピング」という考え方は実に名案で、とても便利なコンセプトだ。でも、オンラインでのセキュリティを高めようとした結果、おかしなセキュリティ対策のせいで効率的な流れ作業が脱線する例がどんどん増えてきた。さっきの銀行は（電話ヘルプデスクからウェブサイトへの）インターフェースの切り替えを提案してきたが、一方で多くのECサイトは問答無用でインターフェースの切り替えを強制するようになっている。ここでもう1つ、過去のやり取りでの失敗例を紹介しよう。

ここデンマークで、私は国際クレジットカードを何枚か持っている。その中の1枚は、オンラインで使う時に面倒きわまりない。ECサイトで自分のデータを入力すると、まったく別のサイトにいきなり飛ばされ、いろいろなセキュリティ上の質問をされて、そのカード専用のパスワードを要求される。そこまでしてからやっと、元のECサイトに戻れるのだ。少なくとも一度は、無事に帰還できないことがあった（時間切れでね）。結果的にこのカードはもう使っていないけど、それはカード会社のビジネス的には、良からぬ結果であることは確かだ。

多くの人から、こう言われそうなことはわかっている。「まったく、エリックはイヤな奴だ。このカード会社は顧客の利益を守っているだけなのに」ってね。そう、その通り。でも、こういうセキュリティ対策が講じられていたのに、今まで所有したカードの中で不正利用されたことがあるのは、唯一この一枚だけだよ。

現実の、あるいは想像上のセキュリティ問題は、話の一部にすぎない。サイトオーナー（あるいは作りモノオーナー[stuff-owner]と呼ぶべきか。また新しい用語を作ったことになる？）の気まぐれな欲求をただ満たすために、ユーザーが追加データの提供を求められることも多いのだ。

EU圏内では、タスクの完了に不可欠ではない情報を要求することが実は違法となる。自発的に情報提供された場合を除き、ユーザーの性別をたずねることさえ、マーケティング担当者にとっては越権行為だ。アメリカ合衆国でのビジネスは、そこから大事な教訓を得られるはず。ウェブサイトが情報を要求すればするほど（必須入力フィールドが増えるほど）匿名性は薄れるし、コンバージョン率は下がってしまうということ。入力作業が少ないほど、ユーザーには好都合なのだから。もう一度言わせてもらおう。良いユーザビリティは良いビジネスにもなるのだ。ECが携帯電話で利用されることが増えてきて、ますます多くのサイトオーナーが、絶対必要なこと以外の操作をスマートフォンでやらせるとコンバージョン率がガタ落ちすることに気づきつつある。

私が伝えたいポイントはこうなる。気を散らすもの、遠回りさせるもの、脱線させるものがなるべく少ない状態で、タスクを完了できるようにしよう、ということ。

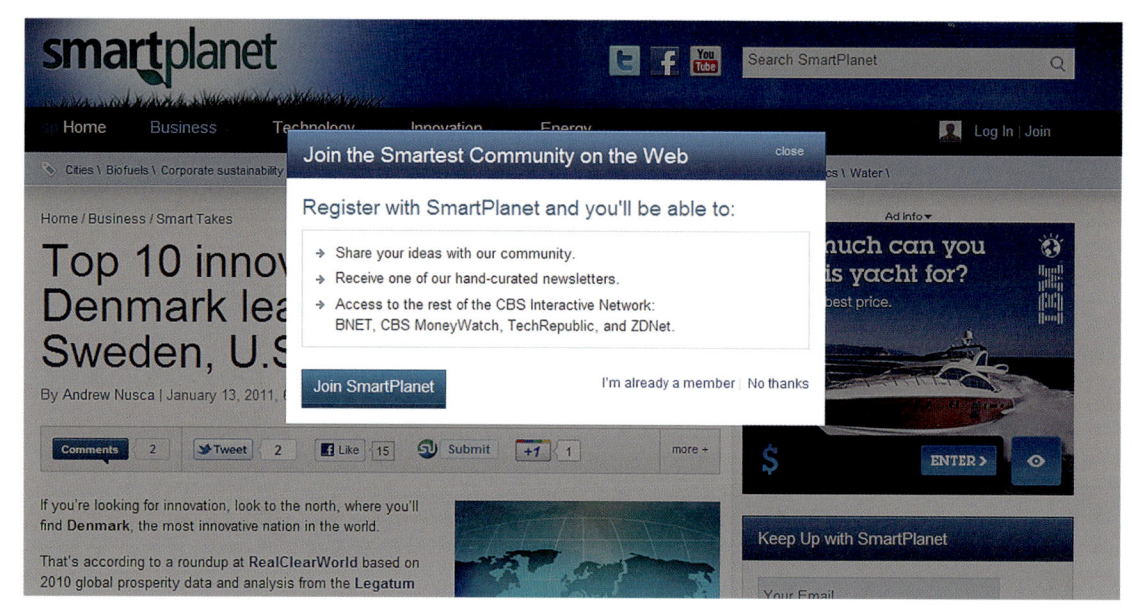

なんと。ニュース記事を読みたいだけなのに、このサイトは必死で寄り道させようとする。便利かって？ とんでもない！

お人好しなSkypeが、このガリレオの稀覯本の発行日を電話番号に変えてしまった！ 不都合きわまりない。この"お役立ちサービス"をオフにする方法がわからなければ、ひときわ不便だ。これは由緒正しきオークションハウス、クリスティーズのサイトだが、実はこのユーザビリティの問題はSkypeによるものというわけ。

オンラインからオフラインへの切り替え

　オンラインの世界からオフラインの世界へ移動する時、マルチモーダル性は実に不便となる。オンラインでの典型的な一例は、ウェブサイトがフォームを印刷してFAXで送り返すよう求めてくるケースだ。実を言うと、私はもう10年以上前にFAXを手放してしまった。近ごろは、個人でFAXを所有している人々は実際どれだけいるのだろう？ まして、印刷した文書をスキャンしてメールで送り返すという手段を選ぶことなんて、めったに考えられない。

　ごくありがちな問題の1つは、オンラインでアクセスできる情報を、まったく別の環境で利用しなくちゃいけない場合だ。たとえば私は、ドライブルートの情報を携帯電話に直接送れるサイトを探しているが、いまだに見つからない（多くの新型車は、自動的に電話から情報を受け取ってカーナビのシステムに入れてくれるのに）。あるいは、オンラインで映画チケットを買ったのに、上映30分前に現地でチケットを受け取るために購入番号をメモしないとい

けない場合もある。（そう、これが間抜けなデンマークの映画館に多いやり方なのだ。しかも、このひどいサービスで手数料まで取られるとは。）

　多くの企業はいまだに、取引の証拠なら単純なバーコードで十分だということを信じてくれない。「しかし、そのバーコードが何度も印刷されたらどうなる？ それがどの顧客のバーコードかを知るには、どうすればいい？ 盗まれたものだという可能性もある。○○かもしれない。○○はわからない。新しい技術は気にくわない」などと言うばかり。そんなわけで、デンマークの映画館はバーコードをチケットとして受け付けるのを渋っている。バーコードは購入証明にしかならず、それとは別にチケット本体を引き取らないといけないのだ。それなのに、近頃は単純なバーコードさえあればほとんどの飛行機に乗れる。ある人物が、ホグワーツ特急に乗りこむハリー・ポッターを観ようとしている時よりも、ニューヨーク行きの747便に乗ろうとしている時の方が、よほどセキュリティ上の懸念は大きいと考えるのが普通だ。

　ここで伝えたいこと。同一インターフェースの中に収めておけないものがあるなら、せめてちょっとした常識を働かせよう。

いつもと違う状況が便利さを際立たせる

　ユーザビリティの観点から見ると、"便利さ"にまつわる件は古典的な問題に深く関わっている。雨が降り出すまで、どこかに傘を置き忘れたことには気づかない。スマートフォンのバッテリーが切れるまで、街中で電源が使える場所がいかに少ないか思い知ることはない。旅行中は特に、利便性が目につきやすくなる。本書のあちこちにホテルや空港の話が出てくるのは、そのせいだ。

　よく知らない領地に踏み込む時、私たちは安全地帯を探す傾向がある。だから、個人的ないつもの習慣になじむものは、まさに安全地帯にいるかのような安心感をもたらす。そういうものは、"便利"だと思うことになる。さっき話したことを覚えているかな？ 好きになるには理由が要るが、愛するには理由なんてどうでもいいってこと。そう、私たちはおなじみのやり方が好きだし、他の誰かのためにデザインするものは何であれ、親近感を与えるのが大事なのだ。これについては、7章でさらに語ろう。

　初めて泊まるホテルに着くと、私はベッドの脇にコンセントがあるか確かめる。いろいろあって私のスマートフォンは目覚まし時計を兼ねているのだが、眠っている間に充電する必要があるし、別の部屋に置いておくと夜が空けて鳴り出した時に止めに行くのが面倒だ。こんな風に枕元で充電するのは珍しくもないことなのに、こういう利便性を提供していないホテルがどんなに多いか知ったらびっくりするだろう。実は、2011年に泊まった30数軒のホテルのうち、ベッドの脇にコンセントがあったのは10軒に満たなかった。いやもちろん、どのホテルの部屋にもデジタル時計はあったけど、私は自分がそれを正しくセットできたか心配せずにはいられないのだ。自分の携帯電話のアラームという安全地帯に留まっている方がいい。

でも、デザインを実践し評価する立場にあるなら、私たちは個人的な安全地帯から出て行かねばならない。そのためには、ユーザビリティについて論じる時に他の誰かの助けを借りるといい。何だかんだ言っても、デザイナーは自分のニーズを最優先しがちだが、そうしているうちに自分以外のニーズを見失うおそれがある[原注1]。デザインを評価する立場としては、また別の利用パターンも模索しなければならない。

まさにぴったりな事例となるのがiPodだ。過去四半世紀の間に登場した電子機器の中で、もっとも成功をおさめたガジェットの1つ。そしてその"シャッフル"機能は、プレイリストを作るのが面倒だというユーザーにとっては実に素晴らしい。でも、iPodはポップミュージック用に作られていて、いくつかの楽章から成るクラシック音楽向きではない。音楽的に見てさらに痛いのは、クラシック音楽の場合にはいわゆる"アーティスト"が存在しないこともある一方で、作曲者やオーケストラ、ソロ演奏者、指揮者といったより細かい情報が必要なことを、iTunesがいまだにわかっていないことだ。

この壁の焼けこげは、その他の点では一流と呼べるコペンハーゲンのホテルで、ロビーのすぐ脇のトイレにあったもの。ここに煙感知器か灰皿のどちらかを設置すべきだと示唆している。

ペルソナ、その他の便利なツール

"デザイナーのエゴ"問題を防ぎやすくするため、多くのデザインチームがユーザーペルソナを作成している。(ステレオタイプに対する)アーキタイプを表現する架空のキャラクターのことだ。説明しておこう。

(マーケティングで用いるターゲットグループなどの)ステレオタイプはざっくりとしている。たとえば、「あまり不

便な思いをせずに減量したいという、肥満傾向のある中年男性」という感じ。それに対して、アーキタイプはとても具体的だ。たとえば、「ジャックはやや太り気味の48歳のビジネスアナリストで、シカゴ郊外の自宅から車で10分以内にあるフィットネスセンターを探している」という風にね。利便性について（他の面についても）考えるには、いつでもアーキタイプの方がずっと役立つ。それはこんな理由による。

　4人から8人ほどのペルソナができたら（それなりの調査を済ませて、オーディエンスについての知見は得ているはずだからね）、彼らが演じるタスクベースのシナリオ作成を始められる。そのシナリオで、あなたが作ったものを利用しながら彼らが達成したいことを大まかに描くことになる（寝ている間に携帯電話を充電するとか）。ステレオタイプから始めると、シナリオ作りははるかに難しくなってしまうのだ。しかも、良いペルソナがあれば、「メアリーならこの機能を使いたくなるかな？」というようにデザインチームが焦点を定めやすくなる。もし「メアリー」にその気がなければ、誰か他のペルソナが興味を示すか確かめた方がいい。みんな無関心だとしたら、問題を解決するどころか増やす結果となるかもしれない。イントロダクションで紹介したアラン・クーパーの言葉を思い出そう。「'誰かがこれを欲しがるかも'という声が聞こえたら、まさに最悪のデザイン判断が下される寸前だ」ってこと。大事なことだから、また言わせてもらったよ。ところで、アランはペルソナのコンセプトの生みの親だと言ってほぼ間違いない。

　ここでちょっとご用心。タスクが増えるたびに、新しいペルソナを作る必要はない。多くのペルソナは、想定されるタスクを複数抱えることになる。私の経験からすると、ペルソナが8人を超えるあたりから、おそらく具体化を進めすぎて、アーキタイプとしての効果を弱めてしまうだろう。ただし、良いペルソナ集団ができたとなれば、シナリオ（ペルソナが特定のタスクを完了しようとするうえでの出来事を強調する短いストーリー）はもちろん、幅広い関連タスクを記述するカスタマージャーニーマップまで含む他のさまざまなツールを作るために、それを手軽に利用できる。

コンテクストは王国なり

　昔から専門家たち [原注2] は、「コンテンツは王様だ」と言い続けている。これは絶対的真実だ。まともなコンテンツがなければ、どんなものを作ろうと何の値打ちもない。ユーザビリティは見事でも、くだらないページばかりのウェブサイトは、マーケットシェアを左右することなどない。豪華なホテルでも、ベッドが岩みたいに固ければリピーターを増やせない。レストランは、洒落たカトラリーよりも美味しい料理を用意した方が繁盛する。

[原注1]　デザイナーのみなさんには申し訳ないが、これはほんとのことだ。そして、才能あるデザイナーを生み出す要因にもなっている。もしまったく中立的なデザインをするだけなら、ただ従来のデザインパターンとベストプラクティスに基づいてデザインするプログラムを書いて、コンピュータに実行させればいい。デザイナーにはこだわりが必要なのだ。でも、こだわりは偏見を呼び込むことにもなる。

[原注2]　デザイナー、ライター、ブロガー、ご意見番、コンサルタント、講師、そしてシカゴにいる私の友人、リンダのこと。

でも、もう一歩話を進めて、コンテクストについて考えてみよう。個々のものごとが組み合わさって、より大きな価値を生み出す状況のことだ。

ホテルの部屋にあるコンセントのように、コンテクストはリアルとバーチャルの2つの世界の両方で、デザインの真価が居座る場所だ。コンテンツが王様なら、コンテクストは王国でなくてはならない。

ウェブサイトでは、ページの上部にタブ形式のメニュー、左カラムに下層ページのナビゲーションメニュー、広い中央カラムにメインコンテンツ、右カラムに関連コンテンツ（コンテクストメニュー）のリストをそれぞれ配置するのが、近頃よくあるスタイルだ。画面の小さいデバイスにはあまりふさわしくないレイアウトだが、関連コンテンツを強調するという考え方はきわめて重要で、実に重宝なものとなる。残念なのは、多くのデザイナーがこのレイアウトをクライアントに"売りつけて"いるのに、この重要な仕組みを使い損なっているサイトオーナーがそれにも増して多いこと。結果的に、わけのわからないコンテンツで右カラムがいっぱいになることがよくあるのだ。画面上の貴重なスペースを無駄遣いするなんて、とんでもない！

さらにひどいことに、掃除機とそのごみパックのように一目でわかる関連アイテムでも、同じページからアクセスできるとは限らない。これはおかしな限り。もしユーザビリティに関して調査している場合、特にオンラインで使うものに言えることだが、一緒にしておくべきコンテンツが散らばっていないか目を光らせよう。ああしかし、サイトの公開直前のドタバタの中では、まさにこういう作業が後回しにされて、結局すっかり忘れられてしまうのだ。何を作っているにせよ、それを便利なものにするには、こういうコンテクストに基づくグループ化をすることが不可欠となる。それだけは信じてほしい。

イギリスのブライトンにあるこのホテルは、親切にもドライヤーを用意していた。でも、いちばん近いコンセントが、唯一使える鏡とは反対側の壁にあった。（洗面所にはコンセントがなかったよ。） コンテンツ（鏡とドライヤー）はいいとしても、コンテクストは最悪だったのだ。

このバーは、ウィスキーやベルモット、蒸留酒（ジンやウォッカなど）、コニャックを全部わかりやすくグループ化している。しかも、ブラディ・メアリーを作るのに必要なものはすべて左下のカウンターに揃っている。こういう分類は「情報アーキテクチャ」と呼ばれることもある。私はその成果を「便利」だと言っている。

ドイツのベルリンにある、サービス精神旺盛なホテル・アドロンでは、ベッドの脇に便利なコントローラがあり、すべての照明と、ドアの外にある「起こさないでください」ランプ、そして夜間用のフットライトまで、ボタン1つで操作できる。

"必需品"はすべて用意しておく

　"ワンクリックだけ"の議論は、この後すぐにとりあげるつもりだ。とりあえずは、ユーザーに納得のいくかたちでグループ化をするために手を尽くしてみるといい。これは、本章の冒頭で紹介した辞書の定義の2つめ、「すぐ手元にある」状態を実現することになる。

第4章　利便性

もし車を修理しているとしたら、必要な道具に加えて、修理に欠かせないパーツもすべて手元に揃えてあるだろう。食事の支度をしているなら、きっとすべての材料を買ってきて、調理を始める前に揃えてあるはず。Amazonでカテゴリーの1つを見て回るつもりなら、ブラウザのウィンドウをいくつも開いて、必要なリンクをすべて集めることだろう。

いや……それは違うな。この最後のケースはなさそうだ。Amazonはそういうリンクを探し集めることで面倒な作業を代行してくれるはず、と期待するからね。Amazonの典型的なページを見れば、購入に必要なリンクその他の情報、製品情報、関連リンクの3つがそれぞれ一箇所にまとめられているのがわかる。Amazonはあなたのために何もかもうまく整理してくれている。関連項目のグループ化を助けるようにそれぞれ背景色も変えているので、関連性がよくわかる。

このことから何が学べるかって？ サイト内のどこかにあるコンテンツを誰かが必要としそうなら、必ず簡単にアクセスできるようにしておこう、ってこと。

Amazonの右カラムでは、利便性を高めるように色付きのボックスで関連項目をグループ化している。これらはどれも、書籍の購入、交換、出荷に関連していて、手っ取り早いし便利だ。

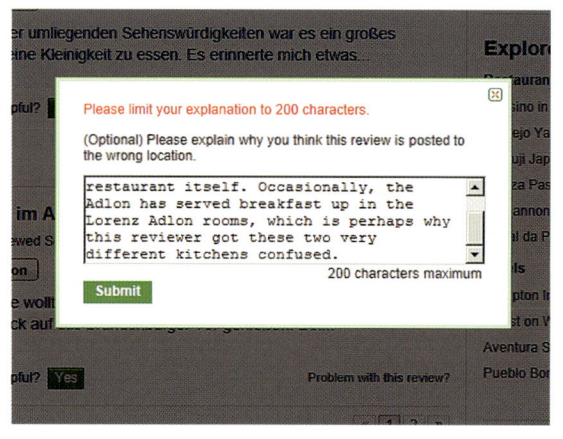

TripAdvisorは、私がメッセージを書き込む前に200文字の上限があることを教えてくれればよかったのに。Twitterで採用しているような文字数の自動カウント機能があれば、格段に役立ったはず。

コペンハーゲンのアメリカ合衆国大使館のサイトにあるFAQ一覧では、15番目の回答の冒頭に便利な関連リンクがある。でも、14番目の回答の「Dual Nationality」のところには、なぜ同様のリンクを貼っていないのだろう？ あなたのサイトには、これと似たような矛盾がないかな？

"3クリックで一巻の終わり"

そう言っていた頃もあったのはもちろんだが、今や私たちはそこまで世間知らずじゃない。何もかも3クリック以内に収めなくてもいいのだ。ああしかし、インターネットの記憶は永遠だから、かつてベストプラクティスとなっていた数々のアドバイスが相変わらずGoogleの検索結果に出てくる。あいにく時代遅れになっていても [原注3]。

利便性と、"便利にするアイデア" とは、お互いに高め合っていく関係にある。ここ数年のうちに世界の多くの地域で生じたのは、ブロードバンド回線にアクセスできる人々の増加だ。その結果、パソコンにウェブページをダウンロードする時間は大幅に短縮された。そして4G通信網と高速無線ネットワークによって、携帯電話やタブレットにもコンテンツをダウンロードしやすくなった。少なくとも、一部の国では。

さて、この事実がどう絡んでくるかって？ ほんの数年前には、画面で何かをクリックするたびに10秒から30秒くらい待たされたものだよね。だから、どこをクリックするか今よりじっくり考えてから、実行に移すのが普通だった。でも今では、クリックという操作が昔と同じような時間的投資を意味してはいない。欲しいコンテンツにたどり着くためなら、みんな4回でも5回でも、果ては6回でも気にせずクリックするように見えるのは、それが理由だろう。でも、ここでご注意を。クリックするたびに、必ず目標に近づくようにする必要がある。そうでないとユーザーは時間の無駄だと感じることになるけど、これがよくある事態なのだ。

オフラインでも同じことが言える。ある会社に電話した時に別の部署に転送されたとして、そのおかげで一段と目標に近づいたように思えれば、大抵は嬉しいものだ。しびれを切らして不機嫌になるのは、何度も同じ話を別の相手に繰り返さなくてはいけない場合に限る。

[原注3] ベストプラクティスという考え方は、トム・ピーターズとロバート・ウォーターマンのベストセラー『In Search of Excellence』(HarperCollins, 1982年) によって世に広まった [訳注1]。基本的に "ベストプラクティス" は、一貫して優れた成果をあげてきた結果、ベンチマークとして用いられるようになった手法やテクニックを表している。
[訳注1] 大前研一氏の翻訳による日本語版が『エクセレント・カンパニー』というタイトルで発売されている。

掃除機のごみパック購入は最悪

前線からのレポート

　孝行息子である私は、年老いた母の使い走りをするため、年に数回はデンマークのコペンハーゲンの自宅から米国フロリダ州マイアミまで旅したものだった。2年前に母に頼まれたのは、シアーズのケンモアというブランドの掃除機の交換用ごみパックを買うこと。大した用事じゃない……というか、そう思っていた……。

　だがなんと、掃除機の中にごみパックが見当たらない。「いっぱいになったから捨てちゃったわ」と母。つまり、この消耗品の製品番号は不明だし、どんな見た目かもわからないということ。でも、掃除機本体の型番はしっかり確認したうえで、私はシアーズのサイトにアクセスした。このオンラインでの進軍で勝利をおさめ、ごみパックの製品番号と最寄りのシアーズサービスセンターの場所の両方を持ち帰る自信満々でね。

　掃除機は型番からすぐ見つかった。でも、ごみパックのページへのリンクがない。製品仕様はごく大雑把だし、コンテキストメニューは存在しないも同然。参ったね。カタログマーケティングの凄さを世に知らしめた企業にしては、なんとも残念だ。

　それなら、ゲームを始めるとしよう。

　私は発想を逆転させて、まずごみパックがサイト内のどこかにあるか探してみてから、それに紐づく型番の掃除機をたどることにした。すると、ごみパックのページは確かにあったのだが、そこで得られた情報は、それが「ケンモア特選モデルの掃除機」用だという説明だけ。型番はなし。リンクもなし。何もなし。母の掃除機は、よりぬきの「特選モデル」の1つなのか？ そんなのわかりっこない。

　でも、わりと近くにあるサービスセンターの場所はわかった。そして、午前9時に開店するということも。つまり、あと15分ほどだ。ただ念のため、私は掃除機の写真を撮り、型番などの情報をメモしてから車に飛び乗り、シアーズが何より大切にするお客様（サイトにそう書いてある）を出迎えようとドアを開けてから間もなく、そこに到着した。

　広大な納屋のようなその店内に入ってみると、目の前には洗濯機その他の家電製品が延々と並んでい

たが、掃除機は見当たらない。私は助けを求めた。

  シアーズ担当者 「申し訳ありません。こちらでは掃除機のごみパックは販売しておりません。シアーズのアウトレットストアでお買い求めいただくことになります」
    私 「ここがアウトレットストアかと思ったんだけど……」
  シアーズ担当者 「いえ、違います。ここはサービスセンターになります」
    私 「ああそう……　じゃ、ここからいちばん近いアウトレットストアはどこかな？」
  シアーズ担当者 「それはわかりかねます。私の住まいはこのあたりではないので」
    私 「どこかでその場所を探せないの？」

　残念、この最後の質問は間に合わなかった。そのご親切なシアーズ担当者は、もう別の客のところへ行ってしまっていたのだ。ありがたいことに、私と同じく不愉快な目にあった客が助けに来てくれて、10マイルほど先にアウトレットストアがあることがわかった。私はまた車に飛び乗り、そっちに向かった。

　サービスセンターは9時開店だが、アウトレットストアは10時まで開かない。そこで、私は車内でじっと待たされた。やっと店に入った私は、こんな面倒はもう二度とごめんだと思い、一生分のごみパックを入手したというわけ。このオンライン体験は便利でしたか？　いいえ。

　では、オフライン体験は便利でしたか？　いいえ。

　約1年後、シアーズはついにウェブサイトを修正した。多少はね。オフラインのサービスも修正したかって？　私に聞かないでほしい。しばらくは、もうあの店には行かないよ。

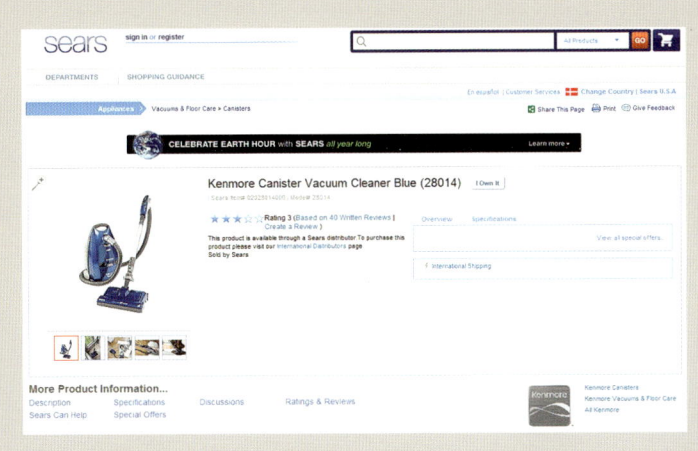

ここまでは良かった。掃除機は見つかった。でも、それが使うごみパックの説明は一言もない。仕様、詳細説明、概要のどこを見てもがっかりさせられる。コンテクストメニューのリンクをたどっても無駄だ。

第1部　使いやすさ

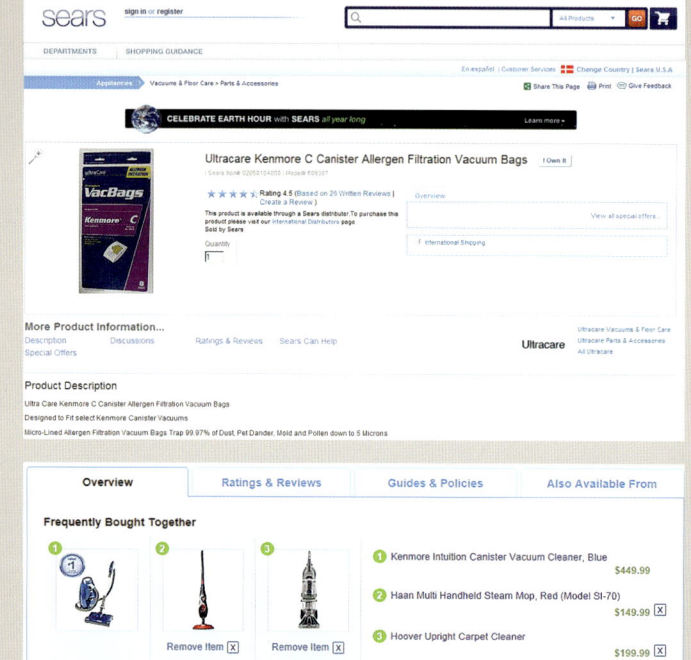

「ケンモア特選モデルの掃除機専用にデザインされています」か。そりゃいいね！ でも、型番28014の掃除機には使えるの？ ねえシアーズさん、ヒントをくださいな！

2011年の夏、シアーズはついに気を利かせてサイトを大幅に改善した。必要なごみパックは簡単に見つかるようになったが、どういうわけか、小さなボックスに入った関連アイテムすべてにデフォルトでチェックがついている。なぜシアーズは、私が3種類のごみパックと2台めの掃除機を買うべきだと思っているのか、さっぱりわからない。1つの不便さが別の不便さに取って代わったのだ。そして、多数の注文ミスを招く絶好のチャンスを生み出している。

便利さを高める10の方法
Ten ways to make things more convenient

1. ユーザーが完了しようとすることになるタスクをよく考えること。デザインしたものを見ないで、各タスクの完了に必要な3つのことをリストアップしよう。それから、あらためて自分のデザインを見てみよう。必要なものはすべて用意できている？
2. 関連コンテンツは、見つけやすくなるようにグループ化できる？
3. インタラクティブなページやデバイス上でエリアの区別がつくように、色やその他の視覚的シグナルを使える？
4. マルチモーダル体験を伴うなら、別々のプロセスがお互いを邪魔することがないようにできる？
5. あなたのデザインを使うさまざまなユーザーについて、どれくらい詳しくわかる？ 目を閉じたら、ユーザーの誰か一人を思い浮かべることができる？ もしできなければ、ユーザーのことをもっと知る必要がある。もし誰かの姿が見えるなら、知り合いの誰かを標本にしたりして、手軽なペルソナを作ろう。それから方法その1に戻って、この人物が何を達成したいのか考えてみよう。
6. オンライン体験からオフライン体験への無駄なジャンプをなくすことができる？ たとえば、フォームを印刷してFAXで返送させるより、オンラインで送信できるようにするというように。
7. ユーザーがあなたのデザインを好きになるはずの理由を5つ書き出そう。見つけるのが大変なら、もっと少なくてもいいから、理由をひねり出せるかな？ それからあらためて、その新たな理由のよりどころとなるコンテンツかコンテキストの面で、何か足りないものがないかチェックしよう。
8. ちゃんと役立つコンテンツを提供している？ ノーだとしたら、どんなコンテンツが足りない？ 営業時間？ 問い合わせ情報？ 製品の詳しい説明？ コンテキストメニュー？ それとも何か他のもの？ もしヒントが欲しければ、方法その1に戻ってみよう。
9. 「ご都合に合わせて…」みたいな、罪深いフレーズを使っていない？ もしそうなら、リップサービスはやめて書き直そう！
10. ユーザーが同じ情報を何度も出せと強要される場面をなくすことはできる？

その他のおすすめ本
Other books you might like

このリストは、みなさんに読んでほしい私の愛読書の寄せ集めみたいなもの。どの本にも、利便性に関する独自の見識だけじゃなく、さらに豊富な内容まで詰まっている。ぜひチェックしてみて！

Tom Peters、Robert H. Waterman
『In Search of Excellence』(Harper-Collins, 1982年)

日本語版：
トム・ピーターズ、ロバート・ウォーターマン
『エクセレント・カンパニー』(英治出版, 2003年)

Ray Considine、Ted Cohn
『WAYMISH: Why Are You Making It So Hard For Me To Give You My Money?』
(Waymish Publishing, 2000年)

日本語版：
レイ・コンシダイン、テッド・コーン
『だから、顧客が逃げていく！
―買う気をなくさせるサービスとその撲滅法』
(ダイヤモンド社, 2000年)

Lance Loveday、Sandra Niehaus
『Web Design for ROI』(New Riders, 2008年)

Hugh Beyer、Karen Holtzblatt
『Contextual Design: Defining Customer-Centered Systems』(Morgan Kaufmann, 1998年)

Steve Mulder with Ziv Yaar
『The User Is Always Right: A Practical Guide to Creating and Using Personas for the Web』(New Riders, 2006年)

日本語版：
『Webサイト設計のためのペルソナ手法の教科書～ペルソナ活用によるユーザ中心ウェブサイト実践構築ガイド～』(毎日コミュニケーションズ, 2008年)

検索したいキーワード
Things to Google

- Best practice
  ベストプラクティス

- Contextual enquiry
  文脈的調査

- Personas
  ペルソナ

- User scenarios
  ユーザーシナリオ

第5章 万人保証性

Foolproof

かつて誰かがこう言った。「バカな人間は独創的すぎるから、どんなおバカさんでも使えるものを作るなんて不可能だ」とね [原注1]。確かにその通りだけど、ユーザビリティの話となれば、やはり自分のデザインを"フールプルーフ（万人保証型）"にしようと試みるべきだ。時には手こずるものだけど。

それは基本的に、ユーザーのミスを防ぎつつ、何かすることが必要になったら正しい方向へ優しく後押ししようとしていることになる。命令されるのが好きな人はいないから、「優しく」というところがポイント。これについてはまた後で語ろう。つまり、ユーザーが何かしている間は決して邪魔したくないはずということだ。少なくとも、「押し売り」とか「でしゃばり」という印象を与えるかたちではね。その一方で、彼らが操作の途中で大きなトラブルに巻き込まれないようにしたい気持ちもある。だからあなたのガイダンスは、効果的ながらもさりげないものでないといけない。

こういうバランスの取れた体験を作り上げるのはとんでもなく難しいから、そのつもりで。

勝利を助けるRAFの仕組み

ユーザーをトラブルから守るため、私は何年も前から3つの重要なテクニックを頼りにしている。それぞれのイニシャルを取り、まとめて「RAF」と呼んでいる。

▶ リマインド（Remind）

[原注1] 誰が最初に言ったのか、それは謎に近い。アブラハム・リンカーンか、マーク・トゥエインか、マーティン・ルーサー・キングか——誰にするかはご自由に。

- アラート（Alert）
- フォース（Force）

リマインド（備忘）は、ユーザーが何かをうっかりやり忘れたら、ただそれを指摘すること。ドキュメントを閉じる前に保存することや、メールへのファイル添付など。

アラート（警告）は、ユーザーが先へ進む前に済ませておくべき用事に注意を向けさせること。パスワードの入力や、「くだらない利用規約に同意する」のボックスをチェックすることなど。

フォース（強制）は、利用できない選択肢を排除すること。特定の時点で利用できない、あるいはふさわしくないメニュー項目をグレーアウトすることなど。

本章の大半は、これら3点にまつわる件を扱っている。さて、何がうまくいって、何がダメなのかを見ていこう。

人間は忘れっぽい。だから思い出させてあげよう

私は先日、自分のパソコンをアップグレードした。新しいOSは、何かしたいことはないか、何かやり忘れていないかと、ひっきりなしにたずねてくる。ちょっと鬱陶しいけど、そのおかげで何度かトラブルを免れている。大抵は、ファイルを保存し忘れている時にね。

システムのリマインダー機能は、一般的に2種類あると思う。1つはごく標準的な、「このドキュメントを閉じる前に変更内容を保存しますか？」という類いのもの。こういう手助けは、ほぼいつでもありがたい。でも、もう1つの方はいきなり割り込んできて、あれこれ選択を迫る。「デスクトップに未使用のアイコンがあります。削除しますか？」（しないよ！ さっさと消えて、仕事を続けさせてくれ。） あるいは、同じようなことを何度も聞いてくる。「本当にこのドキュメントを破棄しますか？」（するよ！）「本当に破棄してよろしいですか？ この操作は取り消しできません」（もう一度聞いたら、お前こそ破棄してやるぞ、このポンコツめ！）

ともかく肝心なのは、ユーザーの助けとなることであり、イベントのスムーズな流れを中断して割り込んだりしないことだ。タスクに直接関係ないリマインダーは、どうしても邪魔になる（デスクトップのアイコンのクリーンアップがいい例だ。ほとんどの場合、パソコンを起動してさっさと用事を進めたいだけなんだから。） したがって、あなたのアプリやインターフェースにリマインダー機能があるなら、ちゃんとタスクに関わりがあるものにするか、バッサリその機能を削ってしまうか、どちらかにしよう。

私たちは"リアル"な世界で、ありとあらゆる見当外れなメッセージを受け取っていて、それが邪魔にもなっている。近頃は、どんなメニューがあるかを伝える前に長々と広告アナウンスを聞かせるボイスメールシステムがう

んざりするほど多い。そして、私が今まで目にしたカーナビシステムはどれも、画面を見ながらの運転が禁じられていることを思い出させる法的な説明を並べた警告画面を、私が閉じることを期待している。走り出してしまってからその警告に気づくことがしょっちゅうなので、それを閉じる必要があること自体が、危険な機能と化す。

つまり、助けが必要じゃない限りは邪魔にならないところにいよう、ということだ。

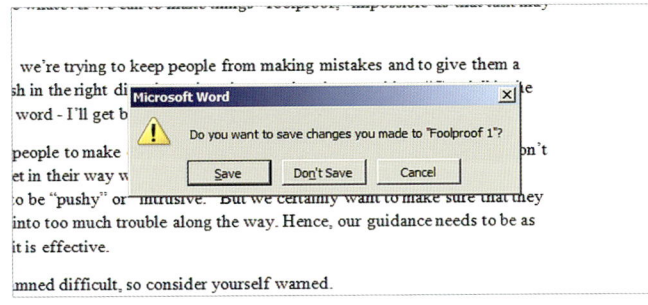

おっと、ドキュメントを保存するのを忘れていた。マイクロソフトよ、思い出させてくれてありがとう！

ホームセンターから帰宅するなり、またすぐ必要になるものを買い忘れたと気づくのはごめんだ。米国のホームデポというホームセンターにあるこの親切なリマインダーは、買い物客に役立つチェックリストになっているし、間違いなく売上アップにも貢献している。まさにWin-Winな状況。

アラート、その他の警告

　アラートは、エラー（スペルミスしたパスワードなど）や状態変化（バッテリー残量の低下など）、その他の注意事項について知らせるものとされている。あいにく私のパソコンは、システム側で何かをしたのがわかったかと念を押すだけのアラートを出すこともある。まるで、ひっきりなしに親に認めてほしがる子どもみたいにね。その一例を

紹介しよう。

とりわけ愉快な（とりわけ鬱陶しいものでもある）動作の1つは、オーディオジャックにイヤホンを抜き差しする時に見られる。このパソコンは必ず、こういう頭の悪そうなメッセージを出すのだ。

「オーディオジャックにデバイスが接続されました」

はあ。そんなのわかってるよ。いつのまにか誰かが私のパソコンに忍び寄って何かを接続するなんて、まずあり得ないし。

「オーディオジャックとデバイスの接続が解除されました」

ああ、そうだね。誤って抜けたか、自分で抜いたかのどちらかだけど、前者なら音が途切れて気づくはずだし、後者ならこのメッセージはまるで馬鹿げている。

要するに、ユーザーのミスを防止するのはいいけれど、わかりきったことを訴え続けて苛立たせるのはダメだってこと。いつもながら、こういうものをデザインする際には、その妥当性を常に確かめながら、何かちゃんと役立つ目的にかなうようにすることが重要となる。

有意義なアラートを作ることにかけては、現実世界でやってみた方がずっと上手にできるようだ。たとえば自動車には、油圧の低下や、ブレーキの故障、ドアが閉まっていないことなどを警告するたくさんの通知ランプがある。最近の家電の多くにも同様の機能があり、冷蔵庫や冷凍庫なら庫内の温度が上がりすぎると警告してくれる。そしておそらく、世の中でいちばん有名なアラートは、電話のベルだろう。

自分なりの経験則はこういうことになる。問題がミッションクリティカルになるほど（冷凍庫内を一定の温度に保つとかね）、不具合が生じた場合にそれを知らせる手法が必要になるのだ。

うちの冷蔵庫の上部にある赤い警告ランプは、冷凍庫内の温度が上がりすぎると知らせてくれる。氷が必要な場合には悪い知らせだが、ユーザビリティの本に載せる写真が必要な場合には良い知らせだ。

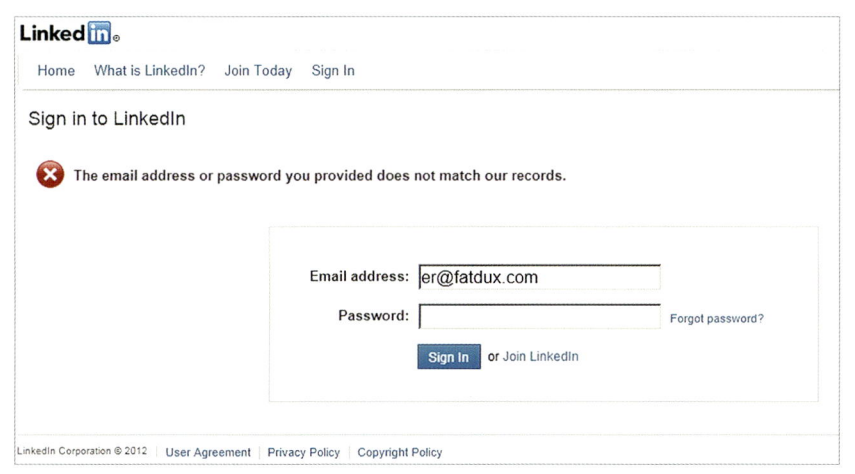

これはLinkedInのアラート。私のログイン情報に間違いがあると知らせている。

役立たずでイラッとくるこれら2つのメッセージは、いったい何を伝えたいのか？　コンピュータプログラムという奴は、ちょっとおせっかいすぎる時もある。

"オオカミ少年"症候群

　あらゆる状況下で、"オオカミ少年症候群"には用心しよう。無意味なメッセージやアラーム、その他の通知が山ほど出てくるせいで、本当の一大事が起きた時にいつものクセでそれを理解することなく追い払ってしまい、深刻な事態を招きかねない判断ミスをすることだ。私自身、ソフトウェアのインストールをする時に何度もこの過ちを犯している。プロセスを完了しようとして、ただ何も考えずに「次へ」をクリックしてしまう。すると、その新しいソフトウェアのインストール先の選択など、ちゃんと注意を払うべきだった点を見逃すこともある。

　他にもありがちなミスとしては、フォームが問題なく送信されたとか、そういう類いのメッセージを示す小さなポップアップウィンドウを次々に繰り出すECサイトでよく見かける例がある。ポップアップの発想そのものは、必ずしも悪いとは言えない。でも、その見た目がOS標準のダイアログボックスとそっくりだと、コンピュータとアプリケーションのどちらが話し相手なのかと悩んでしまうユーザーが多いだろう。ほとんどの場合、ダイアログボックスは何らかのエラーを示すために使われるので、もっとあたりさわりのないメッセージをその形式で伝えると、無用な不安を与えかねない。経験の浅いユーザーなら、なおさら不安になるだろう。

このメッセージは、あるウェブサイトで購入の確認を求められた際に出てきたもの。でも、見た目の点では私のパソコンのエラーメッセージとそっくりで、実にまぎらわしい。

物事を強制する

　フォース（強制）は、私が作ったRAFという略語の3つめで、プログラムやアプリケーション、あるいはリアルな物体が、その場にふさわしくない行為をさせないようにすることを意味する。たとえばオートマチック車の場合、ギアをパーキングかニュートラルに入れていないとエンジンをかけることはできない。そして、比較的新しい車種の多くは、同時にブレーキを踏んだままにすることも要求してくる。車が思いがけず前進または後退するのを防ごうという考え方だが、マニュアル車の場合、そういう事態は十分起こり得る。

　コンピュータの世界では、何らかの理由で使えないメニュー項目をグレーアウトするというテクニックが好まれている。たとえば、作業内容をいったん保存したら、また変更を加えるまでは「保存」を選べないようにしたりする。個人的には、使えない選択肢を見せるか見せないかは悩ましいところだ。どこが問題かというと、自分がどうしてもやりたいことがグレーアウトされていて、その理由がさっぱりわからないことがあるのだ。それは私一人だけの話じゃない。数え切れないほど多くの場面で、メニューの選択肢が限定されていることに腹を立てたユーザーがコンピュータを罵倒するのを見てきたからね。

　もちろん、一部の選択肢を完全に隠してしまうという代案も、実は答えにならない。一度は目にした選択肢がなぜ突然消えたのかと、ユーザーが不審に思うからだ。こういう場面では誰でも必ず、必要なものがまた出てきますようにと願いつつ、時にはかなりあてずっぽうに、あちこちクリックしまくることになる。これは良いユーザビリティとは言えず、みんなをやきもきさせる。ちなみにアルバート・アインシュタインが、狂気というものを「同じ事を何度も繰り返しながら、異なる結果を期待すること」と定義したのは有名な話。でも、それこそ私たちがやっていることに他ならない。自分が探し求める選択肢が魔法のように再び現れるのを願いつつ、何度も同じメニューをクリックしているのだ［原注2］。

［原注2］　スマートフォンなら、二度三度と再起動を繰り返すと問題が解決することもあるみたいだけどね。

まあなんだかんだ言っても、隠すよりはグレーアウトする方がおそらくましだと思う。ただし将来的には、ある選択肢が選べない理由について説明もしてくれるプログラムを見てみたい。たとえば、マウスオーバーすると説明用の小さなポップアップを表示してくれるとか。でも今のところ、そういう機能が実装されている例は見たことがない。さらに良い解決策がきっと見つかるはずだ。

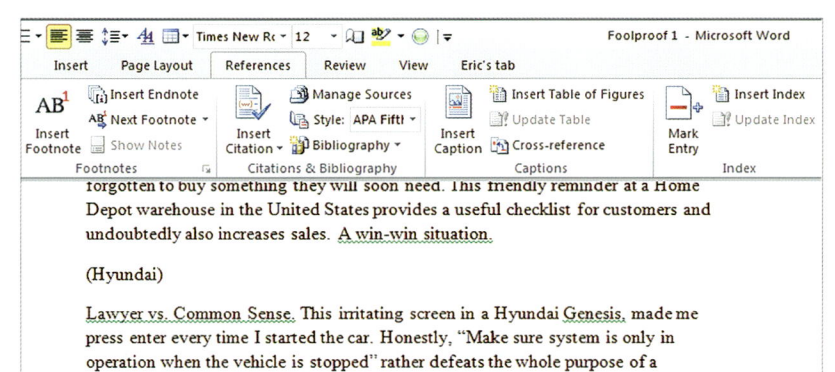

このMicrosoft Wordのメニューでは、いくつかの項目がグレーアウトされている。その時点では、これらの選択肢が選べないことを知らせるためだ。これこそ、誰かのアクションを"強制"できる方法を示す典型的な一例である。

パーソナライゼーションの危険性

　まず、ここで使う2つの用語をはっきり区別しておこう。パーソナライゼーションとは、コンピュータやアプリが私たちのニーズを満たそうとして実行する処理のこと。パスワードを記憶するとか、フォームに入力する住所をオートコンプリート（自動補完）するという処理は、2つともパーソナライゼーションの良い例だ。それに対して、カスタマイゼーションは、私たちが自分のニーズにデバイスを合わせるために自らやっている行為ということになる。ワープロソフトで設定をカスタマイズする、電話の着信音を変える、お気に入りの写真を"壁紙"にする、といった例があるだろう。

　カスタマイゼーションは大抵の場合、少なくとも万人保証性の点では、多数のユーザビリティ的問題を見せることはない。あらゆるカスタマイゼーション活動は、事実上、自分たちが意図的に行なっていることになるのだから。でも、パーソナライゼーションの方は曲者だ。ソフトウェアやアプリやデバイスが、私たちを困惑させるようなことをしでかす時もある。

　ウェブサイトやアプリが私たちの見たいものを察して動的に中身を変えるアダプティブ（適応型）メニューは、大きな頭痛の種。ソフトウェアが高機能になるにつれて、こういうパーソナライゼーションの仕掛けがますます目につくようになっている。でも、一度は気になったものであろうと、次に見た時にはもう興味がないかもしれないというのが厄介なところ。こんな例を考えてみたい。

車を買いたくて、自動車メーカーのウェブサイトを訪れるとしよう。そして、初めてアクセスした時にはコンパクトカーとリースプランの情報を見ていると仮定する。しかしその後、やはり即金で買った方がよさそうなことがわかり、しかもさらに大型で装備も充実したモデルを買う余裕さえできたとする。そのアプリやウェブサイトは、私がもう低価格のリースプランに興味がないことなど知りようがない。もし、メニュー項目が前回のニーズに合わせて変わっていたら、再度アクセスした時には、必要なものを見つけるのがもっと難しくなるだろう。

現時点ではこう感じている。メインナビゲーションをいじくるのは良くないけど、コンテクストメニューの場合（そしてたぶん、メインコンテンツの場合さえも）、自分のニーズに見合うようにひと工夫すれば良い結果をもたらすこともあると。でも率直に言って、私たちはまだまだ経験不足だから、この件については当分結論が出そうにない。

まとめておこう。メインナビゲーションでは一貫性を保つようにすること。パーソナライゼーションによって選択肢が限定されないようにすること。訪問者がそのウェブサイトやアプリを使ったことがあるとしても、また訪問するたびにそれは一期一会のものになると理解すること。

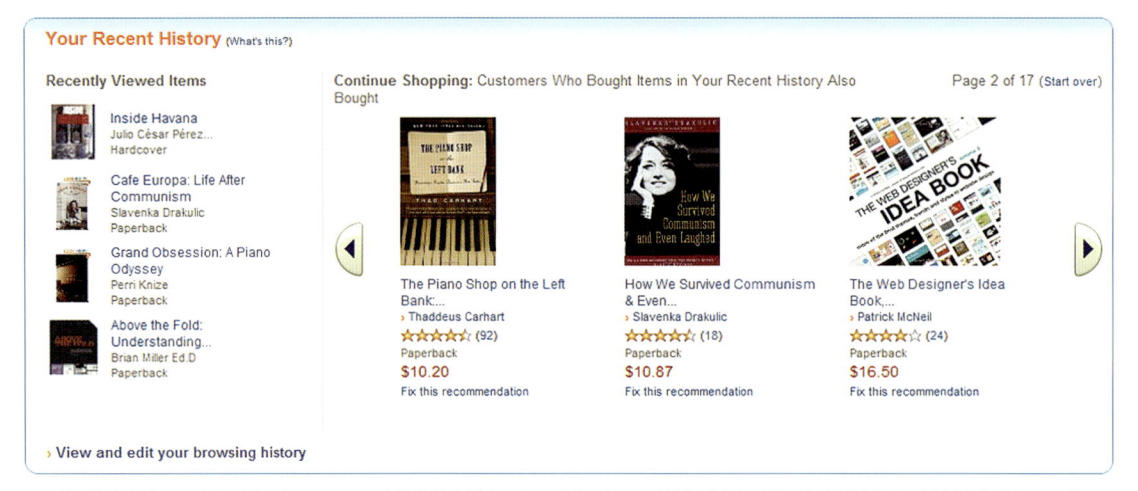

ユーザー設定によって自分でインターフェースを変えるのがカスタマイゼーションだが、それに対して、サイトやアプリが自主的にユーザーのニーズを察して、それに一段とふさわしいインターフェースにしようとするのがパーソナライゼーションだ。この例でAmazon.comは、私の最近の閲覧履歴を分析し、関連タイトルをおすすめしてくれた。

冗長性の魔法

冗長性とは、お互いを補完し合う同種の選択肢をいくつか用意することを意味する。問い合わせ用の電話番号とメールアドレスを両方とも記載するというのが一例だ。また、広い部屋で四方のどの壁にも照明スイッチがあるというケースのように、いくつかの手頃な場所に同じリンクや機能を付けておくことを意味する場合もある。

ユーザビリティの専門家は、大半のユーザーが"公式"なページナビゲーションをちゃんと見ていないことを認めている。ユーザーはそこを見る代わりに、メインコンテンツのエリア、つまり通常はウェブページの中央カラムにある情報に注目しているのだ。ということは、ユーザーに特定のアクション（製品の購入など）を実行してほしい場合や、ユーザーが何らかのアクション（PDFのダウンロードなど）を実行したくなりそうだと思う場合には、よく目立つリンクをちゃんとそのコンテンツの中に入れておく必要がある。そのページ内の他の場所に、同種のリンクがあったとしても。

　ただし、後から言うのは気が引けるけど、この手のユーザー行動をよく見かけたのは2005年頃のこと。現在では、サイト訪問者がナビゲーションメニューに注目する傾向が高まってきたように見える。特に、右カラムにあるコンテクストメニューは注目されやすい。とは言え、ページの下部は、そのコンテンツを最後まで読み進んだユーザーに役立つコンテクストメニューをまた表示するには絶好の場所だ。彼らがページの先頭までスクロールして戻ったり、ページ内の他のものに気を取られたり、ただ途中で投げ出してコーヒーブレイクに行ってしまったりする前にね。

　冗長性は災害からの復旧という面でも重要となる。たとえば、ユーザーと話せるチャネルが1つしかないとしたら（ウェブサイトの問い合わせフォームを例としよう）、そのチャネルは完全にミッションクリティカルなものとなる。それが故障したら、ビジネスが成り立たない。でも、電話番号や、何か他の"人力"要素も用意しておけば、リンクが壊れていても販売のチャンスが奪われるとは限らなくなる（1章のジュエリーショップの話を覚えているかな？）。メールアドレスを示すだけなら、もっと簡単なことだろう。あるいは、FacebookやTwitterのようなソーシャルメディアのアプリケーション経由でチャットするという手段もある。オフィスや店舗の所在地も掲載すれば、ユーザーにとっての選択肢がかなりきちんと揃うことになる。デザインを評価する時にリスクを広げやすくする要因は、コンバージョンを高めるものにもなるのだ。

役立つエラーメッセージを書く

　最初の章で触れたように、最高に役立つアラートの例となるのは、フォーム内で何か不足や間違いがあることを示す短いメッセージだ。一般的に、アラートメッセージは具体的になるほど役に立つ。

　何らかのログインが必要となる多くのサイトでは、入力ミスをすると、ただこんなメッセージが出る。「ログイン情報が正しくありません」。

　通常のログインではユーザー名とパスワードの両方を入力するから、これら2つの情報のどっちが間違っているのか説明すれば、このメッセージはもっと役立つはずだ。「このユーザー名は存在しません。あなたのアカウントは別のメールアドレスで登録されている可能性があります」といったメッセージにすれば、ぐっと良くなる。どこから直せばいいのかわかるだけでなく、アプリケーションがエラーの原因まで示唆してくれている [訳注1]。

やり過ぎとなるのは望ましくないとしても、入力ヒントや入力候補を示すのは常に良いやり方だ。メッセージはごく短く、要領を得たものにしておこう。また、親しみやすい口調で、誰もがちゃんと理解できる言葉を用いるようにしたい。つまり、見たこともない略語や技術用語を使うのは避けようということ。「ルート証明機関ストアに以下の証明書を追加しますか？」なんてね。（このメッセージ、いまだに意味を理解しきれていない気がするけど、しょっちゅう見かける。Googleで調べた方がいいはずだけど……気にしないでおこう。）

ウェブ開発では、デザインチームがサイトのホームページの文言をめぐって何週間ももめていながら、エラーメッセージを書く作業は不運なプログラマーにまかせっきりにしていることが珍しくない。それを確かめたければ、どこかのサイトのURL（「www.something.com」みたいなウェブアドレス）を入力して、その後にスラッシュと適当な文字列を付け足して（たとえば「www.something.com/asdf」として）アクセスしてみるといい。すると、悪名高き「404 - ページが見つかりません」というエラーが出る。そのページを読んでみよう。もしプログラマーが書いた文章みたいに見えるなら、おそらく実際そうなのだろう。ならば、チーム内のプロのライターが放棄したところが他にもないかチェックした方がよさそうだということになる。プログラマーが気を悪くしないようにお願いすれば、彼らはエラーメッセージ全件のリストを印刷してくれるはず。幸い、こういうメッセージは簡単に変更できるのが普通だ。

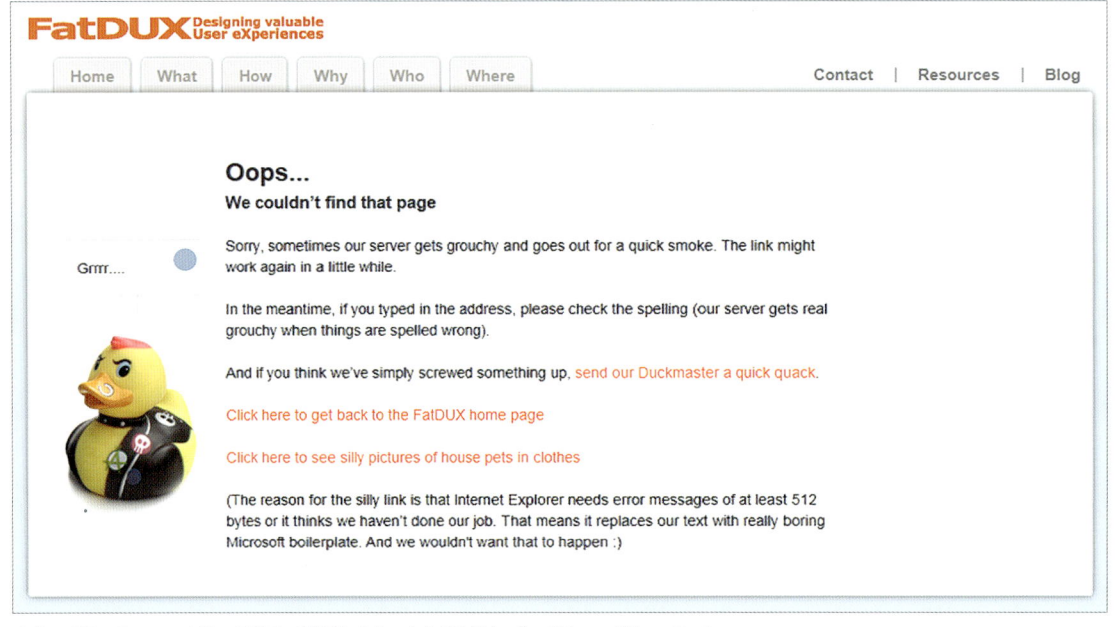

大半の404エラーページは、月並みで退屈なテキストを組み込むプログラマーが作っている。
これは我が社で作ったおちゃらけページだ。ブログで紹介したところ大変な人気を博し、新たなクライアントを2社も獲得したほど。

[訳注1]　セキュリティ確保のためには、ログインエラーの発生個所や原因をあまり詳しく示すことは避けるのが常識とされているので、このようなメッセージは慎重に作成する必要がある。詳細すぎるメッセージは、悪意のある第三者にログイン情報を推測する手がかりを与えるおそれがあるため。

自動生成される標準的メッセージは、このTripAdvisor.comのページ下部にある例みたいに、コンテンツの品質を改善することもあるが……

……結果次第ではユーザーを困惑させることもある。人手を介して編集するのは、必ずしも悪いこととは限らない［訳注2］。

より良い判断を助ける

　画面上のメッセージの大半は、何らかの判断を迫ってくる。OKをクリックしてほしがるだけのメッセージでも、自分が実は何を承認していることになるのか、よく考えなきゃいけないことになる。念のため言っておくけど、私は1970年代後半から、プログラミングやインタラクティブソフトの開発に関わってきた。それなのに、まごつくしかないエラーメッセージ（さっきの証明書追加のメッセージみたいなやつ）に出くわすことがいまだに後を絶たない。私が十分な情報に基づく判断を下すのに困っているとしたら、ほぼ世界中がハチャメチャになりつつあるのだと思われる。画面上のメッセージを評価する際には、こういう簡単なチェックをしてみよう。

- ユーザーはそのメッセージが出た理由を知っている？
- ユーザーはそれを理解している？
- ユーザーは賢明な対応ができるだけの情報を持っている？
- そのメッセージが伝える情報は役に立っている？　それともユーザーを混乱させている？
- ユーザーはこの判断がどんな結果を招くか理解している？
- 事情次第では、経験の浅いユーザーの判断が正しくなる見込みがある？

　いずれかの質問の答えが「ノー」ならば、ちょっと修正が必要になる。答えが不明なものがあったら、他の誰かにたずねてみよう。その相手がベテランのプログラマーじゃないとすれば、おそらく何か良いアドバイスをもらえるはず。ところで、私がこれまで見てきた限りでは、年齢によって反応に差があるのが普通だ。私と同じ世代（白髪交じりのベビーブーマーたち）は、何かを壊さないかと心配して、クリックすることに慎重になる傾向がある。それに対して、下の世代になるほど、どんどんクリックして先へ進みながら、ただ何が起こるか知ろうとする。要するに、年輩者に質問する方が、おそらく認知上の問題がたくさん見つかるはずなのだ。そしてもし本気でアプリを壊したければ、ティーンエイジャーに頼もう。

［訳注2］　2番めの例となっている「ダッハウ強制収容所」は、多くのユダヤ人が犠牲になった場所として知られている。そのような重い歴史のある施設について、このキャプチャのように「あなたがオーナーですか？」などという自動生成テキストが付くのは、確かに不適切だと言わざるを得ない。エリックの言う通り、すべてを自動化するより必要に応じて人力で調整を行う余地を残しておくことが大切だと言えるだろう。

スペルミスはつきもの

多くのミスをなくすごくシンプルな方法の1つは、正しいスペルがわからないユーザーや、うっかり誤字脱字をしたユーザーに対して寛容になることだ。URLを扱う際に、これがもっとも重要となる。

たとえば、こんな風に「w」の数が多かったり少なかったりするエラーがよくある。

- wwww.fatdux.com
- ww.fatdux.com

これを直すのはわけもない。ホスティングサービス業者に頼んで、「サブドメインワイルドカード（*）」なるものをサーバに設定してもらおう。やり方は向こうが知っているはず。基本的には、サイト名の前に何か文字列が入力されていたら、あらかじめ設定したページにリダイレクトするというやり方になる。

また、単なるスペルミスが問題の原因となることもある。そのため、珍しい名前の企業は複数の異なるドメイン名を取得し、どれも正しいURLを指すようにしていることが多い。たとえば、Mette Bødtcherのドメイン名には以下のようなバリエーションがある。デンマーク王立バレエ団の前メンバーで、今ではプロのダンサー向けのトレーニングウェアをデザインしていることで有名な企業だ。

- Bodtker
- Boedtker
- Boedcher
- Boedtcher

それに関してもう1つ。サイト内検索の機能があるなら、スペルミスがあっても類義語が入力されても適切なページに行けるように、シソーラスの作成を検討してもいいだろう。たとえば、「car」「auto」「automobile」といった単語は同じものを意味するから、どの検索結果も同様のものにすべきだと示したいかもしれない。

ただし、良いシソーラスを作るには時間を取られたり、インフォメーションアーキテクトの専門的な助けを要したりすることがある。手っ取り早い対策としては、特定のページに関連付けるキーワードの中に、いろいろなスペルミスがあるパターンも含めておくといい［原注3］。サイト内検索エンジンにとって必ず役立つとは限らないが、少なくともGoogleなら、ユーザーの入力エラーへの対応方法がわかるようになる。どんなスペルミスが起こっているのか疑問なら、検索クエリーのログ（サイトについてサーバが収集する統計データ）をチェックしよう。そこには、みんなが使っている大量の、貴重な、ハイリスクな用語が見つかるはずだから、間違ったスペルや類義語に対する最適化ができる。検索のエキスパートであるリッチ・ウィギンスは、これを「偶発的シソーラス（Accidental Thesaurus）」と呼んでいる。

利用手順なんて誰も読まない

ついさっき言ったように、長いメッセージは好まれない。1つか2つの文を読んだだけで、あるいは見慣れない単語や略語、技術用語に出会うとすかさず、みんなどこかへ行ってしまいがちだ。だから、メッセージをちゃんと伝えたいなら、短くシンプルにしておこう。

利用手順を細かく読んでもらえるとは期待しないように。拾い読みされるのが関の山だし、自分の判断が大きな間違いとならないか確認するために見ているケースがほとんどだ。あなた自身がもっとも最近、何かの利用規約に同意を求められた時にどう応じたか、ちょっと思い出してみよう。99.99パーセントの人々と同様に、おそらくちゃんと読まなかったはず。ただ「同意する」をチェックして、次のステップに進んだことだろう [原注4]。

どういうわけか、自動車には信じられないほど細かいマニュアルが付いてくる。実は数年前に、マツダのドライバーマニュアルのワード数をカウントしてみて、合衆国憲法の37倍の長さがあると発見したことがある。さすがにびっくりだった。それまでは、スーパーに車で買い物に行くより国家を築く方が大変だと思い込んでいたからね。

基本的に自動車オーナーが知りたいのは、適正なタイヤの空気圧とか、もしかしたらエンジンオイルの種類や各種の液体のチェック方法とか、その程度だ。それらを除けば、こういうマニュアルの残りはほぼ無用となる。そのことに気づいたのは、数年前にレンタカーを借りて、燃料タンクのキャップのカバーの開け方がどうしてもわからなかった時だ。それはついに不明なままで、結局ガス欠になった時点でその車を返却することになってしまった。

近頃では、言い訳じみた法律関係のテキストが、世の中の大半の利用手順の正体となっている（利用規約もそうだ）。アメリカのテレビやラジオの広告は、この点でとりわけおかしなことになっている。法的に必要なテキストが、理解不能なスピードで読み上げられるか、書いた本人でさえ声に出して読むのが難しそうなほど小さい文字で表示されるのだ。法律に従う義務があるのはわかっているけど、こういう無意味な事態を防げればもっと幸せになれるし、ユーザビリティも間違いなく向上する。

かなり単純な話だが、もし利用手順を書くなら、それを読んだ人が実際に操作することをちゃんと期待しているように書こう。利用手順は、ユーザーに使い方を指示するためにある。あなたの弁護士がデューデリ [訳注3] を行なったことをひけらかすためのものじゃないのだ。

[原注3] 「Keywords」は、データについてのデータ、いわゆるメタデータを構成する3種類のクラスの1つ。これは、GoogleやMSN、Mozilla、その他の検索エンジンが、サイト内にあるものを探せるようにするためのコードに埋め込まれた、マシンリーダブル（機械可読）な情報だ。あとの2種類は、ブラウザ上部のバーに表示され、Googleの検索結果ページのリンクになる「Title」と、検索結果ページで表示される140文字の概要説明となる「Description」である。

[原注4] AppleのiTunesの利用規約は、印刷すると約40ページものボリュームがあり、弁護士しかお気に召さないような17,000ワードを超えるテキストを示す。これがiTermsってやつ？

[訳注3] 経済用語のデューデリジェンス（due diligence）の略で、直訳すると「当然なされるべき努力」といった意味合いだが、不動産や事業への投資に必要な事前審査のことを指す。

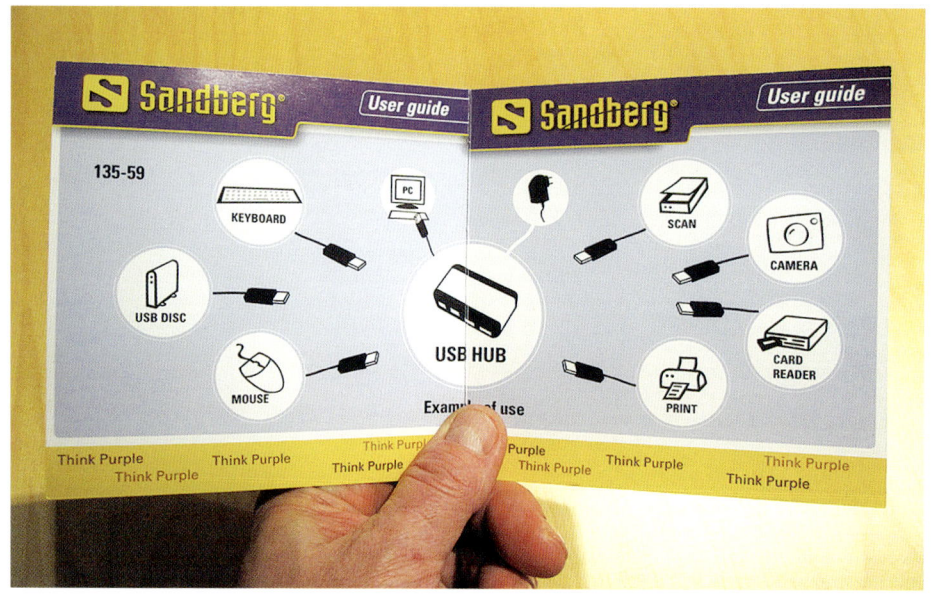

これは新しいUSBハブの説明書だ。開いてみて大笑い。フールプルーフこのうえなし！

弁護士vs一般常識の図。Hyundai Genesisのカーナビが表示するこの頭にくる画面は、運転を始めるたびに私にENTERキーを押させた。率直に言って、「システムの操作は必ず停車中のみとしてください」だなんて、カーナビシステムの目的が台無しじゃないか！ しかも、最後の文が実はその前の文と矛盾している。誰がこんな無意味な文章を書くんだろう？

メッセージを暗記させないこと

　アラートやリマインダーなどの多くのメッセージは、クリックすると消えるポップアップウィンドウの中に現れる。ここで大問題の1つとなるのは、サイト内の別の場所で（果ては別のデバイスで）必要な情報が、たまにこういうポップアップに入っていること。だから、それは"ポータブル"にしておこう。こちらの指示や情報をいつでも覚えてもらえるとは限らないから、それらを暗記することを求めちゃいけないよ。昔ながらのミスとして、2つの例を挙げよう。

　1つめは、フォームに関する例だ。長々しいフォームにコツコツと入力した後で「送信する」をクリックしたとしよう。次のページで、電話番号などいくつかのフィールドに入力漏れがあると告げられる（1章の「前線からのエピソード」に出てきたNAACPの例を参照のこと）。そこであなたは、「戻る」ボタンをクリックしてコンピュータのご機嫌を取ろうとする。

　おっと。たちまち何が問題なのか思い出す手がかりがなくなった。フォームページは、送信する前とまったく同じに見える。あなたはエラーメッセージの内容をできるだけ思い出そうとした後、再び「送信する」をクリックし、すべて訂正できたかどうか確認することになる。遠慮なく言わせてもらうと、フォーム側のニーズをユーザーに満たしてもらう方法として、このやり方がとりわけ万人保証性に優れているわけじゃない。くどいようだけど、メッセージや指示内容を暗記させてはいけないのだ。

　2つめの古典的なミスは、メモしておくか別の場所にコピー&ペーストしなくてはならない情報をポップアップ表示すること。注文番号や、さらには登録番号までそうやって表示されることがあるんだから、まったく頭にくる。この手の情報はもっと恒常的な場所に出すべきだし、念のため確認メールも送った方がいいはずだ。

　Avis Rent-A-Carは、レンタカーの予約に関わるページを印刷することをユーザーにお願いするのが実にうまい。さらに良いところは、紙資源を節約するため、どうせ読む気がない法律用語の山は印刷しないという選択肢まで用意している点。そして最後に、確認メールも送ってくれる。ユーザーの書類仕事を面倒にしないためには、悪くない方法だ。QRコードとSMSメッセージのおかげで、書類仕事はすっかり不要になるはずだけどね[原注5]。

[原注5]　QRコードは、小さな正方形のデジタル形式バーコードで、スマートフォンで簡単に読み取ることができ、小さい画面で表示しやすい。携帯電話の画面上のQRコードが、今では多くの空港で従来の搭乗チケットの代わりに利用されつつある。

このAvis Rent-A-Carのポップアップウィンドウは、無駄な法律用語はすべて省いて、予約に関わる情報だけを印刷する選択肢を示してくれる。

そもそも紙を使う理由はある？　QRコードをスマートフォンに送って、予約確認やチケット入手などをすることは可能だ。携帯電話でスキャンすれば、対応するウェブサイトなどに直接行けるリンクを示すようにすることもできる。これは、デンマークの雑誌で日用品の広告に印刷されたQRコードの例。

わかりきったことを言うべき時もある

　何年か前に、オランダのPhilips Electronicsのシニアテクニカルライターとランチを共にした時のこと。彼は各種のユーザーマニュアルを見直して、その文言を整理しようとしているところだという。その作業を始める前に、彼はまずPhilipsのヘルプデスク担当者たちからよく話を聞いて、回答を要する主な質問を洗い出そうとした。つまり、ユーザーマニュアルから"必見"の情報を抜き出して数ページで手軽に印刷できるようにした、便利なクイックスタートガイドに書いてあるような質問だ。

　この友人が発見して驚いたのは、とんでもなく大勢の人々が、テレビやDVD／CDプレーヤーの電源プラグをコンセントに差し忘れているだけという事実だった。実は私自身も、何かを開封して使ってみようと夢中になり、電源につなぐのをすっかり忘れていたことがある。これは想像以上によくあるミスなのだ。だから今では、Philipsの

トラブルシューティングガイドは「デバイスが電源に接続され、スイッチがオンになっていますか？」という質問で始まっている。最後に聞いた話では、ヘルプデスクへの問い合わせは減ったとのこと。

前回のことは次回には覚えていない

　第2部の「優美さと明快さ」では、デザインをより直感的にする方法をじっくり見せることになる。でも、それらのテクニックの中には万人保証性というテーマに関わっているものもあるので、ここから議論に入るとしよう。

　大抵はみんな操作説明を読まないので、ある時点で必要となる操作を知らせるには、デザインが強力なシグナルを送らねばならない。あいにく私たちデザイナーは、自分の優美なソリューションが実際以上に説明不要のものだと思ってしまう傾向がある。つまりこういうこと。たとえ一度は使い方を理解したユーザーでも、次に使う時にそれを思い出せる保証はないのだ。

　私たちは、ある環境で身につけたスキルを似たような環境でも活かせることを期待するものだ。たとえば、空港はかなり標準化された標識を採用している。機体は「ゲート」に待機していて、ゲートには番号が付けられ、A、B、C…などとラベリングされた通路に沿ってグループ化されている。どこか1つの空港でそのことを理解してしまえば、他のほとんどの空港でも、ほぼ迷わずに済むだろう。

　ウェブサイトもそんな風に使えるようにすべきだが、デザインチームが"独創的"または"革新的"になって、さまざまなタスクを達成するために新奇な方法を編み出しているとしたら、それは無理だ。奇をてらったデザインによるソリューションを生かすために、ユーザーの記憶力を頼ってはいけない。

　私は社内のコンテンツ管理システム（CMS）に"ネイティブ"対応する自社製のブログツールを導入しようとして、この同じミスを2回も繰り返してしまった。1回目に使っていたのはオープンソースのCMS、2回目は高価な専用システムだ。どちらのソリューションも、BloggerやWordPressといった主役級のブログサービスが確立したベストプラクティスに則していなかった。その結果、社内の新人ブロガーが現在のツールを使うにはあれこれ指示を仰がねばならず、次に必要となった時には誰も使い方を覚えていないという始末。この2回のミスのせいで、数千ドルの費用がかかった。しかも、我が社のブログ更新はかなり不定期になりがちなので、社員のやる気も失った（ブログのことなんて誰も気にかけなくなって当然だからね）。もう、こんなミスはしないぞ！

　アドバイスが欲しい？　ならば、デザインを予測可能なものにして、定型作業は繰り返しできるようにしよう。ユーザビリティの導師、スティーブ・クルーグの言葉通り、「私に考えさせないで！」ということ。

第5章　万人保証性

物理的抑止力

本章の大半はオンラインの（あるいは少なくとも画面上の）アプリケーションに費やしてきた。でも、物理的環境に存在するものをフールプルーフにする方法もいろいろある。こうした手法の中でもっとも効果的なのは、物理的抑止力を用いることだ。

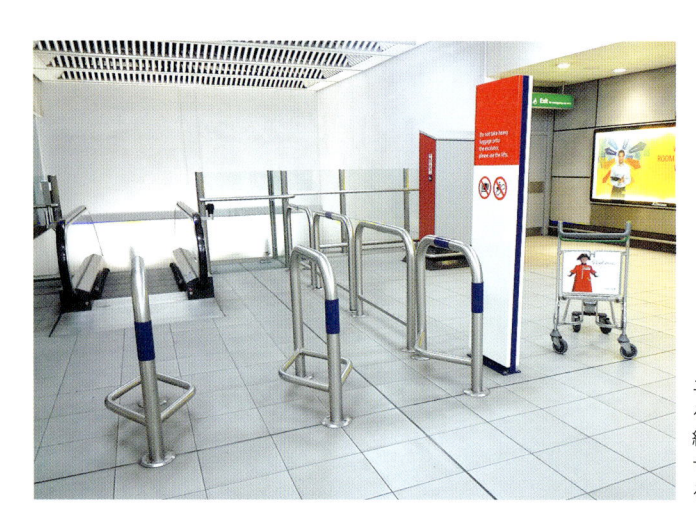

エスカレーターに手荷物カートを乗せるのは危険だ。空港にあるこれらの単純なバリアは、キャスターが付いた標準サイズのキャリーバッグなら楽に通れるが、カートは中に入れない。

基本的に、物理的抑止力の大部分は、以下の5つのカテゴリーのどれかに当てはまる。

- ▶ 間違ったことをしそうだと気づかせるもの
- ▶ 何か悪いことをしたくなる場合に、それを実行する価値をなくすもの
- ▶ 間違ったことをしないように強制するもの
- ▶ 正しく行動しないと不都合を生じさせるもの
- ▶ 正しく行動しないと苦痛を与えるもの

最初のカテゴリーに当てはまる例には、交通ルールに関するものが多い。イギリスでは、横断歩道で「左に注意」「右に注意」と路面にはっきり書いてある。間違いなく、これは観光客のためだけにあるわけじゃない。ロンドンの交通事情はややこしすぎるので、時には地元住民でもそれを思い出す手がかりを必要とするのだ。

ロンドンの横断歩道には「右に注意」「左に注意」と書いてあり、観光客も地元住民も同じくそれで命拾いしているという。

　また、スピードバンプには眠気を催したドライバーが反対車線に食い込んだ場合に目覚めさせる効果があるし、路面の材質を変えれば自転車が専用通路から外れずに走れるという効果があることも知られている。そしてもちろん、交通標識がある。それを見過ごす人は必ずいるけどね。標識の方がスピードバンプよりも無視しやすいから、仕方ない。

　物理的なサイズも、抑止力を発揮できる。古めかしいホテルのルームキーに付いている大きなごついキーホルダーは、客がキーを持ち去るのを防ぐと考えられていた。ガソリンスタンドのトイレの鍵は、まさに同じ理由で、巨大な木片に結びつけられていることが多い。このソリューションには、真鍮製のキーホルダーほどのコレクション価値はないが、効果の点では負けていない。いや、コレクションにならないからこそ、こっちの方が勝っているだろう。

大きなキーと大きなキーホルダーは、それをうっかり持ち去るのを防ぐために役立つ。念のため付け加えておくと、これらのキーはすべてもらいものだ……男子トイレのキーもね。話せば長くなるけど……

　アクションの価値をなくすことについては、店舗で用いられているセキュリティタグが昔ながらの例となる。そのほとんどは、客が商品を盗んで店を出ようとしたら警報を鳴らすものだが、さらに専用の器具を使わずに外そう

とすると破裂して、洗っても消えないインクを衣服などにまき散らすものもある。どんな企みを思いついたとしても、リスクや手間をかけてそれを実行するだけの価値がないようにするというのが、基本的な発想となっている。

通常は、正しい行動を強制するということは、特定のアクションを防止する各種の物理的な障害物を導入することを意味する。その典型的な例は、携帯電話のSIMカードの切り欠きだ。挿入する向きを間違えるのを防いでくれる。歩道に設置されたゲートやバーは、自転車が走行禁止エリアに侵入しにくくなるようにしている。そして一般的に、各種のコントローラはただ隠しておくか厳重に管理しておけば、手出しされると困るものを遠ざけておくことができる。たとえば、公共の建物のエレベーターで、立入禁止のフロアのボタンは押せないようにするという具合に。

「フォース（強制）」とごく近い関係にあるのが「ガイド（誘導）」だ。この場合、一方通行の道路や、立ち見のライブ会場にある柵、ディズニーランドのガードレールといった規定のルートが、誰でも同じ方向に動きやすい状態を作り、ミスを排除してフローを改善することになる。

不都合を生じさせるという抑止力は、何らかのかたちで私たちをスローダウンさせる。スピードバンプの例よりも、「ハンバーガーをオニオン抜きでご注文の場合、さらに10分ほどお時間がかかります」という例に近い。ファストフードの提供時間を遅らせるのは、たとえ厳格なフールプルーフになるとは限らないとしても、コンプライアンス（法令遵守）を促すには良い方法だ。

そして苦痛を与えるものといえば、塀の上に並べられたガラスの破片という例なら誰でも見たことがあるだろう。刑務所のフェンスの上に張られている有刺鉄線でもいい。それらは、もっともあからさまな物理的抑止力の例だ。1937年のナショナルジオグラフィック誌で、ベルリンの動物園の写真を見たことがあるが、巨大な惨たらしいスパイクを設置して象が逃げ出せないようにしていた。現在では、それを採用している動物園などない。こんなひどいものを思いつくのはナチスくらいだ。でも、レンタカー業者はいまだに、客がシボレーを乗り逃げしようなんて気を起こさないように、スパイクタイヤを付けているけどね。

今の時代には、このソリューションは残酷だと言われるだろう。でもヒトラーがいた頃のベルリンでは、これが抑止力として認められ、象のジャンボが飼育場所から出ないようにしていたのだ。現代の私たちは、動物ではなく車を止めるためにスパイクを使う。これはダグラス・チャンドラーが撮影した写真で、1937年2月号のナショナルジオグラフィックに掲載された。

チキン・アルフレッドの爆発

前線からのレポート

　私は料理好きだ。でも、怠け者でもあるので、オフィスで働き詰めだった日にはキッチンにこもって料理に精を出す気にはなれない。家族が出かけていて、一人で食事する場合にはなおさらだ。そこで、魔法の電子レンジの登場となる！

　確か2005年頃のこと、私はイタリアンメニューが勢揃いした素晴らしい電子レンジ対応食品を見つけた。一般男性にありがちなことだが、私も調理方法の説明は読まないことが多い。でもレンチンフードの場合、タイミングが肝心なので、必要な情報を得るために冷凍のチキン・アルフレッドのパッケージを見てみた。

　説明は7種類もの言語で書かれていて、ヨーロッパのほとんどの地域ではかなりフールプルーフになっているはずだったが、それ以外のところで問題らしきものに気づいた。その説明は、大きく3つのセクションに分かれていた。

- 調理方法
- オーブンの場合
- 電子レンジの場合

　「電子レンジの場合」の1行めには、「庫内に容器を入れてください」と書いてある。もちろん、まず最初に保護フィルムに穴を開けることは私でも知っている。でも、説明ではそれを第一のポイントとしていないのはなぜだろう。後でわかったけど、パッケージに細々と印刷された説明をよく読んだらちゃんと書いてあったのだ。いちばん上の「調理方法」のところにね。

　問題は、調理方法が致命的に分断されていること。「外側のバンドを外し、フィルムにフォークで穴を開けてください。お召し上がりの前に加熱されたことを確認してください」という、オーブンと電子レンジの両方に共通する説明は、その最初にまとめて書いてある。それでもほとんどの人は、各自のニーズに応じてオーブンか電子レンジのどちらかの場合の説明をいきなり読もうとして、冒頭の共通手順を飛ばしてしまうだろう。言い換えれば、肝心な情報を見落としやすくなっていたのだ。

当然のごとく、私はそのメーカーのイギリス国内の拠点に電話して、この問題を認識しているのか聞いてみた。普通はそんなことしないって？　もちろん、あなたなら電話するよね！

驚いたことに、この食品の製品ラインを担当するプロダクトマネージャーにはすぐつながった。でも、社交的な挨拶の後、電話した理由を伝えるチャンスがめぐってくる前にこう言われた。「当社の製品をご愛顧いただいて嬉しく思います。ただ、実はそれを市場から引き上げているところなのです。理由は不明ですが、パッケージがオーブンの中で爆発するらしくて」

私は彼に、思い当たる理由を説明した。彼はパッケージを変更した。その会社は後に売却された。そしてその製品は製造中止に。さもありなん。

電子レンジ調理OKのチキン・アルフレッド。家族が夕食に出かけている時にはぴったりなお手軽メニューだ……

さて、これを電子レンジで温めるには、まず何をすればいい？「庫内に容器を入れる」と書いてなかったっけ？　普通は誰でもそうするよ。でも実はいちばん上の説明に、まず外側のバンドを外してフィルムにフォークで穴を開けろと書いてあった。おっとっと……大惨事を招くレシピだ。

そこで私は悪ノリして、電子レンジにCDを入れてみた。あっと驚くスペクタクルになったけど、味はイマイチだったよ。

> **WARNING**　私から読者のみなさんに、自宅でこんなことを試してはいけないとお伝えするよう、顧問弁護士に釘を刺された。だから、我が家に来てくれたら私が1枚チンしてお見せしよう。あるいは、Amazonのカスタマーレビューでこの本をほめてもらえるなら、あなた個人向けにチンしたCDを郵送しよう。数量限定でね。

電子レンジでCDをチンしたらどうなるか見たいという方、ご参考までに。

デザインを(かなり)フールプルーフにするシンプルな10の方法
Ten simple ways to make stuff (fairly) idiotproof

1. ユーザーが応答できる方法を何通りか用意して、どれか使えなくなっても他の方法が使えるようにできる？

2. 読み返さないと理解できないエラーメッセージや操作説明はなかった？ もしあったら、書き言葉でのコミュニケーションを改善するチャンスだ！

3. (2章でロールスロイス3台を注文した話みたいに) 同じアクションの繰り返しが起こりにくくなるように、応答時間を短縮できる？

4. いたずら防止キャップやバリケード、その他のテクニックのような物理的抑止力を働かせて、自分自身の身体も含め、何かに損害を与えるのを防止できる？ どんな損害が生じるおそれがあるかわかっている？ 損害についてまず理解しておかないと、防ぐことはできない！

5. システムの警告と間違えそうなエラーメッセージやアラートはある？ もしあれば、もっと区別しやすいデザインに変更できる？ あるいは、そういうメッセージをバッサリなくしてみたらどうかな？

6. ユーザーが目の前のタスクを達成しようとしている時に、"手助け"しているつもりが実は邪魔をしていることはない？

7. アダプティブメニューのようなパーソナライゼーション機能が、次回利用する時には役に立たないかもしれないユーザーの行動を毎回覚えているせいで、混乱を招くおそれはない？

8. ユーザーの操作中に役立つガイドをするために、認知的な手がかりや標識を用意している？

9. 操作説明は最小限に抑えている？ (確認番号などの) 情報はいざ必要となったら、時と場所を問わず確実に入手できるようにしている？

10. 誰かが思いついた"フールプルーフなソリューション"が、実はそのデザインで解決すべき問題よりも大きな問題になっていない？ もしそうなら、いちばん詰めが甘いところを手直しできる？ ひょっとしたら、そのソリューションを丸ごと却下することもできるかな？

その他のおすすめ本
Other Books you might like

実はこのセクションには1冊の本しかなくて、2番めは本とも呼べない形式の作品だ。デザインを通じて行動を左右する101のパターンを示したカード集となっている。かなりの傑作だよ！

Louis Rosenfeld
『Search Analytics for Your Site』
(Rosenfeld Media, 2011年)

日本語版：
『サイトサーチアナリティクス アクセス解析とUXによるウェブサイトの分析・改善手法』
(丸善出版, 2012年)

Dan Lockton、David Harrison、Neville A. Stanton
『Design with Intent: 101 patterns for influencing behavior through design』
(Brunel University/Equifine, 2010年)

このカード集は、以下のURLで無料ダウンロードできる。
http://www.danlockton.com/dwi/Download_the_cards

検索したいキーワード
Things to Google

Bad error messages
悪いエラーメッセージ

Error messages for security features
セキュリティ機能のエラーメッセージ

Metadata
メタデータ

QR code
QRコード

Design with intent
意図のあるデザイン

Accidental thesaurus
偶発的シソーラス

第2部

優美さと明快さ
Elegance and Clarity

以降の5つの章では、心理学的パラメータをとりあげていく。物理的な面では何もかもちゃんと本来の機能を果たしているとすれば、次の仕事はみんなの「期待」に確実に応えることになる。

そのコツは、相手をびっくりさせないようにすることだ。ユーザビリティの世界では、驚きはほぼいつでもネガティブなものになりがちだ。「あれ、どうしてそうなった？」「それはいったいどこから出てきたの？」「万事快調だったのに、この先どうすればいい？」なんてね。

サービスデザイン関係者は、顧客が"発見の旅"に乗り出す手助けをすることの素晴らしさを熱く語ってくれるだろう。確かに、"発見"はいいものだ。でも"驚き"とはまるで違う。発見は臨時ボーナスみたいなものになるのが一般的で、新たな情報というかたちをとることが多い。でも驚きの方は、もうわかったつもりでいることに対する感触に変化を生じさせるのが普通だ。だから、驚きは人をうろたえさせることもある。

第2部の内容は?

ここでは、「優美さと明快さ」が見せる以下の性質を検証していく。

- Visible —— 可視性（ちゃんと目に見える）
- Understandable —— 理解可能性（自分が何を見ているか、それがどう機能するかわかる）
- Logical —— 論理性（見ているものと指示された手順とがかみ合っている）
- Consistent —— 一貫性（ゲームのルールに予想外の変更が起きたりしない）
- Predictable —— 予測可能性（何かをする時、次に何が起こるかはっきりわかる）

もう気づいたはずだと思うけど、ユーザビリティ上の多くの問題は複数のカテゴリーに当てはまる。たとえば、論理性に欠ける気がするものがあるとしたら、おそらくその理解可能性もさほど高くはないはず。私は自分が納得のいくカテゴリーに分類できるように、ベストを尽くしてみた。あなたのやり方と違っていたならお許しを。この分類方法には正解も不正解もないから、みなさんのニーズに合わせて私のアドバイスを自由にアレンジしてほしい。

第6章
可視性

Visible

「誰もいない森の中で木が倒れるとしたら、その音はするのか、しないのか？」これはアイルランドの哲学者、ジョージ・バークリーが1710年に発表した論文『A Treatise Concerning the Principles of Human Knowledge』［原注1］［訳注1］で提示した思考実験だ。

もちろんバークリーは、"神（higher being）"の存在について思想を深めていたわけで、そのテーマについてはこれからも永遠に議論が続くだろう。でも、インタラクティブメディアの話となれば、答えははっきりしている。あるオブジェクトが見えない、あるいは認知できない場合、それは単に存在していないことになる。きっぱり言わせてもらうと、リンクはリンクとして認識されなければ、誰もクリックしない。ある選択肢に気づいてもらえなければ、それは存在しないのだ。

こういうわけで、本章には「可視性」というタイトルを付けた。「優美さと明快さ」を生み出すとなったら、可視性はもっとも重要な要素の1つになる。

［原注1］　バークリー以前に、ジョン・ロックは物質的哲学（materialistic philosophy）を受け入れねばならないと説いていた。しかしバークリーは賢明にも物質主義を捨て去り、それはみな知的遊戯にすぎないと示唆した。その後、デイヴィッド・ヒュームの理論がすべてを一転させた。信じるかどうかはあなた次第だけど、これら18世紀の哲学理論はどれも、いま私たちがウェブサイトその他のインタラクティブなデバイスをどう知覚しているかに直接関わっている。これでもあなたは、一般教養を身につけさせることにお金をかけるのが無駄だと思えるかな？

［訳注1］　日本語訳として、大槻春彦訳『人知原理論』（岩波書店，1958年）がある。ただし、冒頭の設問は、実はバークリーの論文にそのまま記述されてはいない。このような問題提起をしたのは、彼の哲学的思想に影響を受けた後世の学者たちであり、たとえばアインシュタインも友人のボーアに「もし誰も月を見ていなかったらそれは存在していないのか？」と問いかけたというエピソードがあることが知られている。

自動車メーカーによる役立たずな"カイゼン"の多さには、いつも驚かされる。たとえば、この日産車のサイドミラーのコントローラは、まったく私の視界に入らない。いつでも、それは運転席側のアームレストにあるはずだと期待するからだ。

おっと、ここにあった！ ダッシュボードの下で、ハンドルの後ろに隠れていたよ。なんと実用的なことか。「ええ、巡査殿、車はすぐ移動するつもりです……本に載せる写真を撮りたいだけなので……」

第6章 可視性

第2部 優美さと明快さ

ジョージア州サバンナにあるシェラトンのフォー・ポインツ・ホテルは、洗面所に素敵なアメニティグッズを揃えており……

……どれでも手に取ると、それぞれのグッズに関する嬉しいひとことがその下から"お目見え"するのだ。これは清掃係がグッズをトレイにきちんと並べるのに役立つだけでなく、宿泊客にちょっとした心地良い発見をもたらすものでもある。

不可視になる４つの状況

　探しているもの、あるいは当然気がつくはずのものが見えないとしたら、重大なユーザビリティ上の問題に遭遇したことになるはず。絶対にね。そして、あなたが何かをデザインしている立場にいるなら、ユーザーはテレパシーごっこに付き合ってくれるとか、根気よく（あるいは無心に）あちこちクリックして重要な補足情報を探してくれるとか、細かい文字で書かれた利用規約を読んでくれるとか、他にも各自のカスタマージャーニーを大きく揺さぶりかねない何かをしてくれるはず、などと思い込んじゃいけない。

　必要な情報が以下のような状況にあると、物事は"不可視"になる。

- みんなが見ている場所で入手できない。
- 他の何かに物理的にブロックされている。
- ちゃんと視界に入っていても認識できない。
- 単に存在していない。

　一日に百万回は、森の中で木々が音もなく倒れている。この章は、それらが倒れる音をよみがえらせる手助けとなるだろう。

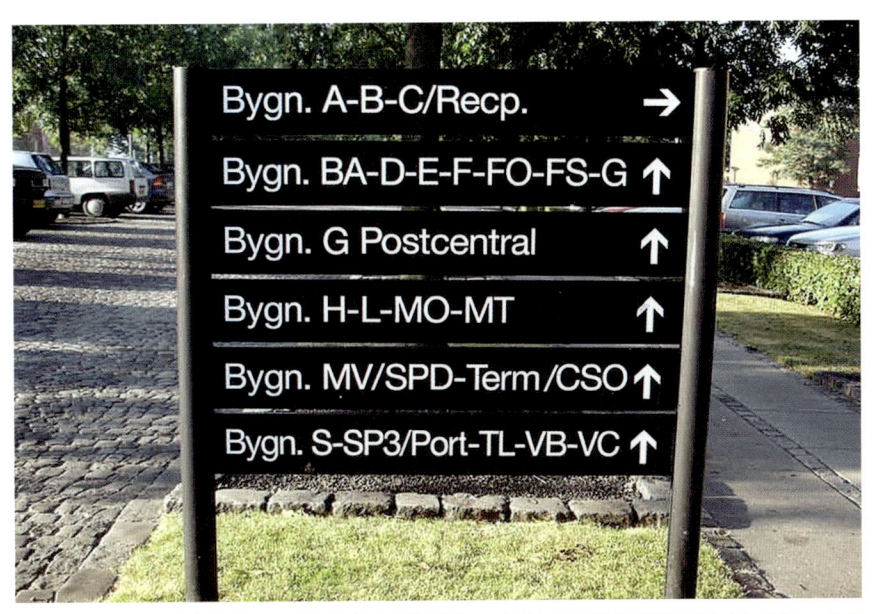

このデンマークの有名企業を初めて訪れた人は、受付がどこか知りたければ知恵を絞らないといけない。それはこの信じがたいほど役立たずな看板の1行めに書いてある。一段と明快になるように「Recp.」と省略されていて、外国からの来訪者にはひときわ理解しやすいだろう。

この激ウマなカレーペーストをイギリスのPatak社から輸入しているデンマークの業者は、翻訳した原材料表示を印刷した大きな白いラベルを貼っている。一見すると、デンマークの管轄省庁かどこかに課せられている法的責任を果たしているように見える。でも、そのラベルは調理手順を覆い隠しているし、その手順は英語でしか書いてない。「#whodreamsthisstuffup」というハッシュタグで愚痴ってもいいかな？

謎の"折り目"

　かつて新聞が"大判"形式で印刷されていた時代、それは売店で陳列するために折りたたまれていた。だから、手に取って広げてみるまで、一面に印刷された情報の半分しか見えていなかったことになる。もう半分があるのは、"折り目の下（below the fold）"だと言われていた。

　今や新聞業界では、タブロイド形式の採用が急ピッチで進んでいる。従来よりコンパクトなのに、折りたたみしないので一面全体を見せられる形式だ。

　ウェブサイトが初登場してきた頃、その"折り目"の概念は新たな意味を持つことになった。"折り目の下"が、ページを表示してからスクロールしないと見えないものすべてを意味したのだ。多くの世間知らずなデザイナーは、みんなスクロールなんてしないといまだに思っているけど、それは戯言にすぎない（詳しくはすぐ後で）。でも、その思い込みが間違いだと言っても、折り目は確かに存在するし、それは認めざるを得ない。厄介なのは、紙の新聞と違って、ブラウザウィンドウ内の"折り目"の正確な位置はきっちり特定できないところだ。

デンマークの代表的な2種類の日刊新聞は、どちらもデザイン受賞歴がある。Berlingskeがより現代的な"タブロイド"形式を採用しているのに対して、Politikenは従来の大判サイズにこだわっている。おかしなことに、Politikenは見出しを折り目の下に移動する方針を採ったが、それはジャーナリズム史上もっとも馬鹿げたデザイン上の判断の1つに数えられるに違いない。

みんなスクロールしてるよ！

　ほとんどのデザインチームは、ユーザーがスクロールしないものだと思っている。でも1996年頃から、みんなちゃんとスクロールしていることを証明する調査結果がコンスタントに出てくるようになった。それどころか、2008年春にRazorfishが制作したGlobal Solutions Newsletterによれば、75パーセント以上の読者がページ上で他のことをする前にまずスクロールしているという！　自分がやるべきことを知るため、コンテンツ全体にざっと目を通さずにいられなくなるせいだ。大半のユーザーが、少なくともページの半分までスクロールしている。

　Wikipedia.orgにアクセスしたことはある？　きっとあるはず。そこで自分がスクロールした回数が気になった経験がある？　おそらくないだろう。それだけわかれば十分だよ……大抵はね。

　先日私は、Amazon.comで20数枚以上の"ページ"を印刷した。その内訳は、本やDVDなど、いろいろな商品ページの寄せ集め。これらを印刷してみたら、その平均的な長さはA4用紙で約14枚分もあった（A4は米国のレターサイズよりやや細長い）。なんと、14ページとは！　誰でもスクロールするに決まってるよ。何回も！　もし信じられなければ、どの商品ページでもいいから1つ自分で印刷してみるといい。それでもスクロールが悪者だと思うなら、Amazonに連絡して、ジェフ・ベゾスに「あなたのサイトは使いものになりませんね」と伝えた時に彼が何と言うか教えてほしいものだ。

第6章　可視性

折り目を特定できない理由

折り目の位置を決めるのが厄介な理由は、いくつかある。

- 折り目の位置はブラウザウィンドウのサイズによって変わる。大画面でウィンドウを最大化すれば、どんなウェブページでも表示範囲が広くなる。でも、ウィンドウをそれより小さくすることにしたら、見える範囲は狭くなる。そしてスマートフォンやネットブックの場合、表示領域の最大サイズは、フルサイズのパソコン用モニタで見える範囲よりは必ず小さい。
- 新しいツールバーを開くたびに、折り目はページの上の方へ移動する。ツールバーは、ブラウザウィンドウのいちばん上に出てくる、横並びの便利な機能的アイコンの集まりだ。印刷や保存など、さまざまな機能にすばやくアクセスできるようになる。でも、ツールバーをたくさん開くほど、それらはブラウザウィンドウ内で場所を取ってしまう。そうなると、ウェブページが下の方へ押しのけられ、折り目が上の方に移動することになる。
- 画面解像度が低いほど、折り目は上の方になる。画面解像度は、ブラウザウィンドウ内で見えるものを一変させる。近ごろの標準的解像度は1,028×760ピクセル［原注2］だというのが一般的な見解ではあるけれど、視力が弱いユーザーはもっと解像度を下げていることが珍しくない──大抵は800×600ピクセルだ。この画面解像度も、ブラウザウィンドウ内で見えるデータの分量を変えることになる。

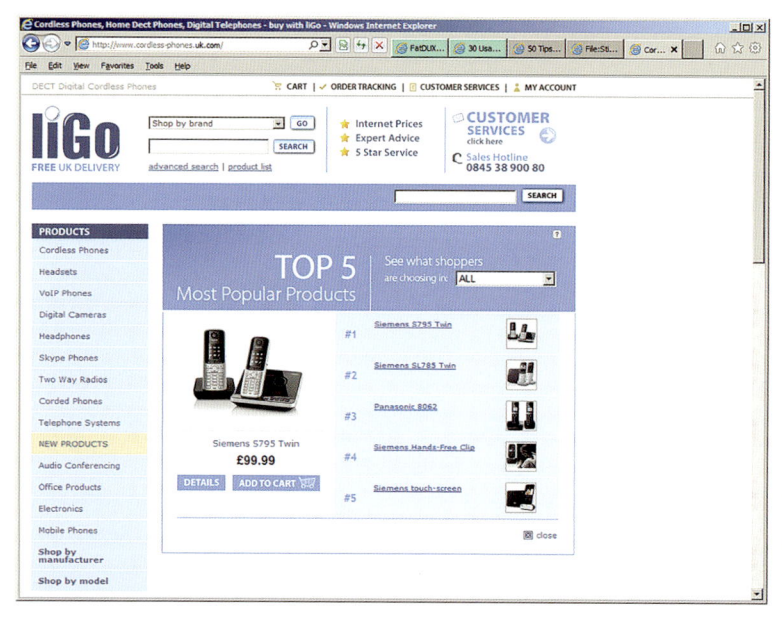

開いているツールバーの数が少なければ、LiGoのウェブサイトはこんな風に見える。左サイドバーのいちばん下にある「Shop by manufacturer（メーカーで探す）」と「Shop by model（モデルで探す）」という2つのメニューに注目。

［原注2］　ピクセルとは、画面上のデジタルデータの最小単位を表す、砂粒みたいな色付きの正方形のこと。虫眼鏡で画面を見れば、そこにあるすべてがちっぽけな正方形でできているのがわかる。

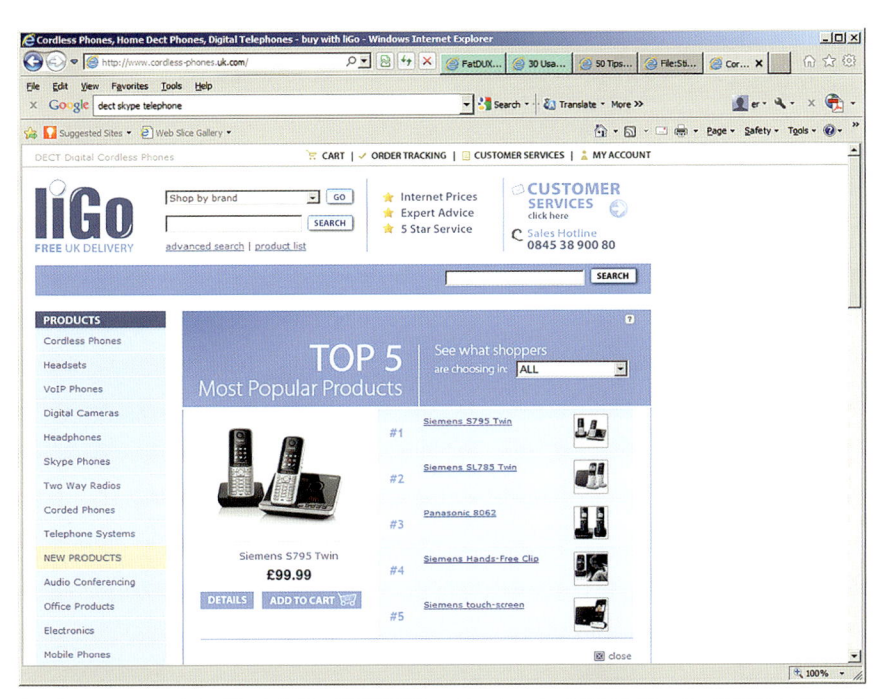

おっと。ツールバーを2つ開いたら（1つは画面下部のステータスバーも表示する）、ページの折り目が上に移動して、たちまちメニューが短くなってしまった。それなのに、メニュー全体が見えていないことを示す手がかりはほんのちょっとしかない。

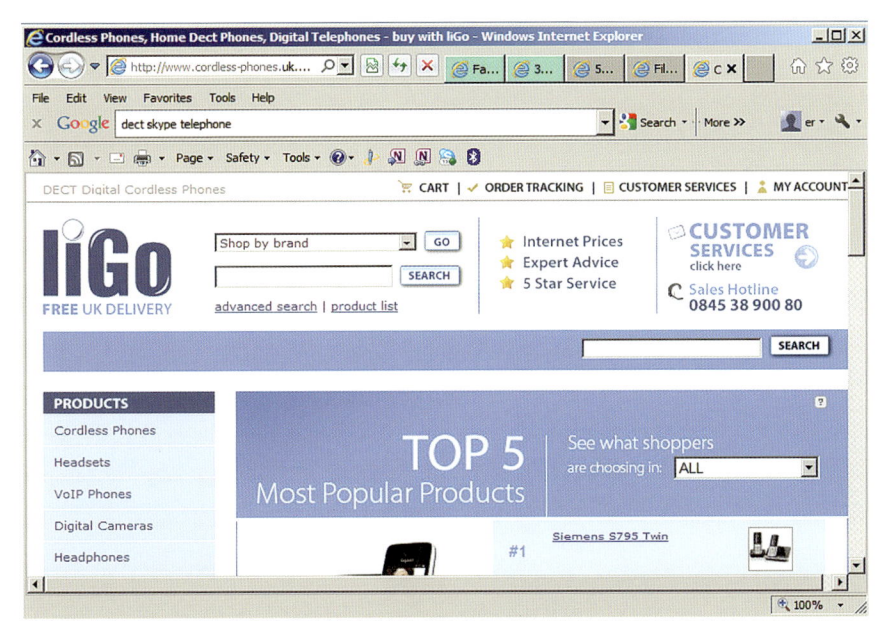

画面解像度を800×600ピクセルに変更すると、同じ画面で見える範囲がもっと狭くなる。あの厄介な"折り目"がまた上の方に移動したのだ。しかも、今回は右の方にまで。

第6章　可視性

第2部　優美さと明快さ

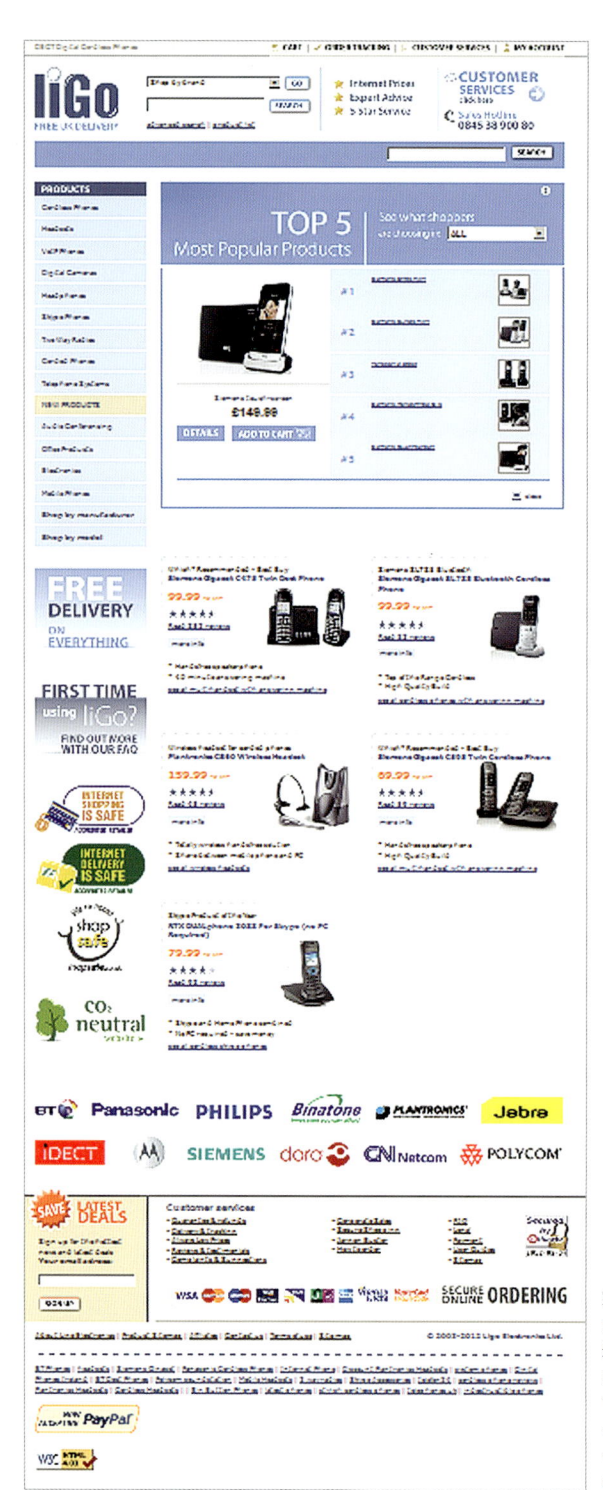

実は、LiGoのウェブサイトのトップページはかなり縦に長い。この中には、検索エンジン最適化（SEO）に役立つかもという理由で置いてあるコンテンツもあることは間違いない。でも、人間であるサイト訪問者の大半は、スクロールが必要なことを視覚的に知らせてくれないページでは、折り目のずっと下にあるものなんて見ないだろう。

折り目が重要な場合

"森の中で倒れる木々"を覚えているかな？ 重要なものは、できるだけ手間をかけずに見てほしいものだよね。ウェブサイトの場合なら、誰かがページにやって来た時に重要な機能をたやすく見つけられるように、すべてページのいちばん上に置いておきたいということになる。

絶対に折り目の上にある方がいいものをまとめたのが、この短いリストだ。

- ブランディング要素とメインナビゲーション
- ヘルプデスクの連絡先情報
- サイト内検索ボックス
- ショッピングカートと購入手続きへのリンク
- 問い合わせ用のリンク
- 言語切り替えツール
- 即席アプリ（通貨換算ツールなど）の主要な入力エリア
- 主要な出力エリア（これらは入力エリアの近くにしておこう）

以下のものは、ページのいちばん下に置くことにしても安全だ（普通はね）。

- 法律上の表示
- プライバシーポリシー
- 所在地と電話番号

一事が万事で、これらのリストにも例外はある。たぶん肝心なのは、所在地と電話番号の置き場所だろう。何か商売をしていて、事業所に電話や訪問をしてくるお客様が頼りならば、所在地や電話番号は折り目の上に見えるようにすべきだ。近ごろはスマートフォンで所在地を探すユーザーが多いから、重要なものをできるだけ見える状態にしておこうという発想になる。でも、たとえばデザイン代理店ならば、所在地はそれほど重要じゃないから、ページ上部の貴重なスペースを割く必要はないよね。

第6章 可視性

これは標準的なSkypeのスタートページだ。すぐ見つけやすいページのいちばん上に言語選択ボタンがあるのがわかるけど……

……「Accessories（アクセサリー）」をクリックしたらアウト。Skypeのウェブショップが私のパソコンを見て、それがデンマークに位置していることを検出し、自動的にデフォルト言語を切り替える。おまけに、言語選択ボタンはまったく視界に入らないページ下部に移動されてしまう。参ったね。

折り目が重要な場合

ここで長年にわたる私の詳細な業界リサーチに基づくお手軽な観察結果を2つ、みなさんにも伝えておきたい（いや、真面目にね）。

第一に、折り目を特定するのは不可能だ。どんなにがんばって決めたとしても、おそらく訪問者の1割程度を納得させるのが精一杯だろう。

第二に、ページは"スクロールフレンドリー"にする必要がある。ページの上の方に、ありったけのものを詰め込まなくて済むようにね。（これについて詳しくは後ほど。）

最後になるけど、自分たちのメッセージを必ず折り目の上に出せという広告主を抱えることになるケースは多い。でも実は、ページがスクロールフレンドリーでコンテンツの訴求力も十分なら、長いページの下部にある広告が、料金の高い上部のバナー広告に勝るとも劣らないクリックスルー（CT）件数を稼いでいるのだ。

さて、この長々とした議論からどんな結論が得られるかな？ そう、折り目は存在するし、ページ内のオブジェクトの可視性を大きく左右すると認識する必要があるってこと。でも、折り目の正確な位置についてあまりやきもきしないように。必要なのは、"スクロールフレンドリー"な考え方なのだ。

典型的なバナーの配置。ほぼ誰でも、こんな広告は無視してメインコンテンツエリアに飛び付くことになる。もしちゃんと広告を見るとしたら、一般的にそれは編集記事を見終わった後のこと。そして、ページ上部のごちゃごちゃをやり過ごすためにスクロールした後だ。とは言え、このコンテンツのカラムは途中で切れて見えるから、かなりスクロールフレンドリーな解決策となっている。

第6章 可視性

スクロールフレンドリーなページを作る

2章のあたりで、"香気（scent）"を生み出すというコンセプトに触れておいた。インタラクティブなカスタマージャーニーの間に出会う場面に応じて必要となりそうな作業について、認知的な手がかりを与えるようにデザインすることだ。スクロールフレンドリーなページを作るというのは、表示中のエリアを超えてさらにスクロールすべきだと知らせる強力なシグナルを発信するように、ページをレイアウトすることを意味する。

昔気質のグラフィックデザイナーには嫌な顔をされるけど、きっちり整列させないのがコツだ。別の言い方をすると、あの邪悪な折り目がどこに現れようともスクロールすれば続きが見られるとわかるように、表示要素（たとえば写真）が途中で切れて見えるレイアウトにしたいということ。

こうしてわざと配列を乱すには、何でも底辺を揃えるべしという考え方を捨てる必要がある。その代わりに、ページ内の各カラムの好き勝手にさせておこう。すると、ページを1つの単位として見る場合、ビジュアルデザイナーからは非難轟々という有様になるわけだ。実にありがちだけど、きれいに印刷できるものが画面上でもうまく表示されるとは限らない。少なくとも、ユーザビリティを気にするならね。

ページをスクロールフレンドリーにするコツは、グラフィック的に支障のない場所でコンテンツが切れるようにすること。私の経験からはこう言える。ウェブページの底辺がきっちり揃って見えるほど、スクロールフレンドリーじゃなくなるのだ。

フレンドリーじゃないスクロールフレンドリーなページ

では、適切な視覚的シグナルをすべて発信しているデザインができたとしよう。でもそのデザインでは、関連する2つの情報が離れ離れになっているとする。これもまた問題を起こしかねない。たとえば、ページのいちばん上のボックスで情報の入力を求められるとしたら（通貨換算ツールの例を考えよう）、そのボックスと同じ表示エリアに結果を出してほしいものだ。それが重要になる理由は2つある。

第一に、画面上で何らかの変化が起きたら、そのことに気づいてほしいため。でも、"画面の外"で何かが変わるとしたら、実は変化が起きているのにユーザーが気づかず、イライラしながら何度も情報を送信することになるかもしれない。これはもちろん、前に話題にしたフィードバックの問題と深く関わっているけど、この場合はせっかくフィードバックが生じているのに、それが見えない場所での出来事になっている。（「誰もいない森の中で木が倒れるとしたら……」）

第二に、スクロールフレンドリーなページでも、必要以上にスクロールさせたくないため。画面の端っこにかろ

うじて見えている送信ボタンをクリックしたいというだけで、ほんのちょっとスクロールしなきゃいけないのは多大なストレスだ。画面が小さくなるほど、ますます多くのボタンや入出力ボックスを、たぶんページのいちばん上と下の両方に置く必要が高まることは察しがつく。それは、3章でとりあげた航空チケットのバーコードの配置と関係が深い、人間工学的な検討事項となる。

スクロールとメニューの長さと携帯電話

　スマートフォンでのスクロール操作はやりやすいものだけど、スマフォより安い携帯電話では、今でも何らかのハードウェアボタンで選択メニューをスクロールしなくちゃいけない。可視性の面から言うと、リスト全体が見えていなければ、そのメニューはわかりやすいとは限らないのだ。

　Samsung Ultra Touchのような一部の携帯電話は、メニュー画面にタッチした時かカーソルボタンを押した時にしかスクロールバーを表示しない。しばらく放っておくと、スクロールバーは姿を消してしまう。それぞれのメニュー項目には数字キーが割り振られているが、最初に画面が表示された時に、見えないところにまでメニュー項目があることを知らせる視覚的シグナルは発信されない。Nokiaの携帯電話の中には、下向き矢印を付けた「さらに表示」という選択肢を必ずリストの最後に付けて、この問題を解決していた機種もある。

　だから、経験則としてはこうアドバイスできる。理由はどうあれ、スクロールすることが予想されるなら、しっかりした視覚的な手がかりを示そう！　小型画面のメニューで見える項目の数が限られるとしたら（ほぼ必ずそうなるよね）、スクロールせずに1画面で表示できるくらい、カテゴリー1つ当たりのメニュー項目数を減らすようにしよう。みんなスクロールなんてしないから、という理由じゃない。ただ誰にでもその必要性がわかるようにすべきだからだ。

このSamsungの携帯電話は、親切にもメニュー項目に番号を割り振っている。でも、最初に表示される画面にメニュー項目数を示す手がかりがなく、スクロールバーも見えていない。次に表示される画面の方が、良い視覚的手がかりを示している。もし誰が見てもピンとくるならね。［スクリーンショット提供：Anders Schrøder］

重要なものは広告もどきにしない

1998年に、ライス大学のJan BenwayとDavid Laneは、バナーブラインドネス（banner blindness）と名付けるに至った興味深い現象を発見した。ページの上から60ピクセル以内の、バナー広告がありそうなエリアに入っているものは特に、もっとも重要なリンクでも見過ごされることが多いように見えるのだ。その前の年にはJared Spoolらが、まるで広告みたいにカラフルで点滅するものも、コンテンツや機能を探しているユーザーには無視されることに気づいていた。

これらの発見からわかるのは、何かを見えやすくしようと必死になるほど、ますます見えなくなることも多いという皮肉な事実だ。

しばらくの間、ユーザビリティの導師ヤコブ・ニールセンが、ユーザビリティテストの講義の材料にしていた動画がある。そこには、被験者の女性がクリックする必要がある巨大な赤いボタンが画面のど真ん中にあるのに、どうしてもそれに気づかない様子が映っていた。彼女はメインナビゲーションを見ている。その大きな赤いボタン以外は、あらゆるものをクリックしていく。つい笑いたくなるけど、これは実に残念な状況証拠だ。そしてそれは、ユーザーへの共感がなければ、決して良いものはデザインできないことを思い出すきっかけになるはず。

長きにわたって、広告業者は広告をコンテンツに見せかけてクリックを誘おうとして、さまざまなトリックを編み出してきた。それは効果をあげている。だから、逆もまた真なりとなるのは当然のこと。あなたのコンテンツを読んだり利用したりしてほしければ、広告やコンテクストメニューを始め、自分を見ず知らずの望まぬ方向に連れて行きそうなものみたいに見えないようにしよう。

USATODAY.comとバナーブラインドネス

カラフルなアメリカの日刊新聞、USA Todayは、バナーブラインドネスにまつわる課題と長いこと格闘してきた。でも、いつも勝利を収めてるわけじゃない。

2000年4月に実施されたUSATODAY.comのリニューアルを初めて意識したのは、ボストンで開催されたコンファレンスに参加した時のこと。私が覚えている限りの経緯はこの通りだ。

1990年代後半に、USATODAY.comはインタビューやサイト統計を通じて、大半の読者は3つのものに興味があることを知った。スポーツ、天気、株価情報の3つだ。そこで当然の流れとして、デザイン上の解決策となったのは、その3つとも魅力あるカラフルなボックスに入れてウェブページのいちばん上に配置するという方針だった。

結果はどうなったと思う？　誰もクリックしなかったのだ。これぞバナーブラインドネス。

やがてまたちょっとしたリニューアルをして、数年間あちこちテコ入れした後、次の大きな動きがあったのは2007年3月のこと。このオンライン新聞はより読者参加型となり、ソーシャルメディアとの親和性を高めた。でも、ページ上部はまたバナーエリアとなり、そこで記事へのコメント投稿を奨励していた。彼らが言うところの"ネットワークジャーナリズム"［原注3］というやつだ。ページのメインナビゲーションは、ちっぽけなストライプ状のものと化して、バナーの左側に追いやられてしまった。さらにまぎらわしいことに、薄っぺらいながらも本物のバナー広告が、ナビゲーションヘッダとメインコンテンツエリアの間に挟まれていた。

通信業界では、この手の判断を脊髄反射（knee-jerk）デザインと呼ぶことがある。新たなバズワードが登場すると、みんなそれに便乗しようとするのだ。USA Todayにとっては、ネットワークジャーナリズムという言葉がまさにそうだったわけ。

やがてUSATODAY.comは、まぎらわしいバナーもどきをついに一掃し、魅力的なうえにいかにも高機能なページヘッダを採用したのである。

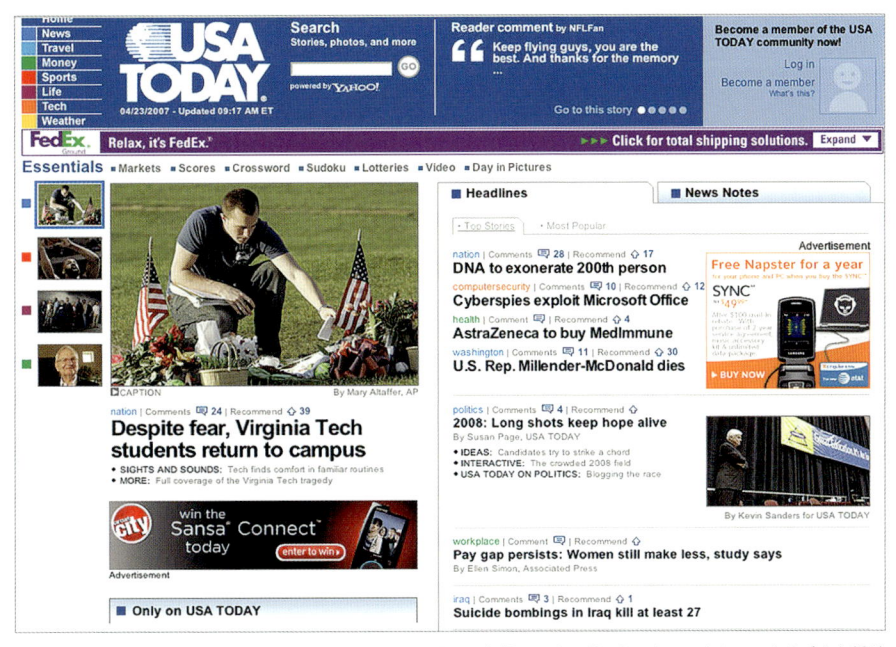

2007年の春に見ることができたUSATODAY.comのサイト。上部のバナーは、ネットワークジャーナリズムを奨励するためにデザインされていた。あいにく、メインナビゲーションは左上の細くて目立たないカラムと化し、見えなくなったも同然。さらにひどいことに、このヘッダはFedExの広告によってメインコンテンツエリアからぶっつり分断されている！

［原注3］　この用語を考案したのは、Buzzmachineの創設者で、ニューメディア支持者であるジェフ・ジャービスだ。

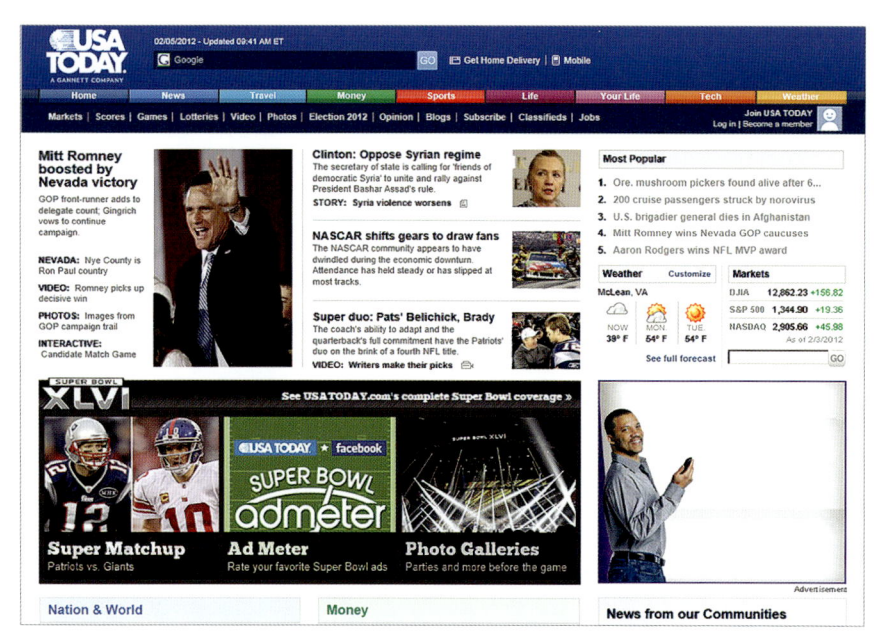

何年も経ってから、USATODAY.comはついにユーザビリティ上の基本的なベストプラクティスの価値を認めたらしい。これは2012年2月にサイトを見た時のスクリーンショット。

第2部　優美さと明快さ

すべてを見せないようにする

　ウェブの閲覧体験の集大成は、製品の購入や、サービスの継続利用や、果ては何らかのユーザー登録をしたくなるという私たちの欲望に多大な影響を及ぼす。でも、自由に見て回れる内容が限られていて、いよいよ面白くなってきたところで何らかのペイウォール（有料コンテンツの壁）にぶつかってしまうウェブサイトがあるのは誰もが知る事実。そうなったら、ユーザー登録して個人情報を差し出すか、いくらか料金を支払うか、それ以外の何かをしない限り、お宝には近づけない。ヘロイン中毒とドラッグ業者のビジネスモデルの関係みたいなものだ。ヤクの売人は、客をトリコにするためにタダで安物を与えるのだから。そして、そのテクニックがどれほど引っ張りだこかを考えると、このアプローチはその他多くの状況でも使えそうな気がする。

　私が最近体験した、さらにおかしな一件は、Stumblehere.comで起こった。これは三行広告サイトで、その手のサイトとしてはマシな部類に入る。なのに、先日アクセスしてみたら、クリックするたびにいちいちユーザー登録を求めるポップアップが出てきた。実質的に、サイトをちゃんと見せてもらうこと（UX業界っぽく言うと、"カスタマージャーニーを楽しむこと"でもいいね）ができなかったのだ。その結果、探し物は見つからず、ユーザー登録することもなく、この疑問符だらけの一連の出来事をユーザビリティ本のネタにすることになった。マーケティング関係者が、"三方勝ち（win-win-win）"の状況について語るのを聞いたことがあるかな？　この私の一件では、"三方負け（lose-lose-lose）"ってことだね。

映画『ザ・エージェント』には、主人公のジェリーのクライアント候補が「カネ持ってこい！(Show me the money)」と叫ぶ有名なシーンがある。ユーザビリティの世界では、成功したいなら何か値打ちのあるものも見せなきゃいけない。だから、隠しごとはナシってことでいいよね？

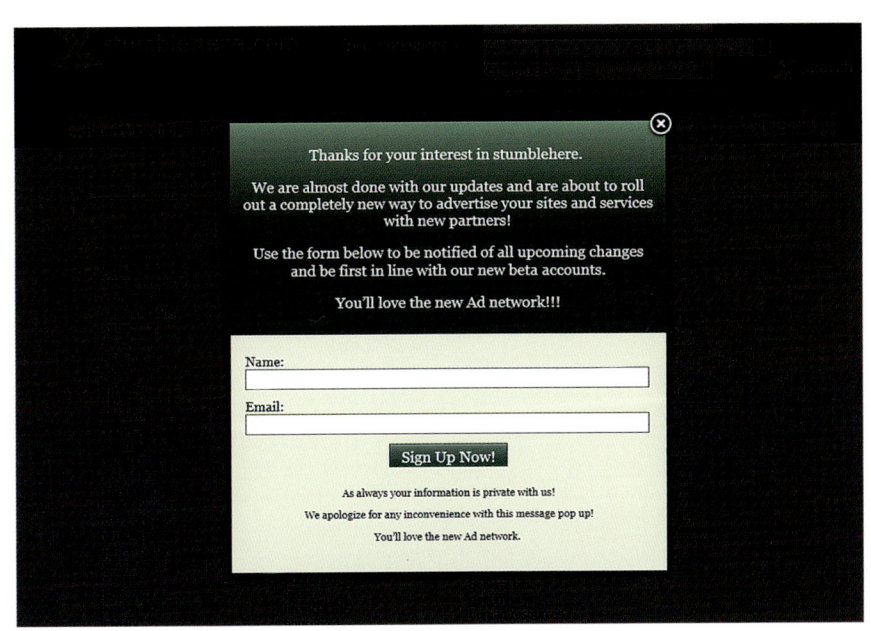

何をするにしても、このサイトでは1クリックごとにこんなポップアップを見せつけられた。その結果、私は探し物を見つけられず、ユーザー登録をすることもなく、ユーザビリティ本にそのエピソードを載せることになった。関係者にとっては、明らかに"三方負け"の状況だ。

住宅リフォームショップにあったこの自動ドアは、自動でもなんでもない。さらにひどいことに、（両手が荷物でいっぱいな状態で）ドアを開けるボタンの場所があまりにもわかりにくいので、どこを押せばいいのか（あるいは足で蹴るか肘で突けばいいのか）を示す手書きの説明が必要なほどだ。

第6章　可視性

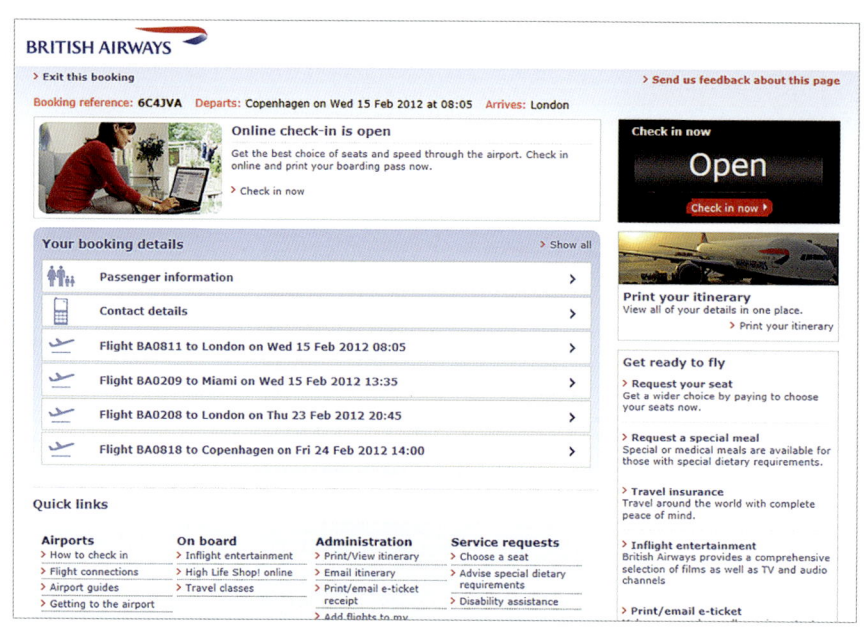

英国航空のサイトでは、チェックイン用のボックスが右カラムのいちばん上にある。でも乗客の多くは、メインコンテンツエリアに並んでいるメニューの方に、それを探しに行ってしまう。たぶん、チェックイン用のボックスを堂々と目立たせ、色まで変えていることがかえって災いして、一種のバナーブラインドネスの犠牲にもなっているのだろう。

エリックのひらめきエレベーターテスト

　可視性というテーマを考えるうえで、私のお気に入りの方法がある。よく知らない建物の中でエレベーターに乗り、目的のフロアに行くふりをしてみるのだ。エレベーターから降りたら、次に何をすべきか知ることが必要となる。そのための情報は見えているかな？　どこに行くべき知らせる標識その他のヒントはある？（昔はエレベーターの中に人間のオペレーターがいた。デパートでは、各フロアに何があるかアナウンスしてくれたものだ。「2階、婦人服、シューズ、ランジェリーがございます」なんてね。）

　そこで、こんなふうに考えてみる。もし自分がそのエレベーターを操作しているとしたら（本物のエレベーター係のつもりになるか、別のウェブページに"乗客"を連れて行くという比喩を考えてもいい）、どんなアナウンスをするだろう？　何を伝えるにせよ、それは誰もが見る場所にちゃんとあるようにしなければならない。はっきりした見出しとして、大きな標識として、それ以外にも何か情報を効果的に伝えやすくするはずのものとして。建築家は、物理環境でのサイネージ（標識）を設計する際に「経路探索（wayfinding）」について語る。でもその原則は、ウェブサイトやレストランのメニューをはじめ、数え切れないほど多くのものにも同じくらい応用が利くのだ。カギを握るのは、可視性ってこと！

チューリッヒ空港のこのフロアにみんなが来る主な理由は、トイレを使うことだ。でも、トイレの場所はエレベーターの向かいじゃなく脇に表示されているし、まぶしいバックライトのせいでほとんど読めない。だから、エレベーターを降りてもどっちへ行けばいいのかさっぱりわからない。

KaDeWeというベルリンの有名デパートでは、エスカレーターで移動する時に何階に着いたか知らせてくれる。少なくとも下りのエスカレーターに乗った客には、役立つソリューションだ。上りのエスカレーターでは、ちょっと見えにくくなるからね。

第6章 可視性

シャーロック、エドワード、ドン、そして「気」について

なんとなくだけど、哲学的なネタで始まった章は、終わり方もそんな風にするのがふさわしい気がする。

中国の土占いシステムである「風水」では、万物に生命を与える力、すなわち「気」の自由な流れを、雑事が妨げてしまうと諭している。そして、無関係なものを排除すれば重要なものが見つけやすくなると説いてきた人々は他にも数知れず。小説の中の名探偵シャーロック・ホームズは、よくこう言っていた。「不可能な物事を取り払うんだ。そうすれば、何が残るとしても、どんなにありそうもないことでも、それが真実に違いない」とね。デザイナーは探偵でもある。不可能なもの（そして無関係なもの）を除去して、真実を見る。

でも、アメリカの教育者として名高いエドワード・タフティが指摘したように、情報を扱うとなると、（間引きしたり、説明を"子どもだまし"にしたりして）その"解像度"を下げることにすがるのは、デザインを良くするどころかダメにする確率を高めることになる。そして、もう一人の大物デザイナー、ドン・ノーマンは、シンプルさを要求する人々に非難の矢を向けている。「必要なのは複雑さだ。たとえシンプルさに飢えている最中であっても」という言い方でね。

この話を持ち出したポイントをまとめよう。可視性は保ちたいものだけど、ユーザー自身に関係のあるもの（ごくたまにしか関係がないものでも）をむやみに除去してはいない、もっとも妥当な選択肢に導くようなデザインをしたいということだ。

その一例としてお気に入りなのが、オーストリアの有名企業、ベーゼンドルファー社製のグランドピアノの鍵盤である。一世紀以上前、イタリア人ピアニストのフェルッチョ・ブゾーニが、オルガン用の楽曲をより正確に演奏できるように、標準の鍵盤に低音キーを追加してほしいと注文した（長いオルガンパイプは長いピアノ弦に転換できる）。ベーゼンドルファー社は、通常の88鍵のピアノの他に、92鍵と97鍵の2種類のモデルを世に出した。でもそこで、おかしな問題が生じた。追加したキーがピアニストの混乱を招いたのだ。そこで企業側としては、ピアニストの視界を邪魔しないように追加分のキーを変装させることにした。複雑さを減らすというよりそっと受けいれることにして、ほぼ文字通りの意味で、正しい視界に収まるようにしたというわけ。

"可視性"について考える時には、シャーロック、エドワード、ドン、そして私たちの「気」について考えなきゃいけないよ。

大半のピアノには88個のキーがあり、端っこのいちばん低い音がAで終わっている。このベーゼンドルファー社のグランドピアノには92個のキーがあり、ごく低音のFに至るまでの4つの音が追加されている。でも、これらの余分なキーは、ピアノの中央に対面して座る通常のポジションを歪め、ピアニストの周辺視野を乱すことになるので、ベーゼンドルファー社は追加した2つの白鍵を黒くしたのだ。これは、ユーザビリティ向上のために見えるものを見えなくするという、興味深い事例となっている。

出張旅行での"役得"

前線からのレポート

　我が社のブダペスト支局が私をカンファレンスでの講演に招いて、高級ホテルの部類に入るソフィテルを予約してくれたことがある。しかも、こっそり手を回して押さえてくれたのは、ドナウ川とブダペスト名物の鎖橋を一望できる部屋。実に見事な眺めだった。

　その部屋は確かに設備が行き届いていて、ピカピカのネスプレッソのコーヒーメーカーもあった。一杯の味わい深いコーヒーで一日が始まるのは最高だから、これは実にありがたい。

　講演の成果は上々だった。当然ながら、講演終了後に強制参加となる懇親会があり、私は自分の社会的責任を果たそうと精一杯がんばった。まったく、明日は早朝の便に乗らないといけないのに。そんなわけで、会が長引くにつれて、ホテルの部屋で待っているネスプレッソマシンがますます魅力的に思えてきた。

　翌朝、夜明けとともに目覚めた私は、まさにそのコーヒーメーカーでトラブってしまった。コーヒー豆のカプセルを突っ込み、スタートボタンを押してみたけど……動かない。故障中なのか。電源コードが抜けているのか。何か他の原因か。とにかく、小さな赤いランプは点かないし、お湯が沸騰する音もしないし、自分が役得だと喜んだそのマシンがコーヒーを淹れている様子はまったく見受けられなかった[訳注2]。

　私は目につく限りのスイッチを片っ端から切り替えてみた。必死になればなるほど、ネスプレッソマシンはストイックに知らん顔をする。朝の5時半からこんな苦労をするつもりじゃなかった私は、電源をチェックするために壁際のドレッサーを動かした。すると、どんなホテルでもデスクの上にごちゃごちゃ置きたがる無数の小さなメッセージの1つに目がとまった。「電気ケトルのスイッチが入らない場合には、ベッド脇のスイッチをご利用下さい」だって。

　OK。でもね……なぜこれらの器具には、別の場所にあるスイッチが必要なのかな？ まあいいや。へっ

[訳注2]　このレポートのタイトルでは「perks（役得）」という単語が強調されている。この単語にはコーヒーを淹れるパーコレーターの意味もあるので、これは話の内容に引っかけたタイトルだよ、ということだろう。

ちゃらだよ。ただコーヒーを飲んで、荷造りして、フライトに間に合うように、このスイッチを見つけたいだけだから。

　私は部屋の反対側にある電気製品をどれも次々にどかしてみたが、成果はゼロ。ベッドまで動かしてみた。そこでようやく、ヘッドボードに組み込まれた2つの真鍮製のスイッチに気づいた。どっちにも小さな"呼び鈴"のマークが付いていたので、てっきりメイドの呼び出しボタンだと思い込んでいた。病院のナースコールボタンに近かったしね。でも、カフェインを切らしていた私は、ついにその片方を押すことにした。眠そうなメイドへの謝罪とチップが必要になったとしても構うものか。するとびっくり、ネスプレッソマシンはランプを点滅させ、起動音を鳴らし、ゴボゴボと沸騰を始めたのだ。そして私の一日は、文句なく快方に向かったのである。

　ここで学ぶべき教訓はこういうこと。みんなに使ってもらおうと期待するなら、普段と状況が違ってくるほど、より多くのものが目に入るようにしなきゃいけない。可視性が第一だよ！

ハンガリーのブダペストにあるソフィテルでは、一級品のコーヒーマシンと電気ケトルが用意されている。なんと、ネスプレッソじゃないか。新たな一日を始める手段としては完璧だね……　特に、長い夜を過ごした翌朝には。

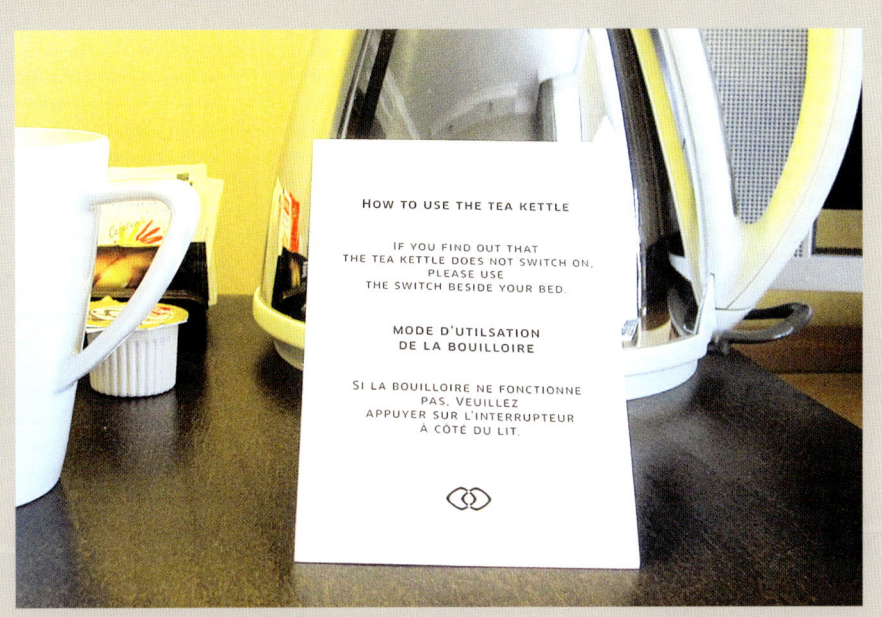

参ったね。10分ほどコーヒーマシンを起動しようと苦労してからやっと、電気ケトルの脇にあったこのメモを発見した。本物のスイッチを見つけるにはさらに数分かかったが、それはベッドの脇にあった。

これらの小さなボタンが、ベッドのヘッドボードに組み込まれていた。室内にある他の電気製品のスイッチに似たものじゃなかったけど、それがコーヒーマシンを起動するボタンだった。呼び鈴のマークが付いていたから、初めて目にした時には無視してしまったよ。メイドの呼び出しボタンかと思ってね。まったく、視認性にも論理性にも欠けるソリューションだ。

第6章 可視性

探しておきたい10個の見えないもの
Ten invisible things to look for

1. ある情報が実際には入手できないのに、できるように思わせていない？ あるいは、みんなの視界に入らないところに隠していない？

2. 情報が見える場所を、何かが物理的にブロックしていない？ ポップアップとか、妨害物とか、何か他のものが遮っていないかな？ それらを取り除こう！

3. 重要な情報が、無視されそうなガラクタのように見えていない？ バナー広告とか、何かそれ以外の関連性が乏しそうなものみたいに。

4. なんらかのタスクを完了するために必要とされる重要情報を、うっかり入れ忘れていない？

5. あなたのデザインは"折り目"を意識している？ もしそうだとしたら、同時に必要となるもの全部が折り目の上下いずれかにまとまるように、情報をグループ化している？ あるいは、名前と住所、入力と出力、クッキーと牛乳といった定番コンビを、折り目が分断していない？ 主要な問い合わせ用リンクのように重要なものが、折り目の下に隠れていない？

6. 何画面分もある長いページは、スクロールしてほしいという強力なシグナルを発信している？

7. ユーザー体験中に無料で利用できる部分で、ペイウォールが行く手を邪魔していない？

8. ウェブサイト内のどのページも、建物内のどのドアも、あなたのデザインのどんな見え方も、エリックのひらめきエレベーターテストの要件を満たすことができる？

9. デザインを改良するため、あるいはただ見栄えを良くするためでもいいけど、あなたのデザインチームは雑多なものを減らすようにしている？ 理由はどうあれ、やった方がいいよ。

10. タスクを達成しやすくする汎用的な言葉じゃなく、社内用語やブランド独自の用語を使っていない？ たとえば、「保険のご契約」と書かずに「当社のトータルフレキシビリティプランへのご加入」とするとかね。

その他のおすすめ本
Other Books you might like

ここに挙げた6冊は、扱っているトピックがてんでバラバラなのは認めよう。でも、どれも私の愛読書で、何らかのかたちで可視性に関わっている。その関連性が、かなりわかりにくいものもあるけどね。

- Kevin Lynch
『The Image of the City』
(MIT Press, 1960年)
日本語版：
ケヴィン・リンチ
『都市のイメージ（新装版）』
(岩波書店, 2007年)

- Per Mollerup
『Wayshowing』
(Lars Müller Publishers、2005年)

- Peter Morville
『Ambient Findability』
(O'Reilly、2005年)
日本語版：
ピーター・モービル
『アンビエント・ファインダビリティ―ウェブ、検索、そしてコミュニケーションをめぐる旅』
(オライリージャパン, 2006年)

- Scott Weiss
『Handheld Usability』
(John Wiley & Sons, 2002年)

- Edward R. Tufte
『Visual Explanations』
(Graphics Press, 1997年)

- Studio 7.5
『Designing for Small Screens』
(Ava, 2005年)

検索したいキーワード
Things to Google

- Banner blindness
バナーブラインドネス

- Mobile menus
モバイルメニュー

- The myth of the fold
折り目の神話

- Advertising on the web
ウェブ広告

- Wayfinding
経路探索

- Eyetracking
アイトラッキング

- Newspaper design
新聞デザイン

第6章　可視性

第7章
理解可能性

Understandable

英語には、実質的に同じことを意味しているフレーズが信じられないほどたくさんある。

- Get my drift?（何が言いたいかわかる？）
- Did I make myself clear?（私の話は通じた？）
- Are you with the program?（話の要点がつかめてる？）
- Are the dots connected?（結論が見える？）
- Are we talking the same language?（お互いの話が通じ合ってる？）

ユーザビリティ用語で言うと、「理解可能（understandable）」かどうかを問題にするなら、こういういろいろな言い回しができる質問への答えはいつも「イエス」でなくちゃいけない。そうでなければ、やるべき仕事があるってこと！

どんな例でもいいけど、エンジニアならつまみやボタンの動作仕様を理解しているし、デザイナーならあらゆるアイコンの意味を把握しているし、ウェイターなら30分待ちになるのはどのメニューかを知っているとしよう。でも、そんな彼らと共有している基準系（frame of reference）がないと、ユーザビリティがひどい目にあう。間違ったボタンを押したり、あてもなくクリックして回ったり、注文したメニューがなかなか出てこなくて頭にきたり。

実は、この章でしっかり伝えたいのは「共有参照（shared reference）」の概念だけなんだ。でも一方でそれは、とてつもなく重要なものでもある。しかも、共有参照の観点からものごとを見るようになれば、信じがたいほど多くの馬鹿げたユーザビリティ上の問題を回避できるとわかるだろう。ひょっとすると——これまで読んできた章の内容で、ちょっと見方が変わるところもあるかもね！

オーストリア生まれのユダヤ人である私の父は、1939年になんとか故郷から逃げ出した。これは、ドイツによる併合に関する1938年3月13日付の住民投票用紙である。有権者に何が期待されているかは疑問の余地なしだ。格段に恐ろしい、共有参照の形成の一例。

「共有参照」とは？

　ごく基本的な言い方をすると、共有参照とは、何かを使う人とそれを作った人とが、同じ基本的理解を共有していることを意味する。この本の中では、全員同じページにいるかな？　そうだといいけどね！

　インタラクティブメディアという場所なら、以下の3種類の道具を使いこなせる。

▶ 言葉
▶ イメージ
▶ 音

　それ以外のあらゆる場所では、日々の暮らしの舵取りをするうえで、五感のすべてが共有参照の確立に役立っている。このことがどう関わってくるのかを見ていこう。

言葉についてひとこと

　何かがどれだけビジュアル的にカッコよくなっても、どれだけ直感的に使えそうな気がしても、この世界を理解しやすくするには、言葉がきわめて重要な役割を果たし続けている。だから、一般的に本の中身は絵よりも言葉が多いことになる。iPhoneのクールなアイコンにさえテキストラベルが付いているのも、理由は同じ。そして言葉は、ほとんどの利用マニュアル、メニュー、製品説明、マーケティング資材、プレスリリース、その他の骨格を成している。識字率が国家の発展レベルを示す重要指標とされているほど、言葉を使う能力は重要なのだ。

第7章　理解可能性

ユーザビリティの観点からは、覚えておくべきことは2つだけ。

► 何を言うにしても、はっきり言うこと。
► 書いたことはその通りに読まれるはずだと決めつけないこと。

```
Number of file    [ 1 ▼]
File attach       [            ] [ Browse... ]

We may send information on offers and promotion in conjunction with our business partners.
Please check this box if you do not want to receive this?
Yes, keep me informed of the latest news on Samsung products, special offers, contests
with fabulous prizes, and events. ☐

[+ Send]  [+ Reset]  [+ Close]

© 2005 SAMSUNG Electronics Co., Ltd. All rights reserved.
```

これは2005年の古いスクリーンショットだ。このチェックボックスにチェックを付けたら、どうなると思う？［訳注1］。Samsungがこの間抜けなミスを発見するまで、1年ほどかかった。［画像提供：Mark Hurst］

エリックの"電球"テスト

　数年前に"ウェブ向けライティング"講座を始めた当時、私はちょっとしたゲームを考え出した。まず、想像上の電球を1つ持っているつもりで手を上げる。それから、私が持っているものについて、クラスのみんなにこう告げる。

　「私は、標準のE27ソケット用の口金付きの、ありふれた60ワット電球を手に持っている。'E27'とは、'エジソン式27ミリメートル'のことで、エジソンが1909年に電気コネクタ用の標準的な取付システムとして導入した規格だ。いいかな？　さて、私はこの平凡な60ワット電球を持っているよね。みなさん、私が何を手に持っているかわかるかな？」

　私はかれこれ15年以上、のべ数千人もの受講者を相手に、何百回もこのゲームをしてきた。何を持っているかわからない、と誰かが言い出したことは一度もない。

［訳注1］　このチェックボックスの文言は、以下のように矛盾している。
（質問）弊社のパートナー企業からのお得な情報をお送りする場合があります。受け取りたくない場合はチェックしてください。
（回答）はい、Samsungの製品やスペシャルセール、豪華賞品が当たるプレゼント、イベントについての最新情報を希望します。

次に私は、フロスト加工された白い白熱電球を取り出し、私が持っていると思ったものはこれかな？とたずねる。すると誰もが、それこそまさに私が説明した通りの電球だと認める。でも、私は彼らに引っかけ問題を出したのだ。

　ほとんど話に関係のないE27型口金に関する歴史的なネタを付け足すことで、それとはまったく別の詳細情報（つまり、私が説明に含めるのをサボった情報がその大半ということ）に注目する可能性もあったことを忘れさせるというわけ。私は聴衆に不意打ちを食らわせたのだと言ってもいい。

　このゲームの途中で、私は電球が1個ずつ入っている小さな袋を配る。そして本物の電球（フロスト加工の白いやつ）を手に持ってから、袋を持っている受講者に、その中身が私の電球と同じかどうか答えてもらう。すると誰もが、それらはすべて私の電球とは違うと言うのだ。どれを取っても、私の説明には合致しているのにね。

　私が説明に含めるのを"忘れた"詳細情報を指し示すのは、たとえばこんな質問だろう。

- ▶ 透明か、色付きか、それともフロスト加工された電球か
- ▶ 規定の色温度を持つ、特殊な"昼光色"の電球か
- ▶ 暗室用の特殊な電球か
- ▶ 蛍光塗料を光らせるUV光線を出す電球か
- ▶ 省エネ型の蛍光灯電球か
- ▶ 110Vと220Vのどっちの電球か
- ▶ もう切れてしまった電球か

　さてこのへんで、あなたはおそらくこう思っているはず。「ああ、エリックは何が'平凡'かってことを絶対に勘違いしてるぞ……　暗室用の電球？　おいおい、どこが平凡なんだよ」ってね。そう、まさにそこが問題ということ。平凡さが意味するものは、千差万別になりかねない。そこには共有参照がないのだ！

　ウェブサイトやカタログ、パンフレット、取扱説明書などのコピーライティング担当者にとっては、もう1つ重要な教訓がある。ささいな事柄（またとない無敵の特記事項だとしても同じだけど）を記述することに夢中になりすぎて、基本的な説明情報を入れるのを忘れないこと。これはゾッとするほどありがちなミスなのだ。

第7章　理解可能性

これらの電球はすべて、標準のE27型口金付きの60ワットの製品だ。でもその実体は、どれ1つとして似ていない。カタログやウェブサイトのコンテンツを書く時、それを読むユーザーに予備知識があるのが当然だと思っているコピーライターが多すぎて、いつもビックリする。

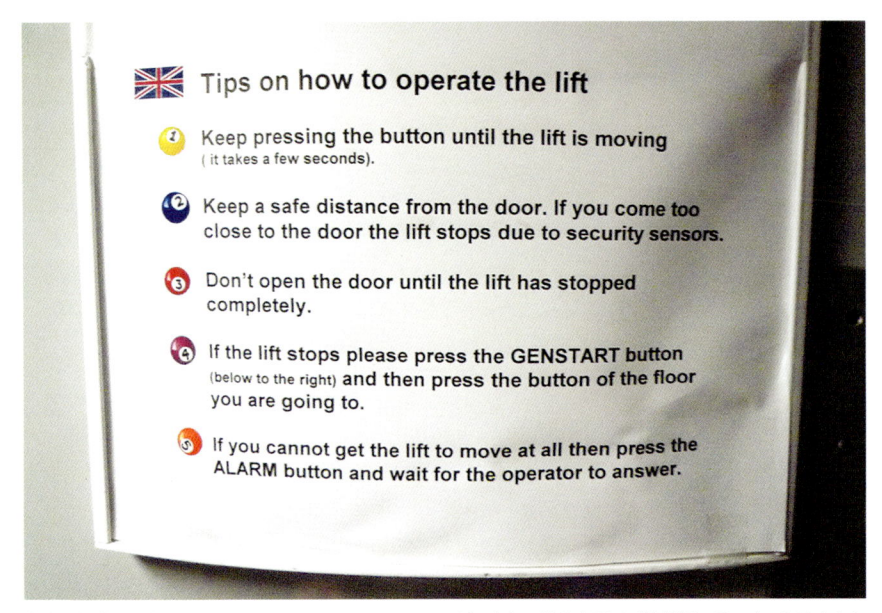

実際に操作説明を必要としたデンマークのエレベーターがこちら。共有参照は（数種類の言い方で）確立されているけど、根本的なユーザビリティの問題には対処できていない。

有効な「共有参照」作りの5つのポイント

これが私の"ウェブ向けライティング"講座で伝授したリストだ。

- 何ひとつとして当たり前だと思っちゃいけない。
- みんなが抱きそうな疑問を予想しよう。
- 彼らが想定しなかった質問に答えよう。
- 訪問者の状況を踏まえてコンテンツを検証しよう。
- コミュニケーション環境（体験を取り巻く時間と場所）は、どんな時でも、その時点でどういう情報が必要となるか（あるいは提供されるか）に影響する。

これらをさくっと確認しておこう。

まず、あなたが説明していることについて、みんなはあなたと同レベルの知識を（あるいは興味までも）持っているわけじゃないと考えておこう。だから、何でも必ず具体的に書くこと。一目瞭然となっている細部まで含めてね。見ればわかることをテキストでも伝えれば、あなたの製品やサービス、果てはアイデアまでも買ってくれる可能性がある相手を一段と安心させる。

ここで小技を1つ。説明を声に出して読み、友人に疑問点を挙げてもらおう。これをやってみると、説明が不十分と思われる情報について多くのことがわかる。たとえば、説明を読んでも（または写真を見ても）答えられない質問が出てきたら、何かが不足していて、共有参照が満足に作られていないことになる。

何らかのシナリオ／ストーリー／状況といったコンテクストの中で情報に目を向ければ、共有参照を改善する方法はたくさん見つかる。オンラインでの方法は、もっと説明的なテキストやより役立つグラフィックを用意することになるだろう。オフラインでの方法は、具体的なユーザーの状況を観察するか想像することを伴う場合が多い。たとえばこんな具合に。

あなたがパートナーと一緒に、今まで行ったことのないレストランで食事する計画を立てるとしよう。そのカスタマージャーニーの途中で出会うタッチポイントは、どれも共有参照の存在か欠如に直接関わることになるけど、ざっと挙げていくとこんな感じ。たとえば、オンライン予約をしたとすれば、フォームへの入力は簡単だった？　すぐに予約確認の連絡をもらった？　あるいは、こちらから確認の電話をかけた？　もしそうだったとしたら、電話番号はどうやって見つけた？　レストランまでの交通手段は？　自分で車を運転して行くか、徒歩で行くか、誰かの車に乗せてもらうか、それともタクシーを使うか、どの方法だった？　レストランの場所はすぐ見つかった？　すぐ座席に案内してもらえた？　それとも、「こちらでお待ちください。まもなく係がお席をご用意します」という案内板があった？　あるいは、好きな席を自由に選べるようになっていた？　給仕はすぐにメニューを持ってきてくれた？　それは読みやすかった？　店内の明るさはメニューを読むには十分だった？　メニューは理解しやすかっ

た？ それともその店のシェフは、あなたが見たこともない気取った料理用語を並べていたかな？［原注1］　料理のボリュームはどうだった？ 前菜は注文した？ その場合、前菜だけでメインディッシュの代わりにならなかった？ あなたは給仕を質問攻めにしたか、それともメニューによる説明を信用できたか、どっちだろう？

　単純なシナリオでも、検討課題は山ほどある。共有参照の問題。サービスデザインの問題。経路探索の問題。アーキテクチャの問題。そして、ユーザビリティを最適化するチャンスがいっぱいあるのだ。もっとも広い意味でのユーザビリティをね。

　これは、さっきのリストの最後のポイント、つまりコミュニケーション環境に直結する。当たり前だけど、オンラインでレストランの下調べをしている場合、実際の店内で得られるような感覚的フィードバック（「ねえ、お隣りのテーブルを見て。私もあれが食べたいわ」）を得ることはない。言い換えると、共有参照を確立するために必要な情報をもたらす体験はほぼ必ず、その体験が生じる場所に左右されるのだ。

ありふれたオブジェクトやインターフェースにくっついたおまけメッセージを見かけるたびに、そこには解決を要する根本的なデザインの問題があると確信していい。この例では、一対のドアの取っ手が、ユーザーに強力な認知的シグナルを発信することに失敗している。

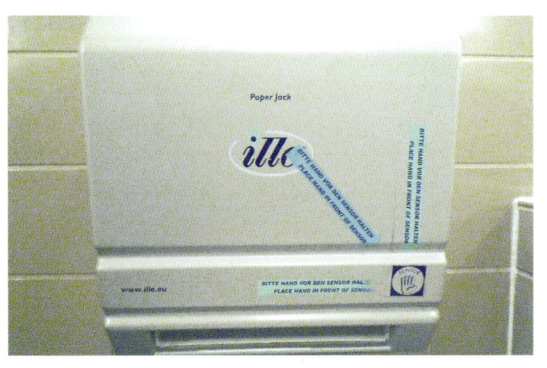

このハンドドライヤーの"自動"機能は、見たところ直感的じゃなさすぎて、使い方を説明するには3枚も余計にシールを貼る必要があったようだ。

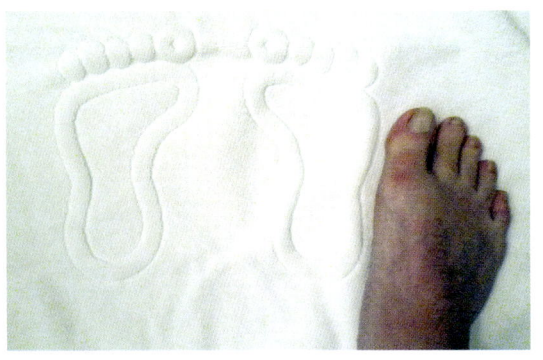

モスクワのホテルにあったこのバスマットは、それがバスマットであってタオルじゃないとわかる明快なシグナルを発信している。思いがけないところで確立している、とてもいい共有参照だ！

［原注1］　これは、奇想天外なオーストラリアの食通ポール・ラファエルがでっち上げた、「厚切りハリス・ランチ和牛の温水マリネ仕立て、舶来アザミを添え、窯焼き前の壺に盛りつけて」というメニュー説明が元ネタになっている。

安全地帯を作る

前にも述べたように、旅行は多くのユーザビリティ上の問題を浮き彫りにするので、いつでも興味深い体験となる。私の場合、自分に期待されているふるまいを理解しようという動機で、自らの安全地帯の外にいることも多い。そしてまるで旅人のように、オンラインでもオフラインでもあなたのビジネスの場にやってくる訪問客も、各自の安全地帯の外にいることになるかもしれない。だから、あなたが彼らを歓迎していることが実感できるようにしよう。親切に案内しよう。彼らが各自のゴールにたどり着き、トラブルと無縁でいるために必要とするガイダンスを提供しよう。

ローマやパリのような観光名所となる都市で、観光客がマクドナルドに群がることを知ってるかな？　そういう都市は、ビッグマック®より高級なグルメ体験ができることで有名なのに。その理由は、旅先で不慣れな食事を毎回済ませるストレスからちょっと自由になりたい人々のために、安全地帯を作ることにかけては、マクドナルドがきわめて優秀だからだ。米国のシボイガンから中国の上海まで、世界のどこにいてもマクドナルドでの注文方法にほぼ変わりはない。これが、成功するフランチャイズの多くの裏にある秘密となっている。

ストーリーは堂々と語ろう

オンラインでのデザインには、たぶん3つの危険きわまりない神話がある。

- 「ああ、これはうちの客ならもう知ってる。繰り返す必要はないね」
- 「ウェブ上のテキストの長さは、10行を超えちゃいけない」
- 「ウェブではスクロールなんてしない」

第1の神話は、強力な共有参照を作る多くのチャンスを逃す原因となっている。電球が110Vと220Vのどっちなのか、地方売上税が価格に含まれているのか、そういうことをちゃんと伝えていないケースのように。

第2の神話は、ユーザビリティの導師ヤコブ・ニールセンが90年代中ごろに示した指針だ。のろまなダイアルアップモデム経由で、のろまなコンピュータが細々としたテキストをダウンロードしていた時代のこと。当時は確かにこのアドバイスが役立った。それが今となっては時代遅れもいいところ。なのに、情報は良くも悪くも、インターネットの中では永遠に生きている——サイバースペースでは時代の移り変わりが相当速いとは言ってもね。でも、私の話を真に受けないように。2004年のmarketingexperiments.comによる調査では、長いテキストは短いテキストを40パーセント以上も上回る実績を挙げたのだから！［訳注1］

［訳注1］　この調査の詳細は以下のページで公開されている。
http://www.marketingexperiments.com/improving-website-conversion/long-copy-short-copy.html

第3の神話は、これまで何度となく覆されている。事実、Amazonの平均的な書籍紹介ページは、印刷すると約14ページもあるのだ。明らかに、みんなスクロールしているに違いない。そしてRazorfishが2008年に公開したレポートによれば、ほぼ75パーセントのユーザーが、何よりも先にスクロールしている！ まずページ全体をざっと拾い読みした後でやっと、細かく読みたいものに狙いを定めるというわけだ。ユーザーは、自分が調べたいことに関わるキーワード（名詞）やトリガーワード（形容詞）を探す。たとえば「形状記憶シャツ」を探すとしたら、「形状記憶」がトリガーワード、「シャツ」がキーワードになる。

面白いことに、ルイス・キャロルの『不思議の国のアリス』に出てくるハートの王さまが、ウェブ上のテキストの適正な長さをきっちり定めている。「はじめからはじめよ。そして、終わりになるまでつづけ、終わりになったら、そこでやめよ」とね。要するに、ストーリーはシンプルに、率直に伝えようってこと。後は推して知るべし。詳細を省いちゃいけない。しっかりとした共有参照を取り囲む安全地帯を築き上げよう。

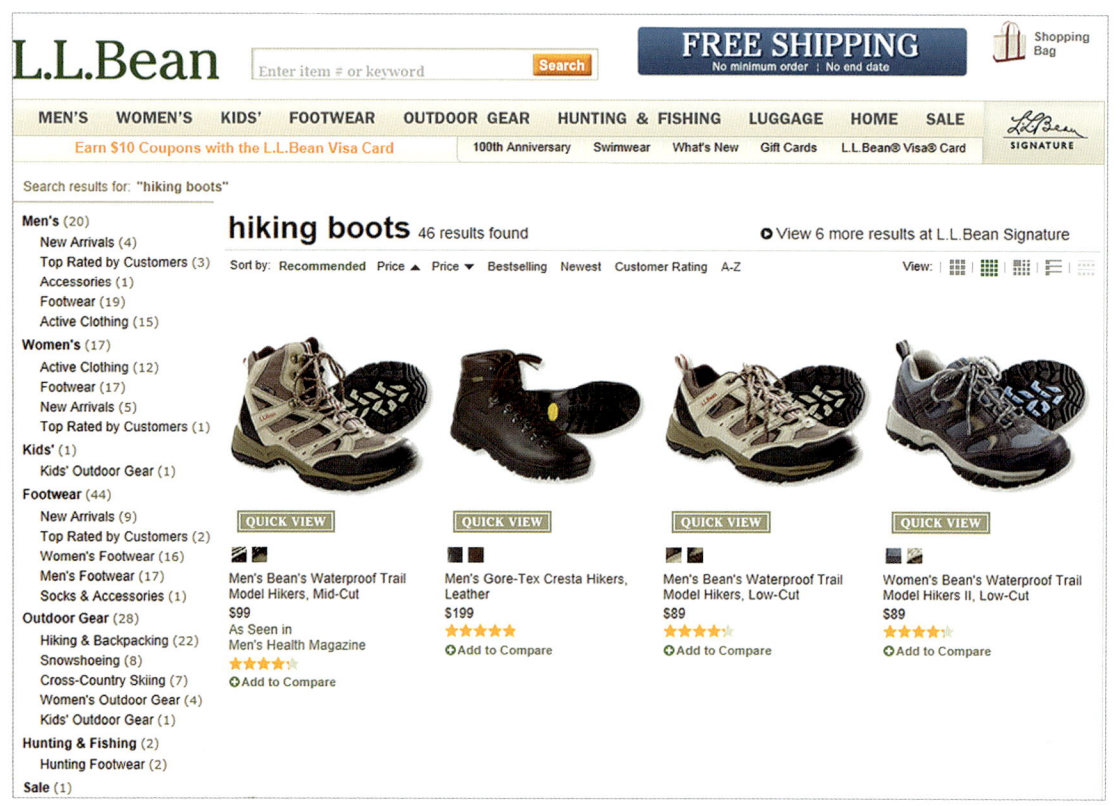

LL Beanは共有参照を作り出すのが大の得意だ。この例では、ハイキングを楽しみたいユーザーが、こういうトレッキングシューズで重要なポイントとなるソールを確認できるように、靴底を見せた写真を掲載している。

もちろん、Sears, Roebuck & Co.は共有参照を作ることの大切さを100年以上前から理解していた。これは、1897年製のカタログで靴を紹介している典型的な商品ページだ。

この不可解な広告は、コペンハーゲンのバスの後部にあったもの。「530g」は、重いのか軽いのか？ 帰宅してから自分の大きくてごついウィングチップシューズの重さを量ってみたら、491グラムしかなかった。数年後にわかったことだけど、これは爪先にスチール板が入っている安全靴で、そのタイプの靴としては軽量だったのだ！ これでやっと、共有参照ができたことになる。

第7章　理解可能性

写真、その他の視覚的援助

　時には一枚の写真が本当に、千の言葉と同じ価値を持つ。イメージは言葉の"香気"を強めるのを助けてくれる。いちばん大事なのは、言葉だけでは伝えにくいストーリーをイメージが肉付けできるということだ。たとえば、結婚予定の女性がウェディングドレスを商品説明の文章だけで選ぶなんて想像できない。言葉は、事実や数字のような情報を伝えるには大いに役立つ。でも、写真やグラフィックなどのイメージの方が、対象に備わっているきめ細やかな、しばしば感性に訴える性質を伝えるのがうまいことが多い。そして特別な機能性を伴う場合には、一枚の写真が千の言葉に匹敵することもあるというわけ。

　試しに、"ポケットや財布にもぴったり収まる"というコンパクトなハンドヘルド型ビデオカメラを想像してみるといい。ポケットや財布って、どれくらいの大きさのもの？　そのデバイスを実際に手に持っている写真があれば、大助かりとなるだろう。このケースでは、人間の手が単位のサイズに関する基準系になるのだ。一般的に、誰でもサイズを知っているものを一緒にしておけば、見慣れないもののサイズを理解しやすくなる。

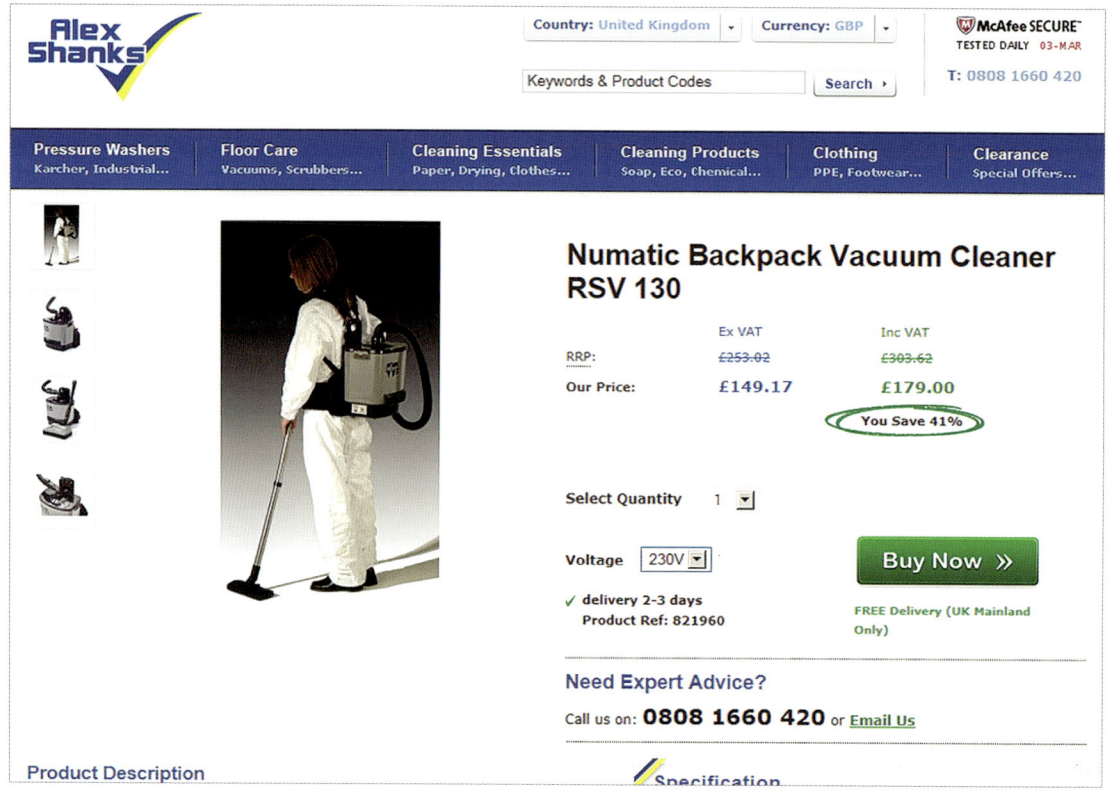

製品写真が、（階段や混み合う公共スペースにはぴったりな）この賢い掃除機の使い方だけじゃなく、サイズ感まで示している。
詳しい製品仕様はページのずっと下の方にある。全体として、共有参照の作り方は上出来だ！

その他に、写真が何かの使い方や着用方法などを具体的に示せるケースもある。たとえば、背負って使うタイプの掃除機など、普通とはちょっと違う使い方をする製品なら特にそういう写真が役立つ。

最後になるけど、ストーリー全体を伝えるには、写真やイメージだけではおそらく不十分だということを忘れないでほしい。メッセージをちゃんと届けるためなら、共有参照のテクニックはいくつか組み合わせても大丈夫だよ。

ベルリンでは、GPSデータを利用してバスの到着時刻を予測している。深夜の寒いバス停で到着を待つ人々にとって、実にありがたい共有参照を作っている。

スカンジナビア航空は、一風変わった機内マップを採用し、コックピットからの眺めを見せている。カッコいいけど、あまり役には立たない。たとえば、右手に見える茶色の塊が、実はグリーンランドだとわかったかな？

アイコン、その他のトラブルメーカー

　1997年当時、私は広告代理店に勤めていた。どんなウェブサイトでも、予算の額がもっとも大きい項目はアイコンのデザイン費用だった。コンテンツじゃなく、ナビゲーションじゃなく、サイト構造でもなく、アイコンなのだ。どういうわけか、言葉は少ないほどよいと考えられていた。忘れないでほしいけど、当時アイコンというものは見ず知らずのメディアに等しかったので、私たちは試行錯誤しながらせっせとアイコン作りに励んでいたのだ。

　過去15年にわたって私たちが学んできたのは、アイコンは魅力的ではあるけれど、実はコミュニケーションツールとしてはかなり頼りないこと。それどころか、ほぼ誰でも認識できそうなアイコンは、実は4つしかない。

▶ 拡大鏡（検索）
▶ 家（ホーム）
▶ 封筒（問い合わせ／メール）
▶ プリンタ（印刷）

第7章　理解可能性

173

そうは言っても、過去のユーザビリティテストで封筒アイコンを見た被験者が、ツールボックスや削除ボタンなど、他のいろいろなものと勘違いするケースはあった。アイコンはかなりの曲者なのだ。

優秀なデザイナーの反感を買いそうな意見だけど、どうしてもアイコンが必要なら、MicrosoftやAppleやGoogleのデザインに似たものを使った方がいいことはほぼ間違いない。あるサイトやアプリで何か覚えたら、その知識を他のサイトやアプリで使えることも期待するのが人情だ。それをお忘れなく。

したがってアイコンの件については、独自性を発揮しすぎないようにお願いしたい。アイコンは素敵だけど、デザインするには高くつく。それに、独創性あふれるアイコンは大抵、クリックして初めてその意味がわかることになる。それじゃアイコンの面目丸つぶれだ！　オンラインにあるものという概念は、「どう見えるか」じゃなく「何ができるか」であることを覚えておこう。肝心なもの、つまり有意義なコンテンツにお金をかけよう。コンテンツをちゃんと用意したうえで、アイコンその他のアイキャッチのことを気にかけるべきだ。

デンマークのIllyのウェブサイトで見たこの画面は、1998年6月のもの。当時は、みんなテキストよりアイコンが重要だと思っていた。左サイドバーの下側のアイコンは何のためにあると思う？　そのイラストがデンマークで見かける照明スイッチだというヒントは役に立つ？　スイッチはデンマーク語で「kontakt」だよ、というヒントならどうかな？

"ブレッドケースくらいの大きさ"

2年ほど前に、私はパンを保存するブレッドケースをもらった。正直言うと、そんなもの欲しいと思ったことはないし、キッチンカウンターの貴重なスペースを取られるのは気乗りがしない。でも私は、「それってブレッドケースより大きい？」という、共有参照にまつわる昔ながらの質問を聞き慣れていた。そこで、どういう行動に出たか？　週末いっぱいかけて、ブレッドケースに何を詰め込むことができるかチェックしようとしたのだ。いちばんおかしかったのは、孫娘の小さなビニールプールがそこに入ったことだと思う。理屈の上では、子供用の遊泳プールがブレッドケースより小さいことになるからね［原注2］。

でも、伝えたいのはこういうこと。「ブレッドケースくらいの大きさで……卵の殻くらい薄くて……鶏肉みたいな味で……」なんて具合に、何か他のものを参照点にするには、その第2の参照事項が理解され、意味が通じることが必須となる。そうなっていないケースがよくあるのだ。

「鶏肉」の例を考えてみよう。「鶏肉みたいな味」と書いた時、実はどんな鶏肉の話をしていたのか？ キューバのハバナで食べるポージョ・アサード（ローストチキン）という料理のこと？ それとも、イリノイ州ハバナのケンタッキーフライドチキンのこと？ 私たちの共有参照のレシピは、地理情報でちょっと味付けすればもっと美味しくなるだろう。それに、あなたが"キューバ風ポージョ・アサード"を賞味した経験がなければ、私の参照は無意味となる。真の共有参照を作ること、メッセージを受け取る人々の心に恐れや不安、疑いを生じさせないことは、メッセージの伝達者としての私の責任なのだ。

大きさ、重さ、色、味、匂いといった点での参照が必要なら、よく注意しながらその比較内容を確かめよう。そして、国際的に考えていこう。

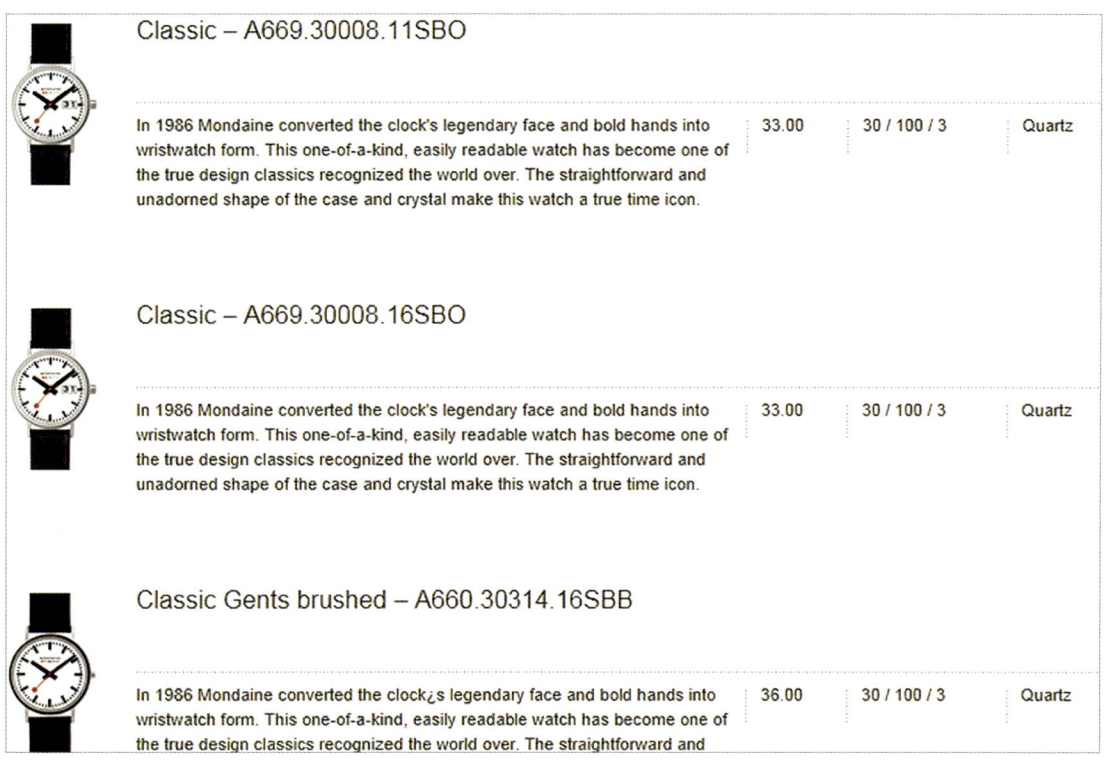

	Classic – A669.30008.11SBO			
	In 1986 Mondaine converted the clock's legendary face and bold hands into wristwatch form. This one-of-a-kind, easily readable watch has become one of the true design classics recognized the world over. The straightforward and unadorned shape of the case and crystal make this watch a true time icon.	33.00	30 / 100 / 3	Quartz
	Classic – A669.30008.16SBO			
	In 1986 Mondaine converted the clock's legendary face and bold hands into wristwatch form. This one-of-a-kind, easily readable watch has become one of the true design classics recognized the world over. The straightforward and unadorned shape of the case and crystal make this watch a true time icon.	33.00	30 / 100 / 3	Quartz
	Classic Gents brushed – A660.30314.16SBB			
	In 1986 Mondaine converted the clock¿s legendary face and bold hands into wristwatch form. This one-of-a-kind, easily readable watch has become one of the true design classics recognized the world over. The straightforward and	36.00	30 / 100 / 3	Quartz

これはスイス鉄道の公式腕時計のメーカー、mondaine.chのウェブサイト。誰か、上の2つの腕時計の違いを見抜ける人はいるかな？ 明らかに、Mondaineは私たちと共有していない何かを知っているのだ。

［原注2］ この本を作るにあたって傷を負った動物はゼロだ。ただ、興味本位で飼い猫のガスをうまい具合にブレッドケースに入れようとして、パニック状態にさせてしまったけどね。電子書籍版のファイルはすべて、100パーセントリサイクル済み電子で作ったよ。

太陽の沈まないウェブの世界［訳注2］

テキサス生まれの私だが、人生の大半はヨーロッパで過ごしてきた。テキサスとヨーロッパはまるで別世界だ。テキサスっ子が海外に行くと、その落差にびっくりすることがよくある。私が伝えたいのは、みんなのバックグラウンドや期待、基準系、他にもさらに多くのものが、本当に人それぞれだということ。自分にとっては"正しい"とか"標準的"とか"朝飯前"のように見えることでも、他の地方や大陸から、または地球のもう半分から来た人には、見ず知らずのことに思えるに違いない。

印刷物でもウェブでも、私がコミュニケーションを手がける際にいちばんよくぶつかる課題をいくつか挙げよう。

ファーストネーム、ラストネームという表記は、フォームのラベルでよく使われる。でも中国に行けば名字が先になるから、もう通用しない。実は、中国に行くまでもない話になる。ハンガリーも名字を先にするからね。どこが問題かわかったかな？ 名字と名前のどっちが"ファースト（先）"になるかわからないってことだ。名字と名前を別々のボックスに入力させる、ベーシックな問い合わせフォームを思い浮かべてみよう。幅広いオーディエンスを対象にする覚悟があるなら（または、従業員名簿が売りとなる多国籍企業のイントラネットをデザインしているなら）、たぶん「姓 (family name)」と「名 (given name(s))」というラベルを選んだ方がいいだろう。

計測単位はとても厄介で、コンテンツを提供する側がうっかり見過ごしていることも多い。単位がインチならインチ、センチメートルならセンチメートルと明記しよう。両方の単位をサポートできればさらに良し。そして、たとえばイギリス熱単位 (British Thermal Units：BTU) みたいなちょっと変わった単位を扱っているなら、その計測単位の名称（略称まで含めて）が必ずわかるようにしよう。さっきの例では面白いことに、イニシャルの「BTU」の方が正式名称よりずっと通じやすい。

通貨と税額にはいつも手こずる。価格表示が必要なら、どの通貨での金額なのかを伝えること。税込みかどうかも伝えよう。世界中で、各国や各都市の売上税はてんでバラバラだ。たとえば、現在シカゴ市では約10.5パーセントも課税されるので、その金額はレジの前で初めてその高価な姿を現す、かなり気の重い"隠れコスト"になっている。これは、もっと高い税率に慣れてはいるけど、普通は表示価格を税込みとみなすヨーロッパ人にはショックとなる。略語についても、必ずみんなが理解できるようにしよう。その意味も説明せずに、VAT、MwSt、MOMS、HSTといった略語について話をしないように［原注3］。

［訳注2］　慣用的な「太陽の沈まない国」というフレーズは、かつて多くの植民地を支配していた帝国のことを意味する。以下のウィキペディアの解説を参照のこと。http://ja.wikipedia.org/wiki/太陽の沈まない国
したがってこのタイトルは、ウェブは世界中で使われる国際的なものだという意味を引っかけていることになる。

［原注3］　VAT = Value Added Tax (付加価値税、イギリス)。MwSt = Mehrvertsteuer (付加価値税、ドイツ)。MOMS = Meromsætningsafgift (付加価値税、デンマーク)。HST = Harmonized Sales Tax (統合売上税、カナダの一部地域。実はカナダの売上税は3種類あって、残りの2つはPSTとGSTだ。詳しくは自分で検索してほしい。脚注スペースにはとても書き切れないからね)。

良いデザインのコインには大抵、額面を示す大きな数字が刻まれている。現地通貨に慣れていない旅行者のための共有参照を確立するうえで、これは大いに役立つ。

Suggestion Box
Your comments can help make our site better for everyone. If you've found something incorrect, broken, or frustrating on this page, let us know so that we can improve it. Please note that we are unable to respond directly to suggestions made via this form.

If you need help with an order, please <u>contact Customer Service</u>.

Please mark as many of the following boxes that apply:
- ☐ Product information is missing important details.
- ☐ Product information is incorrect. Propose corrections using our <u>Online Catalog Update Form</u>.
- ☐ The page contains typographical errors.
- ☐ The page takes too long to load.
- ☐ The page has a software bug in it.
- ☐ Content violates <u>Amazon.com's policy on offensive language</u>.
- ☐ Product offered violates <u>Amazon.com's policy</u> on items that can be listed for sale.

Comments or Examples:
Examples: Missing information such as dimensions and model number, typos, inaccuracies, etc.

[Submit]

数年前、Amazon.comの関係者も聴衆の中にいた講演で、共有参照について話したことがある。それに続くように彼らは、このシンプルな「ご意見箱」をデザインした。最近のリニューアルでこのボックスは撤去されたけど、その基本精神は残ることになり、Amazonはオンライン業界屈指の共有参照の数々を作り出している。

第7章 理解可能性

オーディオとビデオ

　ブロードバンド回線が普及し、フォーマットの標準化が進み、YouTubeやVimeoみたいに使いやすいサードパーティ製サービスが登場したおかげで、真のマルチメディアコンテンツを手早く安上がりにサイトに追加できるようになった。かつてないほど便利な共有参照ツールだから、ぜひ活用しよう！

　でも残念、ビデオやオーディオを使わない言い訳としてよく引き合いに出される、アクセシビリティの問題があれこれあるんだ（視覚障がい者には動画が見えないとか、聴覚障がい者には音声が聞こえないとか）。でも、何もかも最小公約数みたいなものに留めておくことにしたら、大勢の人にとってひどいサービス不足となるだろう。ポリティカル・コレクトネス（PC）［訳注3］を尊重する組織でこういう課題がある場合には、関連法規についてよく調べよう。政治的に公正であることと法に従うことは、決して同じじゃないのをお忘れなく！［原注4］

［訳注3］　PC (Political Correctness：直訳すると「政治的な公正さ」）とは、言葉のうえでの差別や偏見をなくし、政治的な観点から見て正しい用語を使うことを目指して、1980年代にアメリカ合衆国で生まれた概念。職業・性別・文化・人種・民族・宗教・ハンディキャップ・年齢・婚姻状況などによる差別や偏見を防ぐような、用語または表現の公正さを意味する。

［原注4］　アメリカ合衆国では、障がいを持つアメリカ人法（Americans with Disabilities Act）の508条（ADA 508と略されることが多い）の確認が必要。その他の国では、ワールドワイドウェブコンソーシアム（W3C）の勧告をチェックしよう。そこで使われている言葉が「勧告 (recommendations)」であって「要件 (requirements)」ではないことにご注意を。

誰がために着信音は鳴る[訳注4]

前線からのレポート

　昔むかし、ロンドンのあるところに、携帯電話のポータルサイトを運営する企業があった。彼らはユーザビリティのことで私に助けを求めてきた。彼らのビジネスの基盤は携帯電話本体や関連製品のオンライン販売だったので、彼らにとって共有参照の概念は重要となる。

サイト担当者　「売上アップを実現したいんですが、何をすればいいですか？」
私　「そうですね、今は製品パッケージの説明をそのまま掲載しているだけなんですね。製品について不明な点が多いほど、買ってもらえる見込みは薄くなりますよ。サイト上の製品説明は、もっとわかりやすくできるはずです」
サイト担当者　「なるほど。でも、全機種を根こそぎ調べるヒマがあるスタッフなんていませんよ」
私　「うーん。サイト側でもっといい説明を用意できないなら、ユーザーにレビューやおすすめ情報を書いてもらうのはどうでしょう？」
サイト担当者　「それはNGですね。製品の悪口を書かれるかもしれませんから」
私　「あなたの会社に失望したと言われるよりは、その製品のメーカーに失望したと言われる方がマシじゃないですか？ 正直さをサイトの方針にするのは、良いことではないかと」
サイト担当者　（しばし無言となってから）「実は、在庫処分しなきゃいけない旧製品があるんですよ……」
私　（さらに長い沈黙の後で）「まあ、せめて技術仕様くらいはもれなく掲載できますよね。たとえば今のところ、デュアルバンド対応かトライバンド対応か書いてありませんが」
サイト担当者　「うちで扱っている機種は、全部トライバンド対応ですよ」
私　「サイト上にはそうじゃないのもあります。それに、もし全機種トライバンド対応だとしても、サイト内のどこにもその説明がありません」
サイト担当者　「ちょっと、難しい話はやめてください。こっちはもっと電話を売りたいだけですよ。なんでこんなくだらない質問ばかりするんですか。色か何かを変えれば済む話じゃないんですか？」

[訳注4]　「For Whom the Ringtone Tolls」というこのタイトルの元ネタはもちろん、小説家ヘミングウェイの代表作『For Whom the Bell Toll (誰がために鐘は鳴る)』である。

我が社が彼らをクライアントにすることはなかった。後で知った事実だけど、その会社はこんなキャッチフレーズを採用していた。「携帯電話のことなら何でもおまかせを。どうぞお問い合わせください！」。でも、こんなあっぱれなマーケティング的策略にも関わらず、彼らは結局その事業から撤退してしまった。ペテン師たちにとっては小さな一歩、でも消費者にとっては飛躍的に大きな一歩だったと言えるね。

自問自答したい10個の質問
Ten question to ask – and answer

1. 説明はちゃんと書けている？ それは正確で理解しやすい？ ランダムにどれか1ページ選ぼう。それは"電球"テストに合格できる？ 家族や隣人など、あなたの企業に縁のない人たちに、それを試しに読んでもらおう。

2. あなたの製品やサービスの典型的なユーザーを3人定義しよう。その一人ずつにつき、すべてのチャネルにわたってどんなインタラクションが生じるかを記述した短いストーリーを作ろう。改善できるタッチポイントが見えてくるかな？

3. ユーザーが理解できないかもしれない略語や社内用語、難解な言葉を使っていない？ そういう言い回しを取り除くか、書き直すことはできる？

4. 共有参照をちゃんと築いていないイメージは見当たらない？ サイズや機能などをもっとつかみやすくするために、そういうイメージを作り直すことはできる？

5. もし価格を記載しているなら、通貨単位や売上税、送料、果てはレストランのサービス料まで、それぞれ価格に含まれているかどうかわかる？

6. サイト内のページで、またはオフラインの業務プロセスで、別のサイトや地域にいる人たちには理解しにくいものはない？ 少し言葉を足して、もっとわかりやすくできる？

7. テキストによる説明を付けていないアイコンはある？ もしあれば、何か付け足そう。alt属性も一緒にね（画像にマウスオーバーすると、小さな黄色いポップアップでテキストが出るように）[訳注5]。

8. ビジュアルデザインの観点から見て、ありったけの共有参照を作るのを妨げている物理的制約はある？（たとえば、小さすぎてテキスト全文が入りきらないテキストボックスとか） 要素次第では、デザインの見直しが可能だろうか？

9. 製品やサービスの理解を助けるため、比較をしたり比喩（アナロジー）を使ったりしている？ もしそうなら、そこで比べているものを誰もが理解している？

10. テキストかビジュアルでの説明の中に、実はみんなをミスリードしかねない部分はない？ 誰かをだますつもりなんてないのは当然として、もっと役立つ方向に事態を好転させるには何ができるだろう？

[訳注5] alt属性の値がポップアップ表示（ツールチップ表示と言った方がよいが）されるかどうかは各ブラウザの仕様に依存する（したがって色も黄色とは限らない）点に注意してほしい。

その他のおすすめ本
Other Books you might like

ここには、私がひたすら愛してやまない本たちを挙げてみた。どれも扱っているテーマはライティングだけど、それが共有参照構築のプロセスでカギを握る部分なので、ぜひ知っておいて欲しかったのだ。

Ellen Roddick
『Writing That Means Business』
(iUniverse, 2010年)

Rachel McAlpine
『Web Word Wizardry』
(Ten Speed Press, 2001年)

William Zinsser
『On Writing Well』
(Quill, 2001年)

Ginny Redish
『Letting Go of the Words』
(Morgan Kaufmann, 2007年)

Colleen Jones
『Clout:the Art and Science of Influential Web Content』
(New Riders, 2011年)

検索したいキーワード
Things to Google

Shared references
共有参照

Cognitive dissonance
認知的不協和

「20 tips for writing for the web」[訳注6]

ADA 508
リハビリテーション法第508条

Sales taxes in Canada
カナダの売上税(これがどこまで複雑になってるか知りたければね)

[訳注6] これはエリックの過去のブログ記事のタイトルである。
http://www.fatdux.com/blog/2009/08/07/20-tips-for-writing-for-the-web/

第8章
論理性

Logical

　スター・トレックに登場する、イヤミなくらい左脳思考型の"ミスター・スポック"を覚えている？ 彼みたいな奴は絶対に、クリエイティブなデザインチームの一員にはしたくないものだろう。それなのにこの章は、論理的かつ合理的であることについてひたすら論じている。常識や理性を使って何かを理解すること――あるいは、他の誰かが理解する必要がある物事をデザインしやすくすることがテーマだ。これから出てくる多くのことについても、あなたにはちゃんと厳格な態度で臨んでもらう必要がある。しかも、デザイナーからは嘆きの声が上がることを。つまり、あなたが彼らのクリエイティビティを抑圧していると言われることを覚悟しておこう。いやもちろんあなたは、デザイナーがこれからもすっきりと明快なソリューションを生み出せるようにするだけなんだけどね。

論理的推論の3つの基本型

　もしかすると、論理的推論の成り立ちを紹介しておいた方がいいかもしれないので、ちょっと解説しよう。さっさと飛ばして先に進みたいという方は、どうぞご遠慮なく。

　ごく一般的な見方では、推論方法には3つの種類がある。

　演繹法（deductive reasoning）は、"真"を導き出す方法だ。それがどんな真実でもね。A＝BかつB＝Cならば、A＝Cが成り立つということ。演繹法には物事の順序に関わる部分があることが多いけど、それについてはもう少し後で話そう。

　帰納法（inductive reasoning）は、必ずしも真とは限らないが、何かが真となる"蓋然性"を示す。これは、過去の観測結果に基づく判断を助ける。「ジョーには40年にわたる運転経験がある。事故を起こしたことは一度もないし、違反切符を切られたこともない。したがって、ジョーは優良ドライバーに違いない」という具合にね。この例

で不明なのは、ジョーが実際に運転する頻度だ。実は、徒歩か自転車で移動することがほとんどだったりして。でも、ジョーが本当に優良ドライバーである蓋然性は高いことになる。

遡行的推論／レトロダクション(retroductive inference)は要するに、ある状況で学んだ物事を、それとは別だけど似たような状況で応用すること。よく知らない空港でも、何がどうなってるか大体わかるようなものだ。飛行機はゲートに停まっている。ゲートには番号と、たぶんアルファベットが割り振られている。標識は順路を示している。この件については、本章に続く「一貫性」と「予測可能性」の2つの章でさらに解説しよう。

"モノ（stuff）"についてこれら3種類の方法で考えることは、どの場合にもその"ユーザビリティ"に対する私たちの知覚に影響を及ぼす。忘れないでほしいのは、私が"モノ"という言葉を使う時、基本的にそれはあらゆるものを――つまり、実体のあるもの、インタラクティブなオブジェクト、サービスなどのすべてを意味していること。私自身が長らく実感してきたのと同じくらい、みなさんにとってもこの知識が役立つものになるよう願いたい。

"なぜ"という魔法の言葉

いいかな、私たちは他の人には考えさせたくないんだ。私たちの方から、できれば前もって、彼らのために考えてあげることが必要となる。でも、あなたの作っているものを使う時に誰かが「こうなってるのはなぜ？」と言うとしたら、そこには必ずユーザビリティの問題があると思い知らされることにもなるのだ。

論理に誤りがあるとすべて台無しとは限らないが、それは決していいことじゃない。くどいようだけど、あなたはFUDを――つまり、恐れや不安や疑いを引き起こすことはしたくないはず。

本書の第1部をスキップした読者のために触れておくと、そこでは使いやすさにまつわる5つの検討課題について語ってきた。

- Functiona――機能性（ちゃんと動作する）
- Responsive――反応性（動作していることがわかる／どこで動作しているかを自ら知っている）
- Ergonomic――人間工学性（見やすいし、クリックしたり突っついたり、ひねったり、回したりしやすい）
- Convenient――利便性（何もかも必要なところにちゃんとある）
- Foolproof――万人保証性（デザイナーのおかげで何かミスしたり壊したりしなくて済む）

これらをざっとおさらいしつつ、ミスター・スポックの目線で見ていこう（おまけでとんがり耳を付けてもよし）。

機能性と論理

パソコン画面上のメニューを見て、「これをやらせてくれないのはなぜ？」と思ったことがどれだけあるかな？　きっと何度もあるだろう。私もここ数日の間に、こういうたくさんの疑問を抱いた。

「この格安航空券のサイトが、マイレージ番号を登録させてくれないのはなぜ？　空港に行ってから伝えなきゃいけないのはなぜ？」
「この情けないワープロソフトが、念入りに整形したテキストの上下の段落を勝手に箇条書きにしているのはなぜ？」
「私のプロジェクターが、スタンバイ中なのにこんなに熱いのはなぜ？　使用中じゃなくてもこんなに電力を消費しているのはなぜ？」

機能性にまつわるこれらの疑問はどれも、それぞれの状況では至極もっともなものだ。

反応性と論理

「○○しなかったのはなぜ？」という言い回しは、反応性の問題に関わるほとんどの疑問につきものだ。以下の3つの例のどれでも、望ましい反応が返ってくると期待するのは当然のこと。

「エレベーターのボタンを押しても点灯しなかったのはなぜ？」
「ホテルから宿泊予約の確認メールが送られてこなかったのはなぜ？」
「受付係が電話に出なかったのはなぜ？」

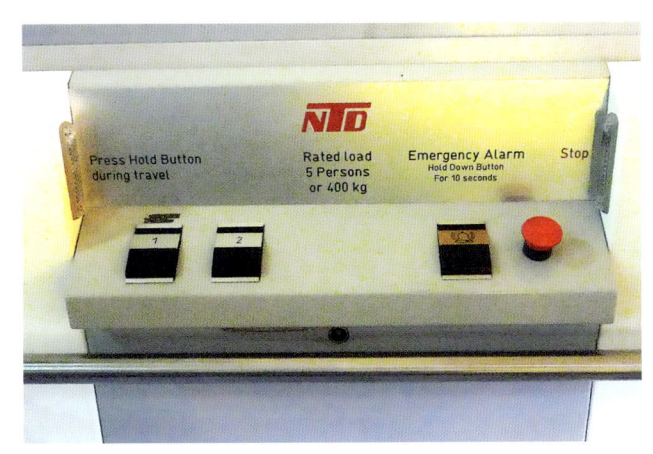

この障がい者用エレベーターは、大きな赤い「Stop」ボタンを押せばただちに停止するものとみられる。でも、緊急警報ボタンは10秒間も押し続けなくちゃいけないのはなぜ？　「Stop」ボタンよりこの緊急警報ボタンをうっかり押す可能性の方が高いとは思えないよね？　どういう理屈でこんなデザインにしようと決めたのか理解に苦しむ。しかも、非常時には誰も操作説明なんて読まなくなるんだから。

人間工学性と論理

本書の3章では、人間工学について論じた。優れた人間工学的ソリューションは、望ましい共通感覚を体現するものでもある。なのに何度となく私たちは、優秀なデザインチームなら見逃さないはずの馬鹿げたユーザビリティ的問題に直面するのだ。

「このシャンプーのキャップは、手が濡れていると開けられないのはなぜ？」
「車のサイドミラーのコントローラが、運転席に普通に座ったままじゃ手が届かない位置にあるのはなぜ？」
「ユーザー名とパスワードを入力した後で下の方までスクロールしないと、送信ボタンをクリックできないのはなぜ？ 全部一箇所にまとめていないのはなぜ？」

この中に、理不尽な気がするものはある？ じっくり考えてみれば、どれもかなりもっともな疑問だとわかるよ。

このスパの浴槽のコントローラは、私には理解困難だった——メガネをかけて近づいてみても。これらのアイコンは、デザイナーのモニタ画面ではイイ感じに見えたのだろう。でも、それを浴室の中という特定のコミュニケーション環境で目にすることについて、誰も考えなかったのはなぜ？

利便性と論理

利便性とコンテクストは互いに支え合って成り立つ。なのに、誰かがその肝心なポイントを忘れているせいで、日々の暮らしがますます面倒になるケースがどんなに多いことか。食料品店の売場の配置から、インタラクティブな画面のレイアウトまで。あるいは、単純なタスクフローのはずが、なぜかすっかり脱線しているものもある。

「ポテトチップはスナックの棚にあるのに、ディップ用ミックスはサラダドレッシングの棚にあるのはなぜ？」
「掃除機用の紙パックが、本体と同じウェブページに掲載されていないのはなぜ？」

「スマートフォンを工場出荷時の設定にリセットしてデータやアプリをすべて消去しないと、メール用のパスワードを変更できないのはなぜ？」

そろそろあなたも、きっと自分の悩みの種を頭の中でリストアップしているよね！ そして、あなた自身のプロジェクトにこういう考え方を応用すれば、おそらく数多くのユーザビリティ的問題の芽を摘み取ることができるはずだよ。

コペンハーゲンのスカンジック・ホテルのこのビュッフェは、サービスエリアの両側に並ぶ客にとっての問題を引き起こしていた。フォークは左端のバスケットに、ナイフは右端のバスケットに入っていたのだ。ただ対称性を保ちたいがために、混乱や苛立ちを招くのはなぜ？ しかも、ナイフやフォークをバスケットの中にすっぽり隠しているのはなぜ？

万人保証性と論理

ここに出てくる疑問はどれも、救助を求めるSOSだ。だから当然の結論として言えるのは、製品やサービスのユーザーがトラブルに巻き込まれる前に助けること、それだけはデザイナーとして必ずやらなきゃいけないってこと。

「アプリが終了する前にデータを保存する必要があると教えてくれなかったのはなぜ？」
「操作説明が一般人でもわかる書き方になっていないのはなぜ？」
「私にこんな馬鹿なことをさせたのはなぜ？」

キューバのハバナで乗ったこのエレベーターで1階に行きたければ、「アラーム」と書いてあるボタンを押さなきゃいけない。大きなシールが共有参照となってはいるけど、この認知的な基本問題の解決手段として「アラーム」ボタンの上に「1」というシールを貼るだけにしなかったのはなぜ？

第2部　優美さと明快さ

デザイン的不協和

　不協和（dissonance）は音楽用語に由来する言葉だ。それは不一致、つまり何か調和していないものを意味する。デザイン的不協和と私が言う場合は、実際の機能とかみ合っていない何らかの認知的シグナルを発信しているものを意味している。

　さて、時にはそれがただの愉快な話で済んでしまったりもする。たとえば、私はバリ島土産に、殺虫剤の空き缶で作られた穴あきレードル（おたま）を買ったことがある。かつて毒物に触れていたものを、我が家の手作り料理に突っ込むのだと思うと、なんだかおかしくてたまらなかった。この場合、自分が作ったものに悪評を浴びせられるおそれがあることはさておき、ユーザビリティ上は何も問題ないというわけだ。

　でも、また別の状況では、それが大きな誤解に至ることもある。たとえば、妻が買ってきた緑茶の香りのバスソルトは、お茶を飲む女性のイラストが付いた小袋に入っていた。メーカーはこのデザイン上の判断ミスをごまかそうとして、これが飲み物ではないことを伝える警告文も大きく印字していた。これぞ、あらゆる共通論理をはねのける古典的なデザイン的不協和だ。デザイナーのせいで、誰かをものすごくイヤな目にあわせかねない問題が生じたことになる。ただビジュアルを変更すれば、こういう事態はたやすく回避できたはず。

　この話の教訓はシンプルだ。あなたのデザインは、みんなの頭の中にあるはずのメンタルモデルに対応する必要があるってこと。その利用体験が、間違った方向に背中を押されることから始まってほしくはないよね。

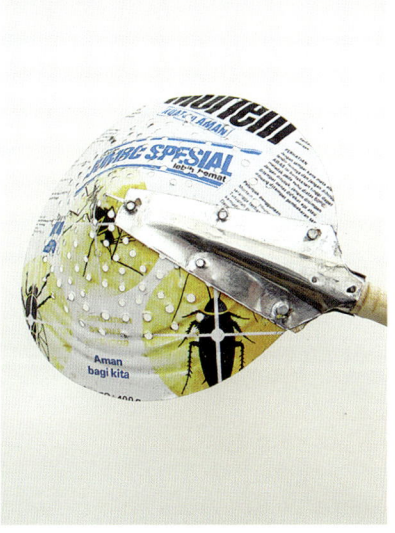

このバリ製の穴あきレードルは、殺虫剤の空き缶でできている。功利主義的なソリューションだって？ 確かにね。でも、デザイン的不協和の最たる例でもある。

この日本製バスソルトの小袋のイラストは、その中身が飲むための緑茶だと示しているようなもの。だから、「食べ物ではありません！」という免責事項が下の方に書いてある。共有参照を作りたいなら、間違った方向を示すことから始める理由なんて何もない。

2個入りパッケージの上の方に「Free trial size（無料お試しサイズ）」とはっきり書いてあるけど、チューブの実物のサイズにはこんなに差がある。誤解を招くようなパッケージで、わざわざ購入者をがっかりさせるのはなぜ？

昔むかし、こういう小さな木の形のクルマ用芳香剤は緑色で、松葉の香りがしたものだった。色が青いうえに、"新車"の香り付きの"木"なんて、どうも奇妙に思えて仕方ない。これは、デザイン的不協和がユーザビリティに影響を与えないという珍しい一例なので、ここで紹介することにした。

第8章 論理性

ユースケース

7章では、ユーザーシナリオについて軽く紹介した。通常これはナラティブなストーリーで、おそらく4章で触れたペルソナにリンクされているはず。では、これから第三のツール、ユースケースについてちょっと見ていこう。

ユースケースとは、ボックスや矢印などのフローチャート記号を用いて、さまざまなタスクを完了するプロセスを示すスケマティック図（回路図、配線図）だ。これらはシナリオ（時には「ユーザーストーリー」とも呼ばれている）の中で見つかるニーズに基づいて描かれることが多い。

パレートの法則［原注1］──すなわち、2割の要因から8割のアクションが生じるという法則が、ここにも当てはまる。想定されるユースケースの約2割によって、そのデザインを利用したアクションの約8割が生じるというわけだ。オンライン体験では特にそうなりやすい。要因の2割にあたるこれらのごく基本的なケースは、「晴れの日ケース (sunny day case)」とか「ハッピーパス (happy path)」という用語で呼ばれることが多い。要因の8割にあたるものの2割のアクションに至るにすぎないエッジケース（これが多くなるだろうね）は、当然のごとく「雨の日ケース (rainy day case)」と呼ばれている。

Twitterなどの典型的なソーシャルメディアサイトを例とするなら、「アカウント作成」が晴れの日ケースなのは間違いない。「パスワード変更」もそう。でも、「複数ユーザー向けの法人アカウントでの個別ユーザー権限の設定」は、雨の日ケースの1つだ。Twitterでさえ、まだ手を付けていないほどのね。

ではここで、自分用に使えるシンプルなユースケースを作れる方法を紹介しよう。まず、主要な晴れの日ケースになりそうなものをリストアップする。全部洗い出したら、1つずつ名前を付けて、フローチャートを描き始めよう。

「ケースその1、お茶を淹れる。キッチンに入る。コンロからやかんを持ってくる。シンクに向かう。やかんに水を入れる。コンロにやかんを置く。コンロの火を点ける。ティーポットを持ってくる……」

あるいは、ごく基本的なインタラクションをチャート化しただけの、もっとシンプルなフローにしてもいい。でも、さっきのと同じレベルになるほど細部に立ち入らないこと。何をどこまで明示化する必要があるか、それ次第で選ぶべき方法は決まってくる。典型的に、ユースケースは3つの基本的レベルのいずれかで作ることができる。

▶ 基本的なワークフローを示すが詳細は少ししか含めない「ゼネラルフロー」
▶ 多数のインタラクションを示す「タッチポイント／サービスデザインフロー」
▶ ルーチンをプログラム化するために使える「フロースケマティクス」

たとえばショッピングカートやオンライン予約システムなど、既存のルーチンのフローをチャートで表現すれば、何となくしっくりこない手順が見つかるかもしれない。そうなったとしたら、人間の演繹法的プロセス思考と

かみ合わないせいでユーザビリティ的問題の原因となっているものを探し当てたことになるはず。何か判断する時、人間はコンピュータほどバッサリと一刀両断にはしないのに、フローの設計はコンピュータの支配下にあるから、時にはこういう演繹法的プロセスがやや不調をきたすこともある。コンピュータの思考は、きわめて二元的だ。黒か白か。オンかオフか。0か1か。人間は、そこまで割り切れるものじゃない。

　破綻しているフローの一例として、ショッピングサイトならこんなケースが考えられる。ユーザー登録やログインをしなくてもカートに商品を追加できるようにしているのに、そのユーザーがちゃんとログインした時点で、カートの中身を"空"に"リセット"してしまうのだ。

　こういうユースケースのフローはとても細かくすることもできるけど、あなたをそのエキスパートにすることは私の狙いではない。でも、こういうフローの一例をちょっとかじっただけでも、改善できるところが見つかるのは間違いないはず。そして、もしそのテクニックに本気で魅力を感じるなら、GatherSpace.comというサイトで「Use Case Examples — Effective Samples and Tips」と題された記事をチェックしてみよう[訳注2]。そのテーマについての実にわかりやすいまとめ記事だ。

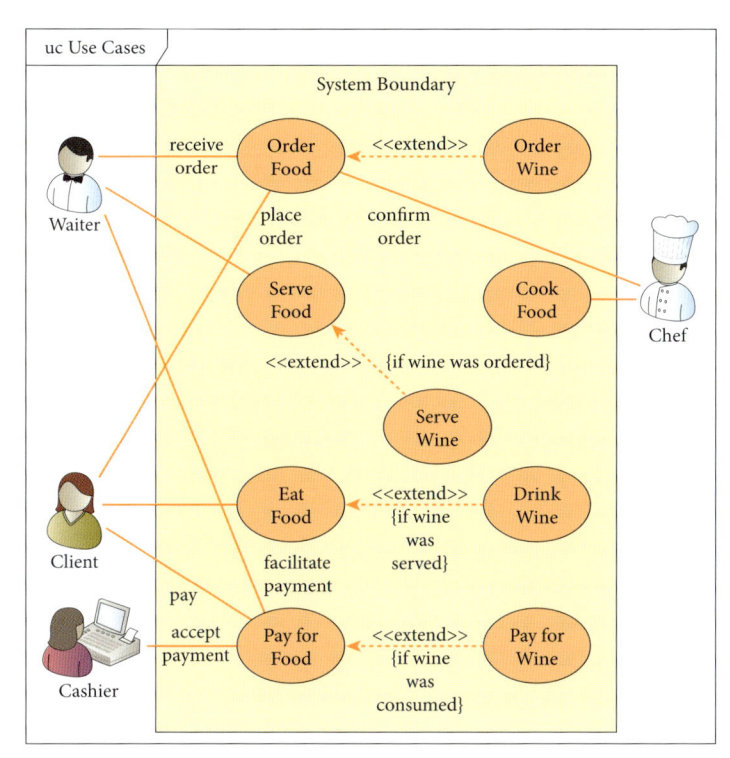

レストランの業務機能を示す、シンプルなユースケーススケマティック図。[Kishorekumar62が制作し、Marcel Douwe Dekkerが描き直したもの。このファイルは、クリエイティブ・コモンズの「CC BY-SA 3.0（表示 – 継承 3.0 非移植）」ライセンスで公開されている。]

[原注1]　1906年にイタリアの経済学者ヴィルフレド・パレートは、国土の8割を所有しているのが人口の2割の人々であることに気づいた。後には家庭菜園での観察を通じて、豆のさやの2割の中に8割の豆が入っていることを発見した。

[訳注2]　この記事は以下のURLで読むことができる。http://www.gatherspace.com/static/use_case_example.html

リニアなプロセス

さっきの「お茶を淹れる」ユースケースの例からもわかるのは、こういうプロセスの多くに一定のリニアな（一方通行的／単線的な）性質があることだ。結局、やかんを火にかける前にティーポットを持ってきて茶葉を用意しておいてもあまり意味がない。お湯が沸くまでの待ち時間は、もっと有効活用したいからね。フローに関わる論理的問題の大部分は、本来リニアなものじゃないかと思っている。

長年にわたって、私はこんな事例に出くわしてきた。

- ▶ チケットを印刷しない限り、座席選択画面に行けないようになっている航空会社のサイト。
- ▶ 移動手段を選ぶより先に、まずルートを選択させようとする経路検索サイト。
- ▶ 会計手続きを途中まで済ませたところで初めて、自分の住所があるエリアが配送対象外だと告げるECサイト。
- ▶ 注文後20分も待たせてから、選んだ料理がその日には出せないことを教えてくれるレストラン。
- ▶ "一度限り"のアクティベーションキーが印刷されているパッケージ用フィルムを処分してしまった後で、そのキーは保管しておけと言い出すソフトウェア製品。

挙げればキリがない。でも、フローのリニア性をちょっと変えれば、たやすく立て直しを図れることはわかるだろう。ミスター・スポックなら「きわめて論理的です」と言うくらいにね [訳注3]。

[訳注3] 原文では "Highly logical" というフレーズだが、元ネタは "Highly illogical（きわめて非論理的です）" というミスター・スポックの口癖である。

ちゃんと使えるナビに至るまでの6つの寄り道[訳注4]

前線からのレポート

2011年の夏、私はフロリダ州マイアミでキャディラックCTSをレンタルした。運びたい荷物が何箱もあって大型車が必要だったから、自然と高級車の部類を選ぶに至ったことになる。別に何も文句はない。イケてる車は私の好みだ。そのうえ、いつもの目的地以外にも行きたい場所があったから、カーナビ付きなのは嬉しいところ。

そのキャディのナビ画面は、ダッシュボードから魔法のように現れる。ただし、起動方法がわかればの話。特別にマークが付いたナビゲーション関連ボタンはいくつかあったけど、実はラジオを点けて初めてナビ画面を使うことができたのだ。見たところ、ラジオとカーナビ機器が統合的な"インフォテインメント"ユニットとして商品化されるにつれて、このちょっとおかしな（私にとっては非論理的に思える）仕組みが業界標準みたいになりつつあるらしい。スタンドアロン型の機器を装備した15年モノの車のオーナーである私など、お構いなしだ。

やっとのことでオン／オフの切り替え機能を把握した私の次なるタスクは、アドレスの入力だった。なんとか入力を終えるまでにはとんでもなく大量の入力が必要で、入力補完機能はまるで役立たずだし、他にも問題山積だった。そして入力後にも、選んだアドレスをすぐ消してしまったり、他にもバカな真似をする羽目になったのだ。とにかく、私はそのプロセスを何度かやり直すしかなかった。

ところで読者のみなさんの中には、カーナビ付きのCTSを愛車としているオーナーも多いはず。でもまあ、私の機嫌を損ねた埋め合わせということで、その車での発見を1つシェアさせてもらうとしよう。そのユニットのFAV、INFO、CONFIGという3つのボタンを同時に押すと、山ほど隠し機能が使えるようになることをご存知かな？　まったく、実にクールだ。実に論理的……とは言えないけどね……

[訳注4] この「Six Detours On The Road To Usable Navigation」というタイトルの元ネタは、「神を敬うに至るまでの6つの寄り道」という以下のキリスト教の説教だと思われる。
「Six Detours On The Path To Worshiping God」http://www.sermoncentral.com/sermons/six-detours-on-the-path-to-worshiping-god-jim-butcher-sermon-on-worship-purpose-83704.asp
そこでは、信仰の妨げとなる以下の6つの要因が説かれている。ユーザビリティの世界でも、確かに同様のことが言えそうだ。
1. 我々は自らのプライドの餌食になってしまう。2. 我々は他者からの期待で身動きが取れなくなる。3. 我々は愛する者の苦しみに目を奪われてしまう。4. 我々は自らの狂ったようなペースに気を取られてしまう。5. 我々は自らの所有物から目が離せなくなる。6. 我々は自ら犯した罪にうろたえてしまう。

次に苦労したのは、実際にナビの指示に従ってＡ地点からＢ地点まで運転することだった。たとえば、Ａ地点をフロリダ州マイアミの南のパインクレスト村、Ｂ地点を北のフォートローダーデールにした時のこと。この旅の出だしには何の苦労もないはずだった。私道から出てまず"左折"し、曲がり角で右折してＳＷ67番通りへ入ればいいだけ。でも、ナビは自分の性能をひけらかしたい様子だった。そのデジタルなひとりごとはこんな風に続いた。

「ＳＷ102番道路へ右折してください」("左折"の間違いだろうけど、ナビの言う通りにしよう。)
「もうすぐ右折します」(……またか。)
「ＳＷ64番通りへ右折してください」(そうか。どうするつもりかわかったぞ。)
「このまま400メートルほど直進してください」
「もうすぐ右折します」
「ＳＷ104番道路へ右折してください」(OK。ほぼ元に戻ったね。)
「このまま800メートルほど直進してください」
「もうすぐ右折します」
「ＳＷ67番通りへ右折してください」(やれやれ、やっと周辺観光が済んだか。)

　というわけで、ただ１回曲がって私道から出る代わりに、自宅周辺のブロック全体をぐるりと一周させられてしまった。それは一大事かって？　まあ、なじみのない場所だったら問題にはならないかもね。フォートローダーデールに着くまでに、私はこう確信していた。実はこの車は一度もフロリダに行ったことがなくて、ただ私の機嫌を取ろうとでまかせを並べていただけなんだと。でも、これがインフォテインメントシステムってやつなの？

　正直な話、私のカーナビ体験において本当に論理的だった場面はただ１つ、道に迷った時だけ。その場面で私は、ガソリンスタンドに寄って道を教えてもらい、地図を買ったのさ。

自問自答したい10個の質問
Ten question to ask – and answer

1. プロジェクトを見直して、機能性の面で「なぜそうしたんだっけ？」と引っかかる点はない？
2. 反応性の面でも、何かがなぜ起こっているのか（または起こっていないのか）疑問に思う点はない？
3. 人間工学性についてはどう？ 無駄なスクロールや、両手じゃ足りない作業をさせられることはない？ 「なぜ」という言葉が出てきたら、その先に何か重要な問題が見つかるかもしれない、そう覚えておこう。
4. 「これをもっと手軽にできないのはなぜ？」と思わせるような、利便性に関わる状況を見つけられる？
5. どこかでミスをしなかった？ そうだとしたら、そのミスを回避する方法を考え出せる？ 家族や友人、同僚に頼んで同じものを見てもらい、どんな反応を示すかチェックするのはどう？
6. 見た目とその実態が、実はまるっきり違うものはない？ そういうデザイン的不協和を減らす工夫はできる？
7. あなたのデザインについて、3〜4種類の「晴れの日」ユースケースを思い描いてみよう。それができたら、シンプルなフローを作ろう。何かはっきりしない点はない？ それはチャート化しにくいフローになっていない？ そうだとしたら、ユーザビリティ上の主要な欠陥を見つけたことになるかもしれない。
8. フローの論理性はどう？ 一歩進むごとに目標に近づいている？ それとも、無駄な脱線をさせるフローになっていない？ そうだとしたら、そういう寄り道をなくすことはできる？
9. 共有参照の構築（7章を参照）という観点からデザインを見てみよう。見えないプロセスの伝え方を改善すれば、もっと論理的な印象を与えやすくなりそうなところはある？
10. 例によって、ブラウザの戻るボタンが、すでに進行中のルーチンを"中断する"ことがないようにしよう。

その他のおすすめ本
Other Books you might like

ものの考え方についての本というものは、かなり手ごわい相手になることもある。でも、これらの5冊は実に楽しい読み物だ。気に入ってもらえますように。

Cordelia Fine
『A Mind of Its Own:
How Your Brain Distorts and Deceives』
(Icon, 2005年)

日本語版：
コーデリア・ファイン
『脳は意外とおバカである』
(草思社, 2007年)

Dan Ariely
『Predictably Irrational:
The Hidden Forces That Shape Our
Decisions』
(HarperCollins, 2009年)

日本語版：
ダン・アリエリー
『予想どおりに不合理―行動経済学が明かす
「あなたがそれを選ぶわけ」(増補版)』
(早川書房, 2010年)

Stuart Sutherland
『Irrationality』
(Constable and Co., 1992年)

Donald A. Norman
『The Design of Everyday Things』
(Doubleday Business, 1990年)

日本語版：
D. A. ノーマン
『誰のためのデザイン？―
認知科学者のデザイン原論』
(新曜社, 1990年)［訳注4］

Richard H. Thaler and Cass R. Sunstein
『Nudge』
(Penguin, 2009年)

日本語版：
リチャード・セイラー、キャス・サンスティーン
『実践 行動経済学―
健康、富、幸福への聡明な選択』
(日経BP社, 2009年)

［訳注4］　この日本語版は1988年発売の『The Psychology of Everyday Things』の翻訳だが、『The Design of Everyday Things』はその原書が2002年にタイトルを変えて改訂されたものとなる。さらに、2013年11月には次の改訂版が発売予定となっている。

検索したいキーワード
Things to Google

- **Logic**
  論理

- **Pareto Principle**
  パレートの法則

- **Deductive reasoning**
  演繹法

- **Inductive reasoning**
  帰納法

- **Retroductive inference**
  遡行的推論、レトロダクション

- **Design dissonance**
  デザイン的不協和

- **Use case example**
  ユースケース事例

- **Use case diagram**
  ユースケース図

第9章
一貫性

Consistent

　ボードゲームの人気ランキングでは、モノポリーはいつでもトップ争いに加わるゲームだ。バージョンによってボード上の物件名が違うこともあるけど、基本的なレイアウトはほぼ変わらず、不動産の相対価値も同じままだし、印刷されたルールも驚くほど一貫している。どこの企業が製造したバージョンでも、そうなっている。

　一貫性は、機能的なデザインにおいて優美さと明快さを手に入れるための重要なポイントの1つになる。忘れないでほしいのは、私たちが何かの心理学的な側面を——つまり、こちらの"期待"に応えてくれるという性質を扱っていること。モノポリーをプレイする仲間に、合意したルール（プレイ開始前に決めた特別な"ローカルルール"も含む）をちゃんと守ることを期待するようにね。突然のルール変更を面白がっていられるのは、テレビのリアリティ番組の中だけだ。セレブ志望の出演者たちにとってはお気の毒だけど。

　一貫性は、私たちの身のまわりの世界をもうちょっと理解しやすくして、暮らしをよりシンプルにしてくれる。

ひとつご注意を

　天才的インターフェイスデザイナーとして（そしてアップル従業員ナンバー66として）知られるブルース・トグナッツィーニは、かつてこう記した。「非一貫性について。同じ動きをするものには視覚的な一貫性があることが大事だが、それと同じくらい、違う動きをしなくてはいけないものは視覚的に一貫していないことが大事だ。」

　どうかこの重要なポイントを忘れずに、本章を読み進めてほしい。

シノニムの誘惑

いくつかの単語が同じものを意味していることはよくある。それらはシノニム（同義語、類義語）と呼ばれる。たとえば、英語では「car」「auto」「automobile」「vehicle」などはどれもほぼ同じものを意味する。シノニムをうまく使えれば文章が変化に富み、より味わい深くなるので、ライターにはとても重宝する。でも、ウェブサイトや標識では、同じ情報を示すために何種類もの違う言葉を使うと深刻な問題につながりかねない。

たとえば、送信ボタンに「Submit」というラベルを付けている場合、みんなを混乱させたくなければ、急に「Send」や「Accept」に変えちゃいけない。公共施設内の標識を標準化する必要があるのも、理由は同じ。何年も前から、コペンハーゲン空港には障がい者用トイレの標識が2種類ある。「Disabled Toilet」と「Handicap Toilet」の2つだ。私は「Disabled Toilet」[訳注1]という言葉を目にするたびに、つい苦笑してしまう。「で、故障中のこのトイレは、いつになったら修理するつもり？」ってね。

つまり、オリジナリティを出さんがために、あるいは手抜きしようとして、バラバラな用語の使い方をするのはやめようということ。表記ルールを決めたなら、あくまでそれに従おう。フォームやダイアログボックスが関わるところでは特に大事なことだ。

とは言え、冗長なリンク（同一ページ内にあって行き先が同じリンク）には、言い回しが若干異なるラベルが付いていることもある。たとえば、ヘッダに「お問い合わせ」というリンクがあり、本文中の「ご不明な点はお気軽にお問い合わせください」というテキストの"お問い合わせください"の部分にも、問い合わせページへのリンクが貼ってあるというケースみたいに。2つのリンクはかなり似ているので、必ずしもNGとは言えない。でも、「電球」という具体的なラベルが付いたリンクの行き先が、もっと範囲が広い「スペアパーツ」のページになっていたら、問題にぶつかることになる。

均等性を保つ

個々の単語レベルで用語を標準化しておきたいのと同じで、みんなに示す選択肢も、すんなり意味が通じるものにしたいところだ。たとえば、あなたが属しているグループはどれ？

- 成年男性
- 成年女性
- 未成年者

[訳注1] より正確にするなら「Toilet for Disabled People」といった長いラベルになるが、短くしようとした結果、"利用不能なトイレ"という意味になってしまっている。

それほどの難問じゃないよね。これは、それぞれの言葉（ウェブサイトのメニューラベルだと思ってみよう）を重複させずにはっきりと区別している、均等なリストだ。

私は2章で、パソコンメーカーのサイトにある間抜けなメニュー項目の例を挙げ、それがどのように恐れや不安や疑い（FUD）を引き起こすかを説明した。不均等なリストには、FUDがつきものとなる。たとえばこんな場合だ。

- 成年男性
- 成年女性
- メガネをかけている人

いきなり、選択するのは至難の業となる。だから、ちゃんと使える選択項目をデザインするなら、選択肢をできるだけ明快で一貫したものにしておくことが肝心になる。ウェブサイトやレストランのメニューでも、スーパーの売り場案内でもね。

アメリカのオンライン靴小売業者、Zapposのトップページは、2007年初頭にはこんなデザインだった。ここには多くのせめぎ合いが見られ、たくさんの不均等なメニューがある。

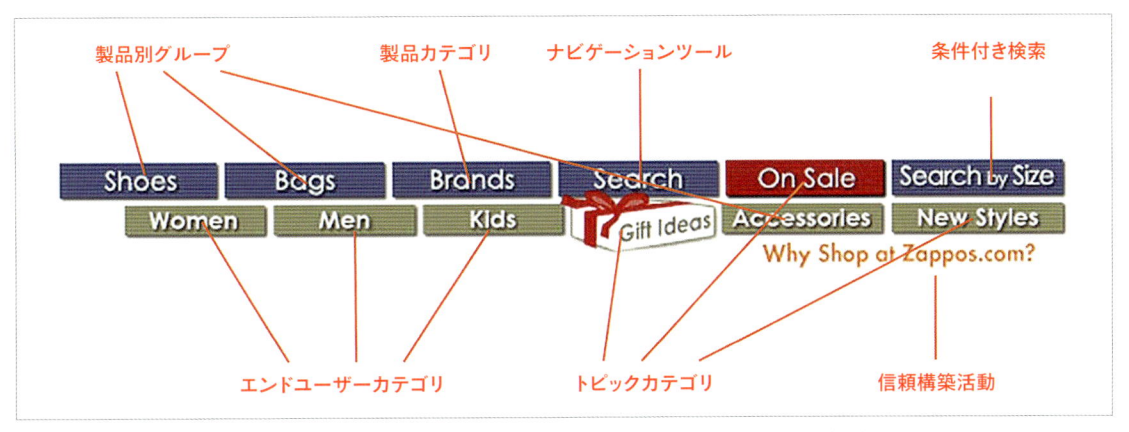

製品別グループ　製品カテゴリ　ナビゲーションツール　条件付き検索

エンドユーザーカテゴリ　トピックカテゴリ　信頼構築活動

パッと見では、上部のナビゲーションはまともに見える。でも細かく見ていくと、支離滅裂に近いことがすぐわかる。

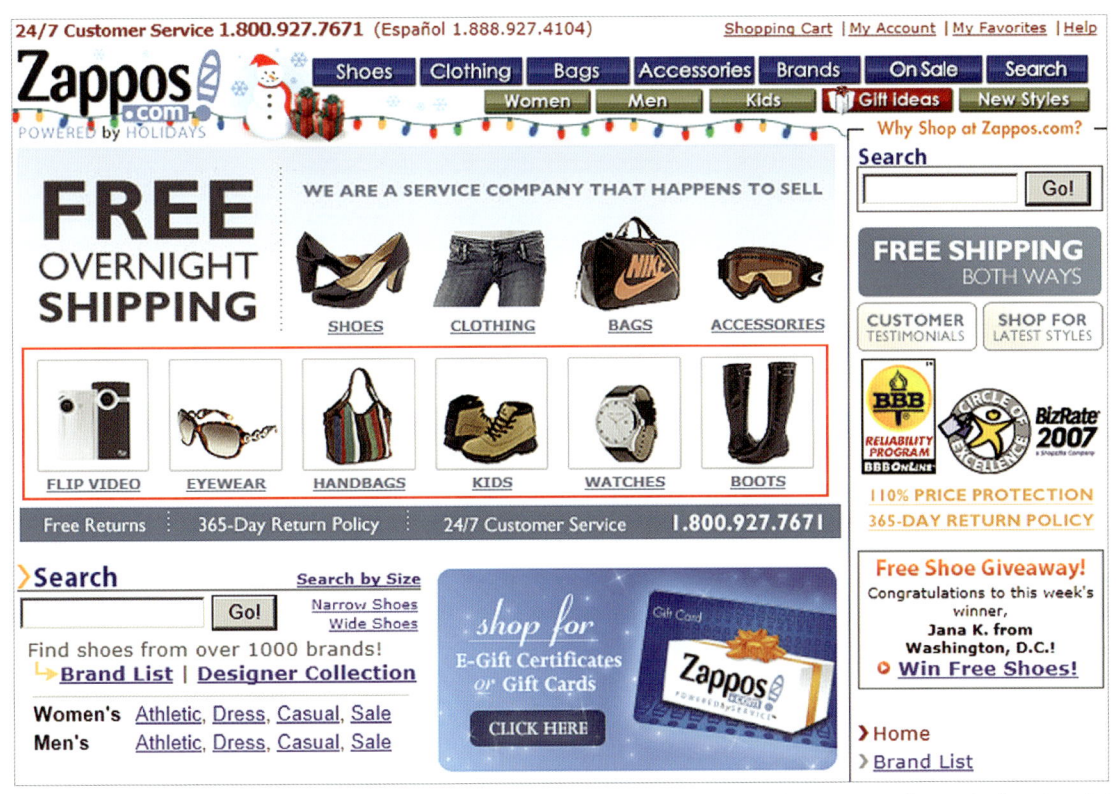

でも、2007年後半ごろまでにZapposは大掃除を始めていた。2段目の大きなメニューはアイテム別になっている。「Flip Video（デジタルビデオカメラ）」「Eyewear（メガネ／サングラス）」「Handbags（バッグ）」「Kids（子ども）」「Watches（腕時計）」「Boots（靴）」……ちょっと待った！　Zapposは「子ども」を販売してるって？　女の子の赤ちゃんは購入可能？　お急ぎ便OKってことは、10ヶ月も待たなくていいの？

第9章　一貫性

201

現在では、Zapposはすっきりした見た目と効果的なナビゲーションを提供している。
まあ、ちょっとした違和感はところどころ残っているけど、重大な問題になりそうなものはないね。おつかれさま！

遡行的推論ふたたび

　前章での話をまとめておこう。遡行的推論とは、ある状況で学んだことをそれとは別の似たような状況で応用することになる、論理的思考プロセスのことだ。それによってほぼ誰でも、レストランでの注文方法、レンタカーの運転方法、映画チケットの購入方法、会議や社交の場での作法などがわかることになる。マナーというものは、若いうちにそれを身につけてから一生涯、数々の不慣れながらも関わりのある状況で応用していくものの一例だ。

　私たちが遡行的推論に依存していることは、ユーザビリティ体験のあり方に大きな影響を及ぼす。たとえば、一度は見たことがあるうえに、他のウェブサイトのものと似ているアイコンを目にした場合、どんなアクションが期待されているか理解しやすくなる。でも、あなたのサイトのアイコンが、実はまったく予想に反することをしたら、ユーザーに驚きや不満を与えてしまうことにもなるだろう。

経路探索や標識デザインの場合、みんなが自分の行きたい場所へ迅速かつ効率的にたどり着くことを期待するなら、一貫性も決め手となる。そうは言っても、標識デザインというものは、建築士が自らの設計概念を世の中に伝授してくれる具体例の1つだ。他の設計者の概念にはまるで無頓着なケースも珍しくない。そこで私たちは、標準化を目指すことになる。

フランスのニースに本店があるニコラス・アルジアリは、世界最高レベルのオリーブオイルを生産している企業だ。でも、サイトに組み込まれたGoogle翻訳ツール（図の左下の囲みを参照）は、何のメリットにもなっていない。フランス語による元のサイトの文章は正しいけど……

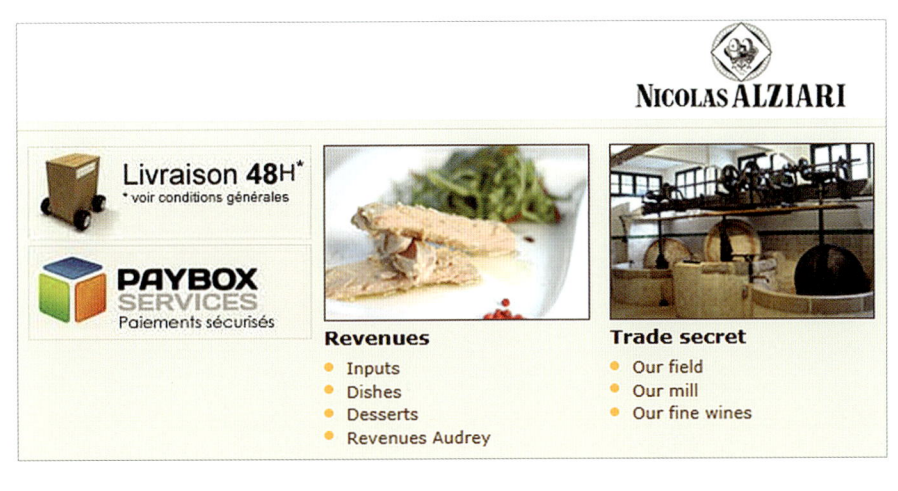

……英語にすると（他にも増して）的外れな代物になるのだ。「Recettes（レシピ）」は「Revenues（収入）」に、「Entrées（前菜）」は「Inputs（入力）」になってしまう。理論上は正しい翻訳でも、この特定のページの文脈では正しいとは言えない。結果的に、このサイトの利用体験は、表示言語次第ではとんでもなく一貫性に欠けてしまう［訳注5］。

［訳注2］　現時点で、このページ翻訳機能はまだサイト上で使える状態だった。英語だけでなく日本語にした場合も笑える点が多いので、興味のある方はお試しあれ。http://www.alziari.com.fr/

第9章　一貫性

標準化は一貫性を促す

かつて1915年あたりから、米国ではレンタカー事業会社が続々と現れ出した。そういう業者の大半は、ヘンリー・フォードの代表作、T型フォードを主力としていた。ただし人気モデルとはいえ、T型フォードは運転しやすい車だったとは言えない。

そのアクセル（スロットル）は、実はステアリングホイールの右側にあるレバーで、ホイールの左側には"点火タイミング"調整用のもう1つのレバーが付いていた。エンジンのスパークプラグに点火するタイミングを遅らせたり早めたりするためのものだ。ペダルは、変速／クラッチ（フロアに据え付けられたレバーと組み合わせて使う）、ブレーキ、リバースの3つ。セルフスターターはなし。エンジンは手動クランクで始動させなきゃいけない。

ヘンリーのデザインには、1908年から1927年までほぼ変化が見られなかった。でもその間に、自動車の制御システムはどんどんシンプルになっていく。事実上、1916年型のキャディラックが、現代の車種の大半で目にする標準的な変速パターンを導入した世界初の自動車だったことになる。

こういう展開に、レンタカー事業会社が遅れをとることはなかった。新しい客が来るたびに、レンタルする車の運転方法を教えているヒマはなかったから。そして彼らは、ゼネラルモータース（GM）のような自動車メーカーに対して、広範囲にわたる自動車制御システムの標準化を要求した。1920年代が終わる頃には、大半の車は今日の標準変速タイプの車とほとんど同じ操作で運転できていた。フォードがデザインを一新して1927年5月に発売したA型フォードも含めてね。彼らはそこで、たぶんアメリカの自動車メーカーとしては最後に、やっとセルフスターター機能を採用した。

インターネットイヤー（ドッグイヤーの同類だね）で年を数えたとしても、インタラクションデザインの業界はまだ若い。おそらく私たちは、T型フォードの段階は乗り越えたはずだけど、自分勝手に思い込みがちなほど進化していないのも事実と言えそうだ［原注1］。

今日では、ワールドワイドウェブコンソーシアム（W3C）が、相互運用性やポータビリティ（移植性）、モバイル対応を支えるために必要な技術標準仕様の策定に努めている。国際標準化機構（ISO）は、製造やマネジメント、サービスの規格（ISO 9000など）の策定に協力している。

標準化のポイントは、創造性にブレーキをかけることではなく、ソリューションに明快さを組み込むことなのだ。

［原注1］ "インターネットイヤー"の1年は、ざっくり見積もってビジネスサイクルを一周する長さ、約4.7年に相当するという計算をしたことがある。それをネタにして書いた「Calculating the length of an internet year」と題する2009年9月のブログ記事が残っているよ。
http://www.fatdux.com/blog/2009/09/22/calculating-the-length-of-an-internet-year/

T型フォードの運転は、現代の大半のドライバーには難しいだろう。これは1914年型モデルのフットペダルの写真で、(左から右に)クラッチ／変速ギア、リバース、ブレーキの3つ付いている。アクセル(スロットル)は、実はステアリングホイールの脇のレバーだ。

1910年代から20年代を通じて、レンタカー業者は自動車メーカーに制御システムの標準化を要求した。今の時代にマニュアル車を運転できる人なら、この1931年型のキャディラックを乗りこなすのは、ほぼ朝飯前のことだろう。

一貫性は当たり前のものじゃない

　緑は「進め」、赤は「止まれ」。あなたはそう思っているかもしれない。でも、そうとは限らないよ。たとえば、私はカメラのバッテリー充電器を3つ持っているけど、充電を開始するとこうなる。

- ▶ ソニー：赤いランプが点く
- ▶ キヤノン：黄色いランプが点く
- ▶ ライカ：緑のランプが点く

充電が完了すると、ライカとソニーのはランプが消えて、キヤノンのは黄色から緑に変わる。デジカメを3つ持っているのはかなりの少数派だという事実は知ってるけど、充電式のデジタル機器なら、あなたもきっと最低3つは持っているに違いない。そしておそらくは、大して頭を使うことなく、それらのシグナルをすべて解釈する方法を身につけているはず。でもね、こういうものをデザインする側の立場にいるなら、一度ならず頭を使ってみた方がいい。

公共スペースの標識の矢印について、よくよく考えてみたことがあるかな？ ほぼ誰も、そんなことはしない。でも実はどんなに一貫性が乏しいか知ったらびっくりするはずだ。たとえば上向き矢印は「直進」の意味で使える。でも、それは下向き矢印も同じ。そのせいで、上向きと下向きの矢印が両方とも付いている標識は混乱の元になる。つまり、標識のこちら側とあちら側、それぞれの方向に進むとどうなるかを両方の矢印で示そうとしている場合だ。

今度ショッピングセンターや公園、駅、空港などを歩き回る時には、こんな風に一貫性に欠けているおかしな事例を探してみよう。

大した一貫性もないものは、他にも山ほどある。ドアの取っ手やサーモスタットのコントローラやら。もし新たな慣習を確立しようとするなら、自らのエゴや無知から四角い車輪[訳注3]を発明するだけで終わらないようにしよう。

1930年代後半、イギリス空軍（Royal Air Force：RAF）が今ではRAFの"ベーシック6"と呼ばれる計器飛行制御装置の仕様を定め、コントロールパネル中央の標準ポジションに配置した。これにより、ある機体で訓練したパイロットを別の機体に乗り換えさせるのが格段に楽になったのだ。これは、スピットファイアMK-VIIIのパイロット向けマニュアルにあるイラスト。[Crown copyright©]

[訳注3] 英語の「square wheel」は、出来の悪い、あるいは経験不足な技工の産物を意味するメタファーとして使われる言葉。ただし、四角い車輪は世の中に実在するので、興味があればGoogle画像検索などでチェックしてみてほしい。

スペインのマドリード・バラハス国際空港の矢印は下向きだけど……

……モスクワのシェレメーチエヴォ国際空港の矢印は上向きで……

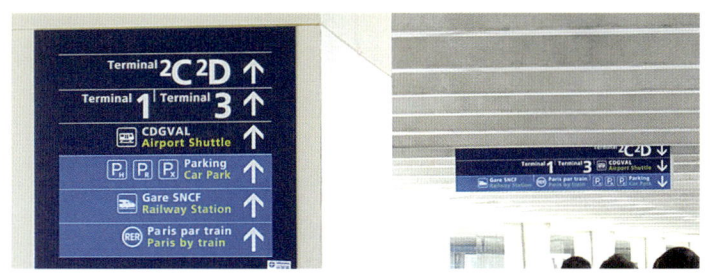

……パリのシャルル・ド・ゴール空港はどっちにするか決めかねている。この写真には標識が2つ写っているけど、それぞれ自分勝手な矢印の使い方をしている。

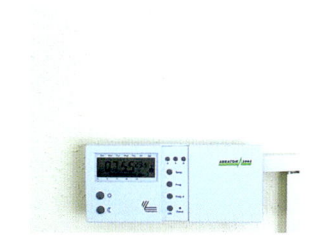

サーモスタットみたいにどこにでもあるものは、実用化されている現状のデザインで一貫性がさらにレベルアップしているはずだと思うだろう。でも、ウクライナのホテルにあったこの電子式サーモスタットの音声案内は、ホテル側がその上に昔ながらの温度計も用意しているほど、まさに暗号並みに解読困難だった。

コペンハーゲンにあるこの標識は、午後3時から6時までは駐車禁止だと告げている。それ以外の時間帯は、下向き矢印が指している側で、1時間以内なら駐車が許可されるという。でも、それは標識の手前と向こう側のどっちだ？ おかしなことに、もっと古い標識を見かけると、そこでは矢印の使い方が逆になっている。このデンマークの首都に35年間暮らしていながら、私はいまだに駐車違反の切符を切られている始末だ。

第9章 一貫性

207

1つのボタンに1つの機能

　この本のはじめの方で、私は以前使っていたイカれたビデオデッキのことを話した。フロントパネルに46個のボタンがあった代物だ。まあこの製品には、他にもユーザビリティ上の問題がたくさんあったけど、少なくとも多機能ボタンはなかった。1つのボタンにいくつも違う仕事をこなすことを期待するのは、一般的にトラブルを誘っているのと同じことになるのが実状だ。機械やウェブサイトがいきなり"別のモード"に切り替わることを、誰もが常に理解できるわけじゃない。

　たとえば、私のテレビではリモコンの「Menu」ボタンで画面上のメニューを開いたり閉じたりできる。それは問題ない。でも、そのリモコンにはメニュー操作用の4方向ボタンもある。左ボタンは戻るボタンとして機能するけど、それはメニューが出ている間だけ。メニューが表示されていない時には、そのボタンを押して12種類の画面サイズ（ワイドスクリーン、16：9のビスタサイズ、字幕ズームなど）を次々と切り替えできるようになっている。そして左ボタンと右ボタンを同時に押すと、「Menu」ボタンで出るのとは別の設定メニューが表示される。以前、すべてのメニューをうっかりフィンランド語にしてしまったことがあって、すっかり元通りにするまで一苦労した。

　とにかく、多機能ボタンはまったくの困りものになりかねないのだ。

　Appleは、ボタンの排除とマルチユース問題の回避の両方について、見事な手腕を発揮してきた。iPhoneには1つのボタンがあるだけで、それは1つのことをするだけ。つまりホーム画面に戻ることだ。後は何もかも、タッチスクリーン上に現われる、いわゆる"ソフトウェア"ボタンに面倒を見させている。Appleマウスにも1つのボタンがあるだけだ（Xeroxが作った世界初の市販用マウスには3つのボタンがあり、とてもややこしかった）。とは言え、Appleマウスのボタンを長押しすると、PCのマウスの右ボタンを押すのとほぼ同様にサブメニューが表示される。まあ、大目に見るとしよう。妥協の産物ではあるけど、役に立つし難なく覚えられるからね。

　ただし、ボタンを1個にすればシンプルになるとは限らない。それに、2個以上のボタンを付けることが必ずしもNGというわけじゃない。それらのボタンが（関連機能に対応するボタンらしきことが伝わりやすくなるように）自然なかたちでまとまっていて、どんな場面でも一貫した動作を見せる限りはね。

　一貫性とシンプルさは、いつでも互いに支え合って成り立つ。でも、どうかシンプルさを使いやすさと混同しないでほしい。その2つは、いつも同じとは限らないのだ。

この衛星放送テレビ用のリモコンは、色使いと配置を工夫して関連機能をわかりやすくまとめている。その一方で、ほぼどのボタンも複数の機能に対応している。「MENU」と「EXPAND（拡大）」を同じボタンにするのは、トラブルを招くに決まっている。全体的には、これまで見た中で最悪のデザインとまではいかないが、最高とも言えない。

1つのアイコンに1つの機能

ボタンをめぐる議論と切っても切れないのが、アイコンの動作だ。たとえば、みなさんご存知のGoogleのGmailアプリケーションは、Google Docsのアイコンを使い回していることで悪名高い。これは気に障るし、まぎらわしいやり方だ。アイコンの目的とはつまり、どんな機能性が秘められているのかを示す手っ取り早い認知的ヒントになること、それに尽きる。

もちろん、これはGoogleに限った話じゃない。OutlookなどのWindows製品もアイコンを使い回している。Appleだって同じなのは、周知の事実だ。

実は、それ以上言うべきことはほぼ見当たらない。1つだけ伝えておきたいのは、見ての通り業界の立役者たちでさえ、長年の研究や消費者からのクレームをよそに、"1つのアイコンに1つの機能"というコンセプトをベストプラクティスとして大事にしていないことだ。残念無念。

これは、サービス終了してしまったGoogle Lab機能によるボックス。まったく同じ2つのアイコンを表示しているけど、それぞれ異なる機能を持たせている。一方は新規ウィンドウを開くけど、もう一方はGmailから直接Google Docsの新規ドキュメントを作成する。どちらのリンクにもわかりやすいテキストが付いているから、アイコンは見たところ単なる飾りと化していた。テキストがないと、これらのアイコンは意味不明だからね。

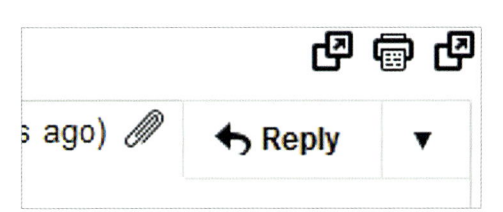

2011年秋には、GmailでそのLab機能を有効化しているとこんな具合に表示されるようになった。突然、ガイド役のテキストが行方不明になったぞ。こりゃ参った。

1つのオブジェクトに1つの動作

私はMicrosoft Wordとは常に交戦状態にある。そのウィンドウやポップアップは、フレーム部分をドラッグしてリサイズや移動ができるけど、全部がそうなってるわけじゃない。ここでの教訓はごくシンプルになる。見た目が同様のオブジェクトは、必ずその動作も同様にしようということだ。

この教訓は、ページ内のどこかにいわゆる"隠し"機能がある時に一段と重要になる。こういう見えない機能の

中でいちばんよく"見える"のは、たぶんショートカットキーだろう。ここでもまた、Microsoft Officeのプログラムは主犯格だ。インストールしているOfficeの言語が自宅と職場のPCで異なる場合や、PC版とMac版とを行き来して使っている場合には、特に悪さをする。私の場合は、プログラムの種類によってデンマーク語版と英語版を使い分けていた。で、それらのショートカットキーに違いがあったのだ。まあ、ちょっとした違いだけどね。

たとえば、PC版のMS Office 2010では、英語版でもデンマーク語版でも「Ctrl + S」でファイルを保存する（ちなみに英語の「save」はデンマーク語で「gem」だ）。でも「Ctrl + I」は、英語版では「italic（斜体にする）」を、デンマーク語版では「indsæt hyperlink（リンクを挿入する）」を実行する。だったらデンマーク語版で、たとえば（「gem」に基づく）「Ctrl + G」をファイル保存用に使えるようにしたりして、一貫性を高めないのはなぜだろう？ しかもますますややこしいことに、デンマーク語版のMac OSでは、それらのコマンドがもれなく英語のショートカットに対応しているのはなぜ？

さらにひどいのは、言語が同じ場合でさえ、作業状態に応じてプログラムが勝手にショートカットの機能を変えてしまう場合があることだ。私からのアドバイスは、一貫性を保つこと、それに尽きる。さもないと、クレームまみれになると思った方がいいよ。

デンマークの制限速度標識
――見れば頭はフル回転

前線からのレポート

　例外的状況に満ちている世界では、幸いにも、"例外は認めず"という方針にこだわるのは偏屈なごく少数派だけとなる。不幸にも、そんな杓子定規な事例の1つが、デンマーク運輸省の管轄部門である道路交通局なのだ。

　デンマークでは、世界中の他の多くの場所と同様に、赤い枠で囲まれた白地の丸い標識で制限速度が示されている。制限速度そのものは、以下のように標準化されている。

- 都市部では時速50km
- 田舎道では時速80km
- ハイウェイでは時速110km

　さらにまた別の制限速度が一時的に有効となる場所には、その例外的な速度を示す標識が立っている。ここまでは問題ない。

　でも、ここからが厄介なことになる。デンマークは、他の国ではあまり見かけないもう一種類の標識も採用しているのだ。一時的な速度制限が解除されたことを示すライトグレーの標識で、役割としては米国で見かけるスクールゾーンの終わりを示す標識 [訳注4] に似ている。

　理屈としては、それなりに筋が通っている。「標準の制限速度をわざわざ示す必要はないね。みんな知ってるはずだし。例外を強調するだけにしよう」というわけだ。

　こうして、運転に集中している私の目の前にいきなり、時速70kmの速度制限が解除されたという標識が現れる。早速、私の頭はフル回転を始める。今の標識はどういう意味だったんだ？ 何をすべきなんだろう？ 別の標識を見逃したのかな？ これはどっち方面に行く道かな？ 市街地に向かってるから時速50kmに減速しなきゃいけないのか、それとも逆方向だから時速80kmまで加速していいのか？

[訳注4]　http://www.trafficsign.us/650/sch/s5-2.gif を参照。

これはまったくおかしな話だ。無効な速度を示すのではなく、その時点での制限速度を素直に示す標識を立てるとしても、余分なコストはまったくかからないのに。ああ、でも……「ドライバーなら制限速度を知ってるはず。思い出させる必要はないね」ってことか。

あっぱれな論理。破格の一貫性。最悪のユーザビリティ。これこそ、あらゆるルールには例外があるというルールを証明する例外だ。

ヨーロッパで普及しているタイプのこの標識は、ここでの法定制限速度が時速70kmになることをドライバーに告げている。その制限速度は、デンマークでの標準から見れば例外的なものということになる。

このグレーの標識は、一時的な速度制限が無効になったよと告げているだけ。わざわざドライバーに頭を使わせるのはなぜ？ その時点での制限速度を素直に示した方がよっぽど自然だ。しかも、その方が安上がりにもなるはず。道路交通局が、そこまで種類の多い標識を保管しなくて済むのだから。

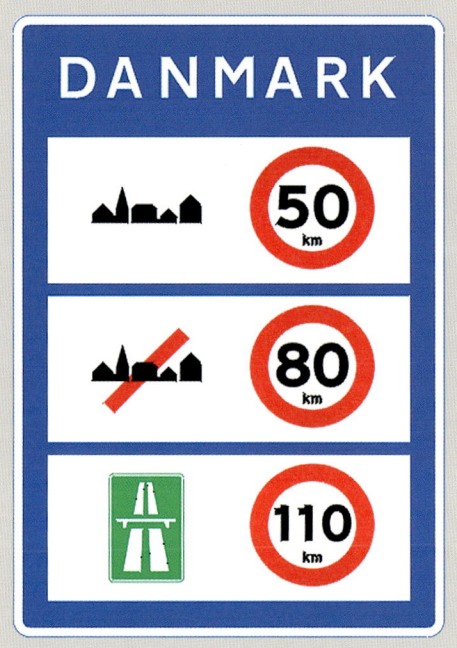

これはデンマークに入国するドライバーを出迎える公式な標識だ。国境地点や国際空港には必ずあるけど、それ以外の場所では見当たらない。地元のドライバーならこんなことは知っていて当然、というわけだ。

自問自答したい10個の質問
Ten question to ask – and answer

1. あなたのデザインに、見かけが同じなのに実は違う動きをするものはない？ 動きが違うものは、必ず見た目も違うようにしよう。

2. あなたのデザインに、動きが同じなのに見た目が違うものはない？ 動きが同じものは、必ず見た目も同じにしよう。

3. 別の場所で見たことがある同種のものと違って見えるものはない？ 何らかのデザイン上のベストプラクティスを見過ごしたり、無視したりしていない？

4. 独創性を追求するあまり、オブジェクトや機能の一貫性が犠牲になっていない？ そんな目にあってるオブジェクトや機能はどれ？ さほどデザイナーの機嫌を損ねずに済みそうな、手っ取り早い修正方法がわかる？

5. 物理的なボタンやノブ、レバーなどで、状況に応じて違う機能を果たすことが予想されるものはある？ ボタンやレバーの数を増やすのは、理にかなっている？

6. 別々の機能について使い回しているアイコンはある？ もしあるなら、それらのアイコンのデザインを見直すか、アイコンそのものを撤廃しよう。

7. オブジェクトやプロセスの一貫性を高めることはできる？ 先人たちが発展させてきたベストプラクティスを採用することはさておき、まず自分の製品やサービスが置かれた状況の中で機能面での統一感を高めてみよう。

8. あなたがデザインしたものの使い方を理解してもらうためには、同種の製品やサービスについての知識が必要になる？ そうだとしたら、みんながそのデザインに初対面した時に、その類似性に気づくかな？ 他の場所で身につけた知識を呼び出すきっかけとなる、強力な視覚的ヒントを必ず与えよう。

9. ボタンなどのコントロールの色使いやグループ化によって、それらに何らかの関連性があることが一目でわかるようにできる？

10. 根本的な一貫性の問題に対する応急処置として、とりあえず"パッチ"を当てておいたところはない？ きちんと治療してパッチをはがすことができるなら、たぶん今すぐやるべきだろう。(8章のキューバのエレベーターの写真を見てごらん。完璧な"パッチ"の一例だよ。)

その他のおすすめ本
Other Books you might like

驚いたことに、本章のテーマについて書かれた本は予想外に少ないけど、私が話題にしてきた件に触れていること間違いなしと言える本を挙げておこう。

Donald A. Norman
『Living with Complexity』
(MIT Press, 2011年)

日本語版:
ドナルド・ノーマン
『複雑さと共に暮らす―デザインの挑戦』
(新曜社, 2011年)

Giles Colborne
『Simple and Usable Web, Mobile, and Interaction Design』
(New Riders, 2011年)

David Weinberger
『Everything is Miscellaneous: The Power of the New Digital Disorder』
(Time Books, 2007年)

日本語版:
デビッド・ワインバーガー
『インターネットはいかに知の秩序を変えるか？―デジタルの無秩序がもつ力』
(エナジクス, 2008年)

検索したいキーワード
Things to Google

Design consistency
デザインの一貫性

Multifunctional buttons
多機能ボタン

One object one behavior
1つのオブジェクトに1つの動作

Wayfinding
経路探索

Icon design
アイコンデザイン

How to drive a Model T
T型フォードの運転方法

Calculating the length of an Internet year
インターネットイヤーの長さの計算方法

第10章 予測可能性

Predictable

ほとんどの人にとって、予測可能性と一貫性はほぼ同じことを意味している。でも実は、はっきりした違いがあると思うのだ。一貫していれば毎度毎度同じ動作をするという意味になり、予測可能なら"期待"通りの動きをするという意味になる。ちょっとした例を挙げよう。

我が家では、すべての電気スイッチがほぼ同じ見た目で、どれも同一の団体（アメリカ保険業者安全試験所）[訳注1]の認可を受けている。それが一貫性。でも、初めての旅行先では、室内の照明を調節するスイッチみたいなものはドアの脇にあると予想する（電気が使えるとしたらの話だけど）。それが予測可能性。ちなみにそういう装置は、トグル式のスイッチか、押すたびにオンとオフを切り替えるボタンになっているとみてほぼ間違いない[原注1]。

例によって、予測可能性にまつわる多くの課題（7章を参照）の中心を占めているのは、きちんとした共有参照を作ることだ。そして、遡行的推論も重要な役割を果たす（8章と9章を参照。もうそれで飛び回るのはおしまいにしよう）。

このシンクのストッパーが閉じているところを見ると、蛇口の近くにあるはずのレバーやハンドルで操作するものみたいに見える。ストッパーを必死で突っついてやっとわかったのだが、それ自体が回転して開くようになっていた。デザイン的不協和の話でもしようか……

[訳注1]　1894年に米国で設立された独立試験・認証機関。その認可済み製品に付与される「ULマーク」は、品質や信頼の証として消費者に認知されている。http://www.ul.com

[原注1]　もちろん、そのスイッチの機能も位置も予測可能だという保証はない。6章の「前線からのレポート」を参照のこと。または、「Light switches - Mumbai, India」と題された、スティーブの実に愉快な記事をご覧あれ。彼が書いた他の記事も要チェックだ。サービスデザインにも通じるユーザビリティ絡みの面白エピソードがいっぱいある。http://yourenotfromaroundhere.com/blog/light-switches-mumbai-india/

システィーナ礼拝堂から黒い煙が上がったら、コンクラーベ（教皇選挙）でまだ新しい法王が見つかっていないことになる（枢機卿たちが使った投票用紙を湿った藁と共に燃やす）。新たな法王が選出されたら、白い煙が上がる（乾燥している投票用紙だけを燃やす）。でも、ベネディクト16世が選ばれた時には、最新鋭の化学薬品のせいで、とても白黒付けがたい灰色の煙が上がってしまった。

予測可能性を高める6つの方法

　人間というものは、習慣によって生きている。変化はワクワクするものではあるけれど、破壊的なところも多い。たぶんそのせいで、一貫性と予測可能性とがごちゃ混ぜにされることがこんなに多いのだろう。またそれは、"斬新かつ画期的"な手法を探しているクリエイティブ集団にとって、一貫性と予測可能性とがこれほど足手まといになる原因でもあるのだろう［原注2］。とにかく、予測可能性を高めるために本当に役立つこととして、私が長年かけて発見してきたポイントを挙げよう。

- どこへ行くにしても、ユーザーはそこで何が起こると予想すべきかを到着前に知らせる。
- あなたの方はユーザーに何を期待しているのかを知らせる。
- ステップが複数あるプロセスに含まれるステップ数を知らせる。
- 進行中のプロセスからどんな結果が得られるのが望ましいのかを必ず理解してもらう。
- 何でもユーザーの予想通りの場所に置いておく。
- 見えない状態を警告する視覚的シグナルを作る。

では、これらの課題について詳しく見ていこう。

［原注2］　"斬新かつ画期的"という件については、次章でコメントしている。言いたい放題気味になってしまったので、どうかお許しを。

予想すべきものを知る

章のはじめに書いたように、予測可能性は何かがあなたの"予想"通りに動作することを意味する。まあ、"予想すべきものを知ること"は、インタラクションが起こる前にどんな期待を持たせるかにかかっているけれど。

休暇で外国や初めての都市を訪れる前に、ガイドブックを買ったことはある？ おそらくあるはずだ。なじみのないレストランに出かける前に、YelpかTripAdvisorのクチコミをチェックすることもあるに違いない。同様に、オークションの取引相手が信用に値する人物か知ろうとして、eBayでのフィードバックによる評価を確認したり。きっとこの本を買う前には、Amazonのレビューを読んでみたりもしたはず。

デンマーク国税局は、申請が集中するピーク期間中のトラフィックをさばくだけのサーバを用意していない。この画面は、あなたの他に476名が順番待ちしていることと、午前8時27分になれば、つまりあと1分ほど待てば入れると予想できることを納税者に告げている。

立派な学歴、幅広い人脈、推薦文の山。このLinkedInユーザーは、信用度の高さを見せつけている。

ブランディングと顧客満足度と期待の関係

　マーケティング的な意味では、ブランディングもどんな期待を持たせるかにかかっている。市場での製品やサービスの位置づけがその肝心なところ。たとえば、私たちはボルボが安全な車だと期待する。ジャガーは快適性を備えつつもスポーティな車で、シボレーは実用主義者みたいな車だと。

　顧客満足度と期待とは、お互いを高め合う関係にある。たとえば、数年前の顧客満足度アンケートで、ウォルマート（別にサービスの良さが好評というわけじゃない、顔の見えないディスカウントストアだ）の方が、優れたサービスを誇る高級店であるノードストロームよりも高く評価されたことがあった。なぜかって？　誰もウォルマートにはサービスの良さなんて"期待"していないから、あなたのお買い物生活を楽にしてくれるようなスタッフの対応は、どんなにちょっとしたことでも心に残るというわけ。でもノードストロームは、かなりハイレベルなサービスを期待されるので、顧客の心をつかむにはもっと努力が要る。"ノブレス・オブリージュ"［訳注2］のビジネス版というわけだ。

　だから、こんな教訓が得られる。みんなが期待を抱いてなければ、それを形成しやすくしよう。もし何らかの期待を抱いているなら、それを大きく上回るほど、ユーザビリティのありがたみが伝わりやすくなる。サービスの世界では、期待と"ぴったり一致"するだけじゃまだ足りないのだ。

「またお越しください」だって？　いつ？　10分後？　明日？　来週？　この店のオーナーが私に何を期待しているのか、考える気にもなれない。

［訳注2］　フランス語の「noblesse oblige」は、財産、権力、社会的地位の保持には責任が伴うことを指す倫理上の概念。古くは貴族などの特権階級が対象だったが、最近では、富裕者、有名人、時の権力者などが社会の模範となるように振る舞うべきだという意味で使われることが多い。

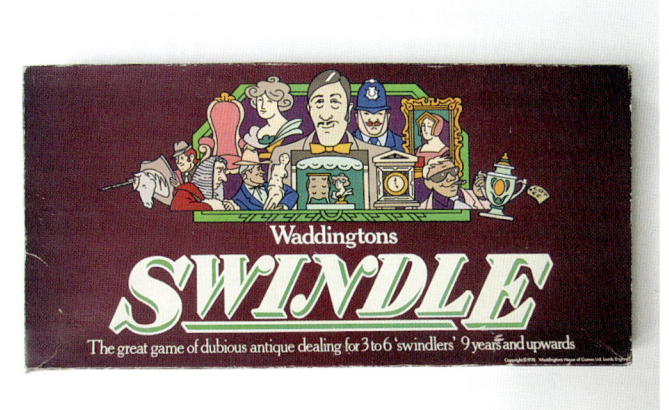

このボードゲームはおそらく無名に近いと思うけど、箱を見ればほぼどんなものかわかる。テーマは何か、何人でプレイできるか、子どもは何歳頃から楽しめるか。そのおかげで、このゲームを買ってくれそうな客は、家族みんなで楽しめるかどうか予測しやすくなる。［パッケージイラストの著作権表記：1976, Waddingtons House of Games Ltd］

期待形成を助ける

　昨今ではソーシャルメディアのおかげで、あなたのブランドや製品、そしてあなた自身を効率的かつコスト対効果の高い方法でアピールする絶好の機会が手に入る。顧客との対話を始めるには、オンラインフォーラムを使えばいい（誰にでも顧客は必ずいるはずだよ。たとえアイデアを宣伝しているだけでも）。ソーシャルメディアを通じて対話を生み出すのがうまくなるほど、いつか顧客になってくれそうな人々の期待を形成しやすくなる。

　もちろん、そこには落とし穴もある。ここ数年かけて、私はソーシャルメディアでの10個のミスというリストをまとめてみた。ちょっと本筋からは外れるけど、ここで共有しておきたい。

1. 嘘をつく（にせものっぽいコンテンツを作って広める）
2. 無視する（その結果、別の場所でネガティブな対話が生じやすくなる）
3. 否定する（問題を認めることをおおっぴらに拒む）
4. 強弁する（自分たちと異なる見方を尊重できていない）
5. 誇大広告（ハイプ）する（見えすいた宣伝、ふさわしくない語り口）
6. ずるい手を使う（評価を水増しする）
7. 隠す（連絡先が不明）
8. 嫌悪（ヘイト）する（ネガティブなかたちでせっせと関わる）
9. 検閲する（ネガティブなコメントを除去する）
10. ソーシャルメディアを大切にできていない

ソーシャルメディアでは、どんな口調で語るかが成否を分ける。もっと"かしこまった"コミュニケーションほど堅苦しくする必要はないはずだけど、やはりあなた自身や組織を正確に表現していなくちゃいけない。したがって、5番目のミスはとりわけ重大となる。そのせいで、悪気はないのにとんでもない間違いが起こることがよくあるからね。たとえば、4章で話した銀行のことを覚えてる？ その最近のツイートは、こんな感じだ。「やあ、ツイッターのみんな！ 最高の金曜日を過ごす準備はOK？」 これじゃどう見ても、一流の金融機関としての信用を引き出せるわけがない。

こういうミスを回避できれば、あなたはおそらく、有意義かつ信用に足る期待を生み出すのがもっと得意になるはず。

操作説明ふたたび（読んだことないけど）

期待形成の効果がもっとも薄い方法の1つは、操作説明に目を通すことだ。それを読むのが好きだなんて人はいないから、ソフトウェアに付属の"はじめにお読みください"的なテキストの中に重要な情報を隠したり、それを分厚いマニュアルの奥にしまい込んだりしちゃいけない。たとえば、あなたの製品にプラグアンドプレイ対応が期待されているなら、それは本当にプラグアンドプレイで動作するようにした方がいい。こんなエピソードを紹介しよう。

私は先日、新しいカメラと32GBのメモリーカードを買った。今までのカメラの場合、新調したノートパソコンのUSBポートにメモリーカードを挿入するだけで、写真の取り込みが楽にできた。USBメモリと同様に認識されて、デスクトップ上に"ドライブ"として現れたのだ。でもどういうわけか、新しいメモリーカードはそのノートパソコンで認識されない。

私は思いつく限りの解決策を試した。Googleでこの手の問題について検索しまくった。そしてついに、ある製品のフォーラムへの書き込みを見て、メモリーカードのドライバが古いせいかもしれないと気づいた。実はそのものズバリの解決策じゃなかったけど、それが私を正しい方向へ導いてくれたことになる。結局、ドライバが古いのはカードリーダーの方だったのだ。やっとそれを突き止めた後は、トラブルを解消するのはわりと簡単だった。

でも、予測可能性の面から見れば、ここにはユーザビリティの問題がある。このノートパソコンが発売されたのはわずか数ヶ月前なのだ。これ以外のメモリーカードはすべて読み込みOKだったから、私の"予想"としては、最新版のドライバがインストール済みのはずだと思うことになる。しかも、私が買ったその"新しい"メモリーカードは、私のノートパソコンよりは製造時期が"古い"ように思える。したがって、ノートパソコン自体に落ち度があるのは予想外だったというわけ。それに、5章での万人保証性の話に戻ると、なぜそのノートパソコンは、せめて「カードが認識できないのでドライバのバージョンを確認してください」といったアドバイスをしてくれないのだろう？

全部ひっくるめて、この問題を解決するには丸1時間かかってしまった。何かもうちょっとストレスが少ないことができたはずの時間だったのに、もったいない限り。おまけの笑い話もしておこう（ユーザビリティの本を書いてるところだしね）。そのノートパソコンの同梱マニュアルのどこかに、ドライバをアップデートする必要があることが記載されているか探そうとしたら、3時間以上もかかってしまった。そしてやっと私は、正体不明なサポートCDの上にそういう説明があるのを見つけた。普通ならゴミ箱行きになるような、新品パソコンの付属CDの山の中から。

あなたの期待をみんなに伝える

　あなた自身に、そしてあなたの製品やサービスに関して、みんながいろいろな期待を抱いているとしよう。きっと、あなたの方にも期待があるはず。たとえば、高機能なネットワークセキュリティソフト製品の購入者は、コンピュータとネットワークの仕組みをそれなりに理解しているはずだと思うのは、おそらく無理もないだろう。一方、基本機能だけのアンチウイルスソフトの購入者は、そういう仕組みについて。あるいはそのソフトが重要な理由についてさえ、無知に近いかもしれないと（「ええ、息子がこれを買っておけと言うもので……」）。

　ここで教訓となるのは、何かを事前に知っておく必要があるなら、それにまつわる情報を必ず伝えることだ。以下のようなパラメータをチェックすることを検討してみよう。

- 何らかの前提知識は必要になる？
- 何らかの物理的／技術的な制約はある？
- 何らかの地理的な制約はある？
- 年齢制限はある？
- まず合格しないといけない事前資格審査はある？
- 時間制限はある？
- 手元に準備しておくべき情報はある？

　こういうニーズを真っ先に伝えるのがうまいほど、ユーザーが味わうストレスは少ない。以上のパラメータが日常生活ではどんな顔を見せることになるのか、さらっと例を挙げてみよう。

- 「スペイン語の基本的なライティング能力が必須となります」
- 「Microsoft Windows XP以降に対応しています」
- 「アメリカ合衆国から国外へは発送できません」
- 「21歳以上の方しか購入できません」
- 「処方箋をお持ちの方のみ購入可能です。かかりつけの医師にまずご相談ください」
- 「この特典の有効期限は2014年5月30日です」
- 「電話でのお問い合わせの前に、口座情報をお手元にご用意ください」

プロセスに含まれるステップ数を知らせる

4章で、もはや通用しなくなったと言える"3クリックで一巻の終わり"ルールのことを話した（クリックするたびに目標に近づく限り、みんな何回でもクリックするはず）。したがって、いちばん予測可能性を高められるプロセスは、予想されるクリック回数を事前に知らせるものになることが多いのは当然だろう。

ショッピングカートはそのうってつけの例だ。良いカートは、何ステップあるか知らせてくれる。悪いカートは、もれなく入力が必要なフォームを次から次へと出してくる。航空会社も、予約完了まで何ステップあるか説明し、現在どのステップにいるかを乗客に示すのは得意な方だ。

実はこれ以上言うべきことはあまりないけど、1つだけ。ステップが複数あるプロセスみたいなものがあるなら、そのことをテキストと画像のいずれか、または両方で必ず伝えよう。

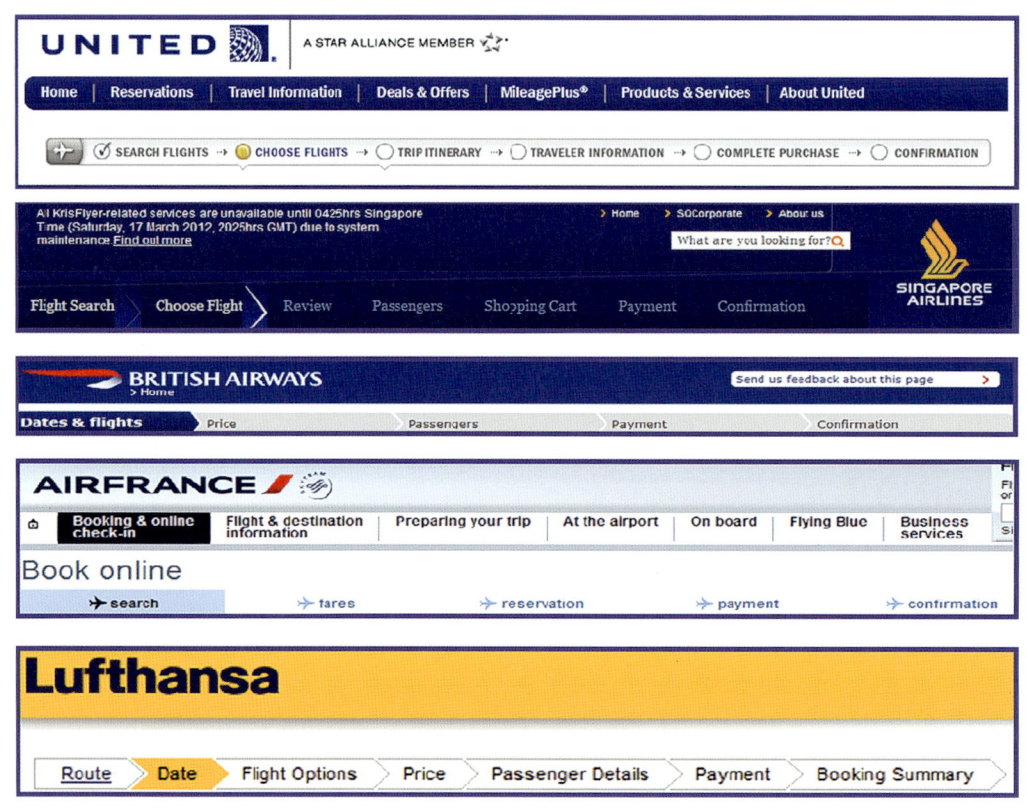

実質的にどこの航空会社のサイトにも、くっきりと強調された、ごくリニアな予約プロセスがある。これは、有名航空会社5社のサイトの画面サンプルだ。ステップ数と並び順のどちらも、きわめてよく似ている。それは予測可能性を生み出すために役立っているけれど、必ずしも独創性を押し殺してるわけじゃない。

ベルリンの国会議事堂では、見学者は約30名ずつまとまって入館することになる。この標識は、約15分ごとにしか進まない行列に並ぶことによるイライラを防いでくれる。

どんなプロセスにいるのか知らせる

　長蛇の列に並んだあげく、実は列を間違えていたと気づくだけに終わった、という経験は誰にでもある。まあ、まさにそういうプロセスがそこら中にあるからね。オフラインとオンラインのどっちでも。何かをやっているつもりが、利用する"モノ"のせいで実はまったく別のことをしているとしたら、どうしてもユーザビリティの問題が生じる。どんなプロセスにいるのかをもっと理解できれば、どういう種類の情報を提供するよう求められるのか、何をすることを期待されているのか、そういう予測も可能になる。

　予測可能性が間違った方向に行ってしまった例として実に参考になるのが、Wine.comのサイトだ。米国内で発送対象となる州を選択しない限り、サイト内を見て回ることすらできない。初めての訪問者にとっては異例の、不親切と言ってもよさそうなカスタマージャーニーの幕開けだ。この情報がなぜ重要なのか、あるいは、よりによって店の入り口でなぜそんな質問が出てくるのか、訪問者にはさっぱりわからない。何か買わされることになりそうだと思う人が多いのは確実だろう。Wine.comが本当は何をしているかというと、選択された州に出荷制限がないかチェックしているだけなのだ。やり方はまぎらわしいとしても、質問自体にはそれなりの理由がある。

　このやり方のまずさを証明する事実は、ヘルプ内の「もっともよくある質問 (Most Common Questions)」のページで見つかる。ごちゃごちゃしたホームページ上で、ちっぽけな「Help」か「Customer Care」のリンクを発見できればの話だけど。「発送可能な地域は？」という質問の閲覧回数が、40万回を超えているのだ！　それ以外の質問の4倍近い。これは確実に、あの最初のオーバーレイ画面を出す意図が伝わっていない証拠になる。しかも実は、リストの上位10件を見ると、ほぼそのすべてが共有参照の乏しさに関わる重大なユーザビリティの問題を示唆している。

第10章　予測可能性

当然だけど、よくある質問（FAQ）に類するコンテンツがあるなら、それぞれの質問をリストに入れた理由をよく考えてみよう。そしてサーバのログを見せてもらい、それらの質問に実際どれくらいのアクセスがあるのかチェックしよう。もしかしたら、たやすく修正できる共有参照の問題があるかもしれない。あるいは、FAQなんてまったく不要かもしれない。

Wine.comへの初回訪問時に出くわす、心あたたまるご挨拶。この画面をやり過ごす術はない。先へ進むには、回答するしかないのだ。

どうやら、そのお出迎え用のオーバーレイ画面は、あまり役に立っていないらしい。出荷対象となる州を調べようとして、約40万人がこのFAQを見に来ている。しかもそれ以外のFAQが、他にもユーザビリティの問題が多いことを示唆している。

予想通りの場所に置いておく

　可視性を保つということは、見られる場所に置いておくことを意味する。予測可能性の面から見れば、みんなの予想通りの場所に置いておくことも重要だ。たとえば、身の回りの世界で、私は室内照明のスイッチがドアの脇にあるはずだと予想する。台所には鍋やフライパンがあるはず。食卓ではコショウのそばに塩もあるはず。要するに私は、何かを使うことになる場所のすぐ近くにそれらがあり、納得のいくかたちでまとめられていることを期待しているわけだ。いつかあなたの家におじゃましたら、私はナイフとフォークを見つけようとして、おそらくキッチンの引き出しの1段目を開けるだろう。

　基本的にこれは、遡行的推論を——すなわち、新しいながらも過去の体験と無縁ではない体験に応用できるパターンを認識しやすくするデザインを作れるかどうかに尽きる。そういう理由から、過去20年間に実施されたウェブ関連のユーザビリティ調査、さらにはそれに関連するベストプラクティスの多くが、オンラインで現在利用できるデザインパターンライブラリに反映されている。その最高傑作の1つが、エリン・マローンとクリスチャン・クラムリッシュがオリジナル版を作成・編纂した「Yahoo! Design Pattern Library」である。

　こういうデザインパターンは常に変化しているので、個々のパターンを事細かく論じることには時間をかけたくない。あなたが未知の方向に踏み出してしまう前に、他のみんながどうやって問題を解決してきたのかをぜひ見ておいてほしいだけだ。それでもやはり、今までとは別の方向に向かうのが正解だと思うなら、もちろんそうしよう。パターンライブラリがデザイナーを束縛するべきじゃない。それらはデザイナーに、一段と良いデザインを生み出すためのインスピレーションを与えるべきものだ。やがては、こういう標準化された要素を採用し応用するデザイナーが増えるほど、自分が見知らぬサイトを訪れた時でさえ、画面レイアウトやページ内要素のふるまい方を予測しやすくなる。

どうやら、私たちみたいなユーザビリティ人間の多くは、塩コショウ入れを調査するものらしい——それらは思いのほかルールを守っていないのだ。この例では、2つの文字がはっきりしたシグナルを発信しているけれど、それは食事中の人物が英語を話すことを前提としている。

第10章　予測可能性

さまざまな航空会社から集めた、10種類の塩コショウのパッケージ。どれも上が塩で下がコショウだ。薄暗い照明の下で使うことが多いものにしては、一貫性や予測可能性がいかに乏しいかわかるかな？

見えない状態を警告する

　ラベル、色、配置、そして見た目の特徴は、モノの"香気"を強め、それを理解して機能や動作を予測可能にするために活用できる。デザイナーが"香気"について語る時には、その用語を使って画面上のインタラクティブ要素を説明していることがほとんどだ。でも、オフラインの世界でも同じで、潜在的な問題をかわしながらみんなを導くために役立つ方法はたくさんある。

　かつて学校の化学実験室で、私は大事なルールを学んだ。熱いガラスは、まるで冷たいガラスみたいに見えるってこと。16歳の時に自業自得のアクシデントで負った傷はいまだに残っている。でも、自分が何かを使う時に、それが危険性を知らせたり何が起こるか予測しやすくしたりするようにデザインされていれば大抵気がつくのは、たぶん怪我の功名だろう。

　もし可能ならば、何かが以下の状態にあると知らせる強力な非言語的シグナルを発信するように、物理的なデザイン変更を検討しよう。

- ▸ 触れたり近づいたりすると危ない
- ▸ とても熱い
- ▸ とても冷たい
- ▸ とても鋭い
- ▸ とてもまぶしい
- ▸ とても大きな音がする

見ての通り、これらが常に潜んでいるとは限らないけど、とにかくどんなケースが想定されるかは調べてみるといいよ。

ベルリンのホテル・アドロンで出てきた銀のティーポットの取っ手にかぶせてあった小さな紙製のポットホルダーは、取っ手が熱いという明快なシグナルを伝えている。そして潜在的な問題を、思い出深いサービスデザイン体験に変えている。

この卓上ランプには特別な持ち手が付いているので、シェードを調節する時にやけどしなくて済む。この持ち手が、持つべきなのはここだというシグナルを伝えているだけじゃなく、熱した電球に可燃性のものを近づけ過ぎないために役立っていることにもなる。

国際的なシンボルにはかなり広く認知されているものもあるけど、この標識は、スペインで電気接続ボックスに付いていることに気づいて初めて目にしたもの。教会の脇にあったので、標識がまったく新たな意味を帯びているように見えた［訳注3］。それで、記念写真を撮ったのさ。

［訳注3］　本来の意味はもちろん「感電注意」ということだが、このイラストがまるで神からの天罰が下っているように見えたということだろう。「天罰注意」の標識とは、確かに笑える。

「マクドナルド化」超入門

前線からのレポート

ちょっとしたクイズを一問。3番目には何が入るかな？

- ビッグマック®
- シェイク
- ？？？

マクドナルドを一度も見たことがない人でさえ、答えがわかる場合が多い［原注3］。個人的に、私はマクドナルドが大好きだ。頭を使わずに済むからね。そのラインや注文プロセスの仕組みがわかっている。どれくらい注文すれば満腹になるか、代金はどの程度になるか、何分くらい待たされるか、食べ終わるまでどれくらいかかるか、全部お見通しだ。人生において、これほど予測可能な体験はめったにない。

でも最近訪れた2つの店舗では、クォーターパウンダー・チーズを提供していないことを知って愕然とした。40年以上もの間、それが私の定番メニューなのに。

「グリルチキンのシーザーサラダ、新メニューの'Big 'N Tasty®'バーガーなどはいかがですか？」と、訓練の行き届いた女性クルーがカウンター越しにたずねてきた。いやそれは……やめておこう。料理の世界を冒険したくてマクドナルドに来たわけじゃないし。

「クォーターパウンダーはどうなったのかな？」不安を膨らませつつ、そう訊いてみた。

「お客様を飽きさせないようにメニューに変化をつけるのが、当店の方針なのです」

なんと！　この企業は、今までいったい何十億個のハンバーガーを売ってきたことか。なのにいまさら、そのハンバーガーが飽きられるのを恐れるなんて。この突然の予測不可能性には、まったく意表を突かれた。しかもそれは、定説と言ってもいい社会学的モデルを覆すものでもあったんだ。

［原注3］　正解は「フライドポテト」でした。

1993年、ジョージ・リッツァという名の社会学者は、ドイツの社会学者マックス・ヴェーバーがもっと昔に支持した合理化理論に代わる、現代的なモデルを打ち出した。リッツァは、合理化のモデルにおける官僚制の役割がファストフードレストランに取って代わられたと主張したのだ。彼は「マクドナルド化（McDonaldization）」を構成する4つの要素をこう定義した。

- **効率**（Efficiency）：各ゴールまでの最短かつもっとも無駄のないルートの採用
- **計算可能性**（Calculability）：質より量の重視
- **予測可能性**（Predictability）：時と場合を超えた統一感
- **統制力**（Control）：人間からのスキルの徴収

こうなると、従業員にとっては、将来の見通しが暗いような気がしてしまう。でも、予測可能性の役割にご注目。4つの構成要素のうち、唯一それだけは顧客にちゃんと一定の価値をもたらすのだ。

というわけで、マクドナルド様、もしあなたの名前にちなんだこのモデルから脱却するつもりなら、どうか予測可能性"以外"の要素を変えることに専念していただきたい。そしてお願いだから、クォーターパウンダーは全店で販売してもらえませんか？

未来予測を助ける10の方法
Ten ways to help peaple predict the future

---

1. 過去の経験を活かしやすくしている？ そうでないとしたら、認知的なトリガーを作れる？
2. 事前に知っておくべきことはある？ そのことを自然に、さりげなく伝える方法はある？
3. あなたが何を期待しているかをユーザーに知らせている？ 彼らには特別な才能や前提となる資格が必要？ もしそうなら、プロセスに深入りする前にそのことがはっきり伝わっている？
4. あなたのデザインは、ステップが複数あるプロセスを特徴としている？ ステップ数は事前に知らせている？ それとも、その伝え方かデザインのどちらか、または両方を細かく調整する必要がある？
5. あるタスクをこなそうとしているユーザーに、あなた自身の都合で実はまったく別のタスクをやらせようとしていない？ その2つのプロセスは別々にできる？ あるいはせめて、利用するものをちゃんと機能させるためにはユーザーの協力が必要だと知らせることはできる？
6. 自分のデザインに関わるデザインパターンを調べてみた？ ベストプラクティスには従っている？ そうでないとしたら、その理由は？
7. 潜在的な危険性、特に身の危険があることを示す、何らかの視覚的シグナルを用意できる？
8. ソーシャルメディアのツールを利用している場合、本章で紹介した10個のミスのどれかを犯していない？
9. あなたのデザインを機能させるために、説明書きをあてにしていない？ それぞれのタスクに関わりのあるメッセージが必要な時だけ現われるようにして、従来のマニュアルや「はじめにお読みください」的なテキストをなくすことはできる？
10. デザインしたものを自分で使ってみた時に、意表を突かれるようなことが生じていない？ 期待通りの機能を完全に果たしてはいないものはある？

その他のおすすめ本
Other Books you might like

私たちは過去を検証することで未来を予測する。あなたの認知力を勢いづけてくれるのは、こんな本たちだ。

■ Christian Crumlish、Erin Malone
『Designing Social Interfaces』
(O'Reilly, 2009年)

■ Peter Morville、Jeffery Callender
『Search Patterns』
(O'Reilly, 2010年)
日本語版：
『検索と発見のためのデザイン―
エクスペリエンスの未来へ』
(オライリー・ジャパン, 2010年)

■ Olivier Blanchard
『Social Media ROI: Managing and Measuring Social Media Efforts in Your Organization』
(Que, 2011年)
日本語版：
オリビエ・ブランチャード
『ソーシャルメディア ROI ビジネスを最大限にのばすリアルタイム・ブランド戦略』
(ピアソン桐原, 2012年)

■ Edward Tenner
『Why Things Bite Back: Technology and the Revenge of Unintended Consequences』
(Vintage, 1996年)
日本語版：
エドワード・テナー
『逆襲するテクノロジー―
なぜ科学技術は人間を裏切るのか』
(早川書房, 1999年)

検索したいキーワード
Things to Google

■ **Design pattern library**
デザインパターンライブラリ

■ **Predictability in design**
デザインにおける予測可能性

■ **McDonaldization**
マクドナルド化

■ **George Ritzer**
ジョージ・リッツァ

■ **Light switches – Mumbai, India**
(215ページ参照[原注1])

第10章　予測可能性

231

第11章
これからのステップ

Next steps

　ボゴ・バトベックの3段階式ユーザビリティプランのことを覚えている？ 本書のイントロダクションで紹介したものだ。そこを飛ばしてきた読者のために、もう一度書いておこう。

- ▶ 誰もユーザビリティの話をしない。
- ▶ 誰もがユーザビリティについて語る。
- ▶ 誰もユーザビリティの話をしない。

　社内で誰もユーザビリティの話をしていなくても、あなた自身は一冊の本を読み終えていい刺激になったと感じていることだろう。また、ユーザビリティを改善するとなったら、頼りになるのは自分だけで、誰の助けもなく、お金もなく、時間には限りがあるのだと感じることにもなりそうだ。こういう残念な事実があるのだから。

- ▶ あらゆる"モノ"にユーザビリティの問題がある。
- ▶ 問題を修正するためのリソースが足りることはない。

　この事実を受け入れて、前に進もう。何かがイケてない理由についてくよくよするより、改善方法を見つけ出そう。自分でできることはたくさんある。デザインチームのやる気も引き出せれば、さらに良し。ユーザビリティテストがゴールドラッシュみたいなものだってことを上の人たちに理解させることができれば、まさに大金星だ！

ゲリラ形式ユーザビリティ

　さて、この本を読み終わる前に、それを実用化する方法を紹介しよう。

まず、あなたが自分で手がける"モノ"を思い浮かべながら、各章の結びとなっている10個のリストを見直そう。そして各リストから、多くの手助けや費用がなくても対応できそうな項目を1個ずつ選ぼう。

この（各章から1個ずつタスクを集めた）10項目の基本的なリストを用意したうえで、改善するポイントとその達成手段をメモしていこう。現状に至った理由を思い悩むのではなく、本来ならどうあるべきかを考えよう。その傍ら、あなたにとって難問となっている部分について友人や同僚、家族に意見を聞こう。中には能天気な答えやアドバイスもあるだろうけど、役立つものもきっとあるはず。

さて次に、そのメモを絞り込んで、変更したいごく具体的な10項目を集めたリストを作ろう。そして以下の2通りの観点から、このリストの優先順位づけを2回やってみよう。

- ミッションクリティカルな変更（コンバージョンを達成するか、阻害する可能性があるもの）
- 小さな勝利、手軽な修理（修正に多くの手間や時間がかからず、小刻みな改善をもたらすもの）

当初のリストに入っていた項目のうち、優先順位づけした2つのリストのどちらでも上位に入るものがあれば、まずそのタスクから着手しよう。それが楽だし、重要でもあるからだ。でも、残りの件についてもお忘れなく。スケジュールを切って、ちゃんと進めよう。

最後に、やると決めた変更を現実的に完了できる期限を、あなた自身（またはデザインチーム）に対して設定しよう。そして何もかも片付いたら、新たな10項目のリストを作って再スタート、となる。

正式な思考発話法テスト

ユーザビリティテストをまともに実施するつもりはないかもしれないけど、それはこんなかたちで行なわれる。

ユーザビリティテストでよく用いられる手法は、少なくともオンラインアプリケーションの場合、「思考発話法（think-aloud）」テストというもの。このテストで、被験者はさまざまなタスクを完了するよう指示される。フォーム入力をしたり、必要な情報を探したり、いくつかの情報に基づいて判断を下したり。これらのタスクが、「テストプロトコル」として知られる手続き体系を構成する。

被験者は、そのアプリケーションのターゲットグループに属し、組織の外部にいる人物であれば理想的だ。まったくの部外者を集めるのが無理なら、友人や家族で間に合うこともある。でも、社内の仲間から選抜する場合はご注意を。身内からの意見は甘口になりがちだからね。事無かれ主義者ではなく、率直な意見が言える人たちを見つける必要がある。

被験者はタスクの実行中に思ったことを口に出すよう指示される。たとえばこんな感じ。

「うーん。どうしたらいいかな。大きな赤いボタンをクリックすればよさそうだ。（クリックして）おや。どうやってここへ来たんだっけ？ そうそう、このリンクだ。（クリックして）なんでこのページに来るには2回クリックが必要なんだろう？ 欲しい情報がなかなか見つからないけど、このページのどこかにきっとあるはず……」

このテストの間、ファシリテーター／オブザーバーは被験者の横に座り、その様子を観察してメモを取る。被験者が黙り込んだら、ファシリテーターはこんな質問をして発言を促す。

- 「いま何を考えているところですか？」
- 「何を見ているのですか？」
- 「これから何をしたいですか？」

こういうテストから、たくさんのことがわかる。そして、デザイナーを同席させて観察に加わってもらう場合には（黙って見ていることができればの話だけど）、ユーザーがそのデザインと格闘している様子を目の当たりにするのは、しばしば彼らにとってショックなものだ。でも、チーム内の誰かが気を悪くするんじゃないかという心配は御無用。こういうテストはまさしく中立的で、建設的な意見の表れだから、変な意味に取られることはめったにない。

私がここで書いてみたのは、ごくざっくりとした解説だ。プロのファシリテーターなら、私のアドバイスに関するもっともな不満をあれこれ抱くだろう。でも、組織的な予算がなく、誰かの手助けもあてにできないとしたら、これが事態を進展させる有効手段となる。実際、毎月1時間ずつこういうテストを実施するだけでも、驚くほど貴重な機会になることがわかるよ。

ユーザビリティをビジネス事例の一部に

あなたはみんなに製品を買ってほしい。あるいはサービスを利用してほしい。アイデアに賛同してほしい。つまりは、あなたが提供する製品やサービス、アイデアの成功は、それに市場がどう反応するかにかかってくる。良いユーザビリティは、太陽の光のように、良いものを一段と魅力的に見せる。そしてあなたが提供するものが良い働きを見せるほど、より多くの目標が達成できるのだ。どんなものであっても。

自分よりずっと強い立場にいる同僚たちを納得させるにあたってやるべきことは、ユーザビリティを通じてどんな利益が手に入る可能性があるかを示すことだ。それをやってのけるには、ベースライン（基準値）をはっきりさせておくことが必要。スタート前にはどんな状態だったのかわからなければ、結局どこが改善できたのか見せられないことになる。

オンラインに限定された仕事をしているなら、Google Analyticsなどの解析ツールで手堅いデータを必ず入手しておこう。ただし、高機能なコンテンツ管理システム（CMS）には、魅力あふれるオンラインマーケティング用のツール群や"カスタマーエンゲージメントプラットフォーム"も付いてくる。利用中のCMSと一緒にそういうものがインストール済みなら、その組織ではおそらく、すでにユーザビリティを気にしているはず。でもとりあえず、あなたはまだ"ユーザビリティの道を行く一匹狼"だということにしておこう。

これらのデータを使って、うまくいっているところといないところをみんなに見せよう。さらに、機能性やデザインやコンテンツにちょっと手を加えれば、コンバージョンを改善できることを示そう。たとえば、"直帰率"が89パーセントにのぼるページがサイト内にあるとしたら、それは調査を要する問題となる［原注2］。それがごく普通の情報提供ページで、平均滞在時間が2分間ならば、おそらくそのページは正常と言えるはず。でも、コンバージョンファネルの一部となっているページで、他にも選べるリンクがあるのに数秒間で「戻る」ボタンがクリックされているなら、何か問題があるのだ［原注3］。だから、直帰率のデータや思い当たる不調の理由を用意しつつ、あなたがアドバイスする変更を実施すればどれだけ収益アップにつながりそうなのかを示す予測を立てよう。

確かに、よちよち歩きみたいなものだ。でも、これが出発点になる。しかもこれは、たとえ偉い人たちが全面的にサポートしてくれない時でも、実行に移すことができる。

何か形のある製品を扱っている場合は、製造工程の変更が難しくなりそうだとわかることは確実だろう。あなたのアイデアをどこまで採用してもらえるかは、次の4つの条件次第となる。

- 組織内でのあなたの影響力
- 製造工程の変更の難易度
- 出荷済み製品の現状の保証内容に対する、あなたのアドバイスによる変更の影響度
- ユーザビリティの改善がコスト削減と売上アップをどう実現するのかを示すあなたのプレゼン能力

時には、製品の貼付ラベルでのちょっとした変更が見事な結果を出すことがある。説明書やパッケージの文章を少しいじっただけでもね。だから、あきらめちゃいけない。手を伸ばせばつかめるところにぶら下がっているユーザビリティの果実は、いつもどこかに見つかる。

サービスを扱っている場合は、サービスを提供している担当者に対して、あなたのアドバイスを採用すれば次のことができると示すことが仕事になるだろう。

［原注2］ 直帰率（bounce rate）とは、ページにアクセスしたユーザーがそれ以上操作せずにすぐページを離れてしまうケースが占める割合のこと。

［原注3］ コンバージョンファネル（conversion funnel）とは、基本となる情報提供ページから、代金や個人情報を差し出すフォーム画面へと、潜在顧客を誘導するルートの一部のこと。

- ▶ 顧客からのクレーム処理を減らす
- ▶ 一段とこなしやすく、ストレスの少ない仕事ができる
- ▶ 同僚からも顧客からも、より多くの敬意を受ける
- ▶ コストを削減する

そして、これはただの甘い言葉じゃない。サービス提供者が一致協力すれば、ちゃんと実現することなのだ。前線 (front line) にいる人たちに最終的な利益 (bottom line) を意識してもらうこと、それはあなたにもきっとできる！

さて、あなたが読んできたこの本の本編は、ここでおしまい。この後の番外編は、より良い世界を築くための探索に役立ててもらえそうな、3本立てのストーリーだ。

発明か、それともイノベーションか？

ウェブスターの辞書では、「innovation」を「何か新しいもの（新しいアイデア、手法、装置など）を導入すること」と定義している。でも、この定義は誤解を招きやすい。確かにイノベーションには新しさがつきものだけど、ただ新しいというだけで革新的になるとは限らない。

イノベーションする理由はたった1つしかなく、それは「問題解決」であると、私は固く信じている。そして、問題を解決しないのは新たな問題を作り出すのと同じことである、とね。イノベーションはいつだって「計画的プロセス」であると言ってもいい。

それはつまり、（無計画に起こることも多い）発明が、実はイノベーションに先立つステップだということにもなる。1つ例を挙げて説明しよう。

1890年代を通じて、グリエルモ・マルコーニは無線による遠隔通信の実験を行なっていた。1894年12月、彼は初めての無線電信を送った。そして1909年には、無線通信技術の発展への貢献を認められ、カール・ブラウンと共にノーベル物理学賞を受賞した [原注4]。しかし、これもイノベーションなのだろうか？

いや、違う。真のイノベーションが生じたのは1912年4月15日、大西洋上で不運に見舞われたタイタニック号の近くにいた他の船が受信した無線救難信号のおかげで、710名の乗客と乗務員が救助された時だ。マルコーニの発明は、1つの問題を解決した。その「計画的プロセス」とは、海岸や他の船から離れすぎて旗や信号弾、警笛といったシグナルが使えない時に、通信に役立つ無線電信技術を採用することだった。

でも、タイタニック号の話はここで終わりじゃない。その近くにいたカリフォルニアン号という船は、無線通信手が就寝した後だったせいでSOSを受信できなかった。その結果として新たな法律が定められ、船舶の無線ス

テーションには24時間無休で人員を配置することが義務づけられた。ベストプラクティスの誕生というわけだ。

　要するに、発明がイノベーションにつながり、それがさらにベストプラクティスにつながるってこと。次なるイノベーションサイクルは、現在のベストプラクティスを土台として生まれるのだ。そして、そのサイクルは永遠に繰り返していく。

　さまざまなイノベーションの中には、段階的に少しずつ進むものもある。古代ローマの輸送システムとして生まれたクルスス・ププリクス（cursus publicus）[訳注1]が正式な郵便システムへと発展し、後世ではFAXと役割分担するに至ったようにね。段階を追うごとに、2つの地点の間でのメッセージの配達は、より速く効率的になっていった。でも、中には破壊的イノベーションもある。たとえば、電子メールは文書を送信する一段と手軽な方法となるだけに留まらない。電子メール（およびその添付ファイル）は、地球の反対側にいる仲間と"同一の"文書を編集することを可能にする手段にもなる。

　驚くにはあたらないけど、FAXの導入は大半の企業でかなり急速に進んだ。それなのに、編集可能な文書を企業が快く社外に送れるようになるには何年もかかった。法的な観点では、どのような文書が"原本（オリジナル）"と呼べるのかについて、昨今でもまだ議論が続いている。

　最後にひとこと。あなたがイノベーションを起こすたびに（つまりは問題を解決するたびに）、そのアクションは技術的、社会的、政治的な影響を及ぼすだろう。それら3つの件すべてを考慮しておかないと、革新的ソリューションは想定外の事態を招くことも多い。イノベーター志望者は、そのことを意識する必要があるよ。

　あなたの仕事は、発明とイノベーションの違いをデザインチームに確実に理解してもらうこと。ただ他との差を付けたいがために"新しモノ"を作らせてしまわないように。問題を解決しないとね！

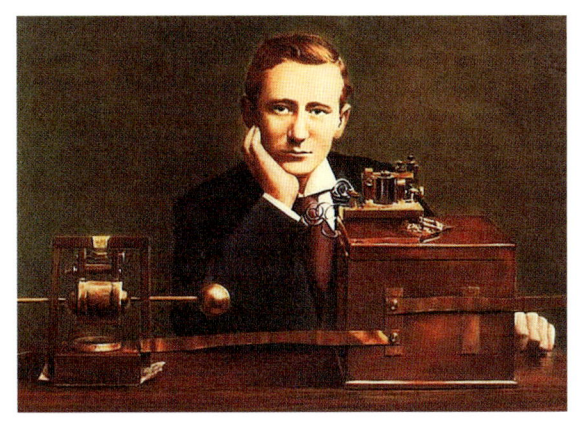

1894年、グリエルモ・マルコーニは史上初の無線電信を送った。そして1909年に、無線通信技術の発展への貢献を認められ、カール・ブラウンと共にノーベル物理学賞を受賞した。

[原注4]　マルコーニの代わりにニコラ・テスラが受賞すべきだったことを示唆する証拠も今では多いが、それはまた別の話。
[訳注1]　元の意味はギリシャ語で「公共の道」。

事故原因は1つに絞り切れないもの

　タイタニック号が沈没した理由をたずねると、ほぼ誰もが「氷山にぶつかったから」と答えるだろう。それは真実だ。でも、なぜ氷山に衝突したのか？ そして、なぜそのせいで沈没したのか？

　ほぼどんな災害でも、「なぜ」が1つだけで済むことはない。タイタニック号の話をよく調べてみれば、たとえばこういう多くの要因が関わっていることがわかる。

- ▶ 船が22ノットというかなりのスピードで航行していた。
- ▶ 氷山はその季節にしては通常よりもずっと南にあった。
- ▶ 氷に注意せよとの重要な警告が、無線通信手から船長に伝わらなかった。
- ▶ 海上はきわめて穏やかだったので、氷山の航跡がまったく残っていなかった。つまり、氷山を見つけた時には、もう安全に舵を切る余裕はなかった。
- ▶ 一部の造船設計家の指摘によれば、このサイズの船を素早く旋回させるには舵が小さすぎたかもしれなかった。
- ▶ 船体を接合していたリベットが品質基準を満たしておらず、冷たい水の中では格段にもろくなっていた。
- ▶ 防水隔壁が十分な高さに届かず、船が沈むにつれて1つの区画から隣の区画へと次々に浸水してしまった。
- ▶ タイタニック号が氷山を完全に見落としていて、ただ正面から突っ込んでいたら、船は難を逃れたかもしれなかった。

　これらの要因のどれか1つでも多少違っていたら、大惨事は免れたのかもしれない。でも、これが現実ってやつだ。

　そこで、さっき準備をお願いした10項目のリストをあらためて見てみよう。たった1つの手っ取り早い修正か簡単な変更をすれば、奇蹟的な成果を生み出せることがわかるかもしれないよ。

単発的な出来事から結論を出さない

　タイタニック号事件は、たった1つの観測結果を過度に一般化すると統計的にダメなモデルとなる理由を示す、良いお手本だ。タイタニック号の場合、かなり穏やかな海の上で、船体をほぼ水平に保ったまま、2時間半以上かけて沈没したわけで、救命ボートの数が足りていれば乗客は助かったはずだ。船には全員が乗れるだけの救命ボートを備える必要がある、それが結論となった。

　それなのに、タイタニック号の前にも後にも、そんな思いもよらない沈み方をした船はない [原注5]。大半の船はあっという間に沈没してしまう。大きく傾斜する場合も多く、そうなると救命ボートを出すのが不可能になる。ボートを余分に備えれば甲板上でじゃまになり、出せるはずのボートも出しにくくなる。おまけに、船体によって

はボートの重量が増えるとバランスが不安定になり、危険性が増す場合もある。

　そして、そういう理由があったからこそ、タイタニック号では救命ボートに乗れる人数を定員より少なくしていたのだ。当時の大半の船と同じようにね。ただし、その数年後に事故を起こした遊覧船イーストランド号には、ちゃんと"全員分のボート"が用意されていた。1915年3月4日にウィルソン大統領の署名で成立したラフォレット船員法が、すぐさま実を結んだことになる。そしてこの一件が、私が語る3つのストーリーのうち最後の1つになる。

　1915年7月2日、シカゴ近郊の五大湖をめぐる遊覧船イーストランド号は、認可を受けた2,500名の定員数に見合うように救命ボートの数を増やした。そして同月24日、乗船人数が初めて定員に達した時、危なっかしくバランスを崩したその船は停泊中のドックで転覆した。社員旅行に出発するところだった800名を超えるウェスタンエレクトリック社の従業員が溺れてしまった。救命ボートは一隻も出せないまま。

　だから、統計的事実がほぼ無きに等しい状態で成り立っている"ベストプラクティス"とやらにはご用心を。それはまた、顧客満足度アンケートやアクセス解析ツールによる単発的な統計データを解釈したり、チーム内の誰か一人だけ（ただし声はデカいメンバー）の意見を聴いたりする時には、すぐ結論に飛びつかないようにご注意を、ってことでもあるよ。

タイタニック号のエンゲルハート折りたたみ救命ボート。カルパチア号という別の船のおかげで、710名もの乗客が救助された。これは1912年4月15日の夜に、世界初のSOS信号に応答するという英雄的行動となった。

遊覧船イーストランド号は初めて満員となった時、シカゴ川の停泊場で転覆した。溺死者は800名を超えた。救命ボートの数を増やしたことが、惨事を引き起こす一因となったのだ。

[原注5]　その他の大規模な船舶事故について、沈没にかかった時間の統計データを挙げておこう。アイルランドのエンプレス号（1914年）：14分、ルシタニア号（1915年）：18分、イーストランド号（1915年）：2分、ブリタニック号（1916年）：55分、アンドレア・ドリア号（1956年）：11時間（ただし大きく傾いたせいでボートは半数しか出せなかった）、ヘラルド・オブ・フリー・エンタープライズ号（1987年）：90秒、ドニャ・パス号（1987年）：2時間（ただし炎上した）、エストニア号（1994年）：55分（激しい嵐の中）、ジョラ号（2002年）：5分未満。

その他のおすすめ本
Other Books you might like

いやはや、これは確かにごちゃまぜだ。でも、すべてユーザビリティにまつわる本だ（ひと味違うかたちでね）。

Jason Burby and Shane Atchison
『Actionable Web Analytics: Using Data to Make Smart Business Decisions』
（Wiley, 2007年）

George W. Hilton
『Eastland: Legacy of the Titanic』
（Stanford University Press, 1995年）

Eric Chester
『Getting Them to Give a Damn: How to Get Your Front Line to Care about Your Bottom Line』
（Dearborn, 2005年）

Jeffrey Rubin and Dana Chisnell
『Handbook of Usability Testing: How to Plan, Design, and Conduct Effective Tests』
（Wiley, 2008年）

Clayton M. Christensen
『The Innovator's Dilemma: When New Technologies Cause Great Firms to Fail』
（Harvard Business School Press, 1997年）
日本語版:
クレイトン・クリステンセン
『イノベーションのジレンマ―技術革新が巨大企業を滅ぼすとき』
（翔泳社, 2001年）

Clayton M. Christensen and Michael E. Raynor
『The Innovator's Solution: Creating and Sustaining Successful Growth』
（Harvard Business School Press、2003年）
日本語版:
クレイトン・クリステンセン、マイケル・レイナー
『イノベーションへの解 利益ある成長に向けて』
（翔泳社, 2003年）

David G. Brown
『The Last Log of the Titanic: What Really Happened on the Doomed Ship's Bridge?』
（McGraw Hill, 2001年）

Tom Tullis and Bill Albert
『Measuring the User Experience: Collecting, Analyzing, and Presenting Usability Metrics』
（Morgan Kaufmann, 2008年）

Steve Krug
『Rocket Surgery Made Easy: The Do-It-Yourself Guide to Finding and Fixing Usability Problems』
（New Riders, 2010年）

検索したいキーワード
Things to Google

- **Think-aloud test**
  思考発話法テスト

- **Usability test protocols**
  ユーザビリティテスト・プロトコル

- **Usability test facilitation**
  ユーザビリティテスト・ファシリテーション

- **Guerilla usabilit**
  ゲリラ形式ユーザビリティ

- **Web analytics**
  ウェブ解析

- **Online business models**
  オンラインビジネスモデル

- **Service design ROI**
  サービスデザイン投資対効果

- **Innovation**
  イノベーション

- **Clayton Christensen**
  クレイトン・クリステンセン

- **Disaster scenarios**
  災害シナリオ

- **RMS Titanic**
  タイタニック号

- **Eastland disaster**
  イーストランド号転覆

おすすめ本ライブラリー

　本書の各章の終わりには、おすすめ本のリストがある。それらと重複するおそれはあるけれど、製品デザイン、サービスデザイン、ウェブサイトデザイン、ユーザーエクスペリエンス（UX）デザイン、それらの関連分野に深い関心をお持ちのみなさんに役立つベーシックなライブラリーに収められそうな本たちを、ここにまとめておこう。

解析

Tom Tullis and Bill Albert『Measuring the User Experience: Collecting, Analyzing, and Presenting Usability Metrics』(Morgan Kaufmann, 2008年)

Louis Rosenfeld『Search Analytics for Your Site』(Rosenfeld Media, 2011年)
日本語版：
『サイトサーチアナリティクス アクセス解析とUXによるウェブサイトの分析・改善手法』(丸善出版, 2012年)

Jim Sterne『Social Media Metrics: How to Measure and Optimize Your Marketing Investment』(Wiley, 2010年)
日本語版：
ジム・スターン『実践ソーシャル・メディア・マーケティング 戦略・戦術・効果測定の新法則』(朝日新聞出版, 2011年)

Olivier Blanchard『Social Media ROI: Managing and Measuring Social Media Efforts in Your Organization』(Que, 2011年)
日本語版：
オリビエ・ブランチャード『ソーシャルメディアROI ビジネスを最大限にのばすリアルタイム・ブランド戦略』(ピアソン桐原, 2012年)

Avinash Kaushik『Web Analytics an Hour a Day』(Sybex, 2007年)
日本語版：
アビナッシュ・コーシック『Webアナリスト養成講座』(翔泳社, 2009年)

認知

Susan M. Weinschenk『100 Things Every Designer Needs to Know About People』(New Riders, 2011年)
日本語版：
『インタフェースデザインの心理学 ―ウェブやアプリに新たな視点をもたらす100の指針』(オライリージャパン, 2012年)

Jonah Lehrer『How We Decide』(Mariner, 2009年)
日本語版：
ジョナ・レーラー『一流のプロは「感情脳」で決断する』(アスペクト, 2009年)

Stuart Sutherland『Irrationality』(Constable and Co., 1992年)

Cordelia Fine『A Mind of Its Own: How Your Brain Distorts and Deceives』(Icon, 2005年)
日本語版：
コーデリア・ファイン『脳は意外とおバカである』(草思社, 2007年)

Susan Weinschenk『Neuro Web Design』(New Riders, 2009年)

B.J. Fogg『Persuasive Technology: Using Computers to Change What We Think and Do』(Morgan Kaufmann, 2003年)

日本語版：
B.J.フォッグ『実験心理学が教える人を動かすテクノロジ』（日経BP社, 2005年）

Dan Ariely『Predictably Irrational: The Hidden Forces That Shape Our Decisions』（HarperCollins, 2009年）

日本語版：
ダン・アリエリー『予想どおりに不合理─行動経済学が明かす「あなたがそれを選ぶわけ」(増補版)』（早川書房, 2010年）

コンテンツ制作

Colleen Jones『Clout:the Art and Science of Influential Web Content』（New Riders, 2011年）

Gerry McGovern『Killer Web Content: Make the Sale, Deliver the Service, Build the Brand』（A&C Black, 2006年）

Ginny Redish『Letting Go of the Words』（Morgan Kaufmann, 2007年）

コンテンツ戦略

Margot Bloomstein『Content Strategy at Work: Real-World Stories to Strengthen Every Interactive Project』（Morgan Kaufmann, 2012年）

Kristina Halvorson and Melissa Rach『Content Strategy for the Web』（New Riders, 2012年）

Richard Sheffield『The Web Content Strategist's Bible: The Complete Guide to a New and Lucrative Career For Writers Of All Kinds』（CreateSpace, 2009年）

デザインリサーチ

Hugh Beyer、Karen Holtzblatt『Contextual Design: Defining Customer-Centered Systems』（Morgan Kaufmann, 1998年）

Mike Kuniavsky『Observing the User Experience: A Practitioner's Guide to User Research』（Morgan Kaufmann, 2003年）

日本語版：
マイク・クニアフスキー『ユーザ・エクスペリエンス ユーザ・リサーチ実践ガイド』（翔泳社, 2007年）

工業デザイン

Donald A. Norman『The Design of Everyday Things』（Doubleday Business, 1990年）

日本語版：
D.A.ノーマン『誰のためのデザイン？─認知科学者のデザイン原論』（新曜社, 1990年）

Henry Dreyfuss『Designing for People』（Simon and Schuster, 1955年）

Gavriel Salvendy『Handbook of Human Factors and Ergonomics』（Wiley, 2006年）

Donald A. Norman『Living with Complexity』（MIT Press, 2011年）

日本語版：
ドナルド・ノーマン『複雑さと共に暮らす─デザインの挑戦』（新曜社, 2011年）

おすすめ本ライブラリー

情報アーキテクチャ

Christina Wodtke and Austin Govella『Information Architecture: Blueprints for the Web』(New Riders, 2009年)

Peter Morville and Louis Rosenfeld『Information Architecture for the World Wide Web』(O'Reilly, 2006年)
日本語版:
『Web情報アーキテクチャ―最適なサイト構築のための論理的アプローチ』(オライリージャパン, 2003年)

Andrea Resmini and Luca Rosati『Pervasive Information Architecture: Designing Cross-Channel User Experiences』(Morgan Kaufmann, 2011年)

インタラクティブデザイン（総論）

Kim Goodwin『Designing for the Digital Age: How to Create Human-Centered Products and Services』(Wiley, 2009年)

Bill Moggridge『Designing Interactions』(MIT Press, 2007年)

Ben Shneiderman and Catherine Plaisant『Designing the User Interface: Strategies for Effective Human-Computer Interaction』(Addison Wesley, 2005年)
日本語版:
ベン・シュナイダーマン『ユーザーインタフェースの設計―やさしい対話型システムへの指針』(日経BP社, 1995年)

Jesse James Garrett『The Elements of User Experience: User-Centered Design for the Web』(New Riders, 2003年)
日本語版:
『ウェブ戦略としての「ユーザーエクスペリエンス」―5つの段階で考えるユーザー中心デザイン』(毎日コミュニケーションズ, 2005年)

インタラクティブデザイン（各論）

Daniel Wigdor and Dennis Wixon『Brave NUI World: Designing Natural User Interfaces for Touch and Gesture』(Morgan Kaufmann, 2011年)

Matthew Linderman、Jason Fried (37 signals)『Defensive Design for the Web: How to Improve Error Messages, Help, Forms, and Other Crisis Points』(New Riders, 2004年)

Dan Saffer『Designing Gestural Interfaces: Touchscreens and Interactive Devices』(O'Reilly, 2008年)

Jenifer Tidwell『Designing Interfaces』(O'Reilly, 2005年)
日本語版:
『デザイニング・インターフェース 第2版―パターンによる実践的インタラクションデザイン』(オライリージャパン, 2011年)

Greg Nudelman『Designing Search: UX Strategies for eCommerce Success』(Wiley, 2011年)

Joshua Porter『Designing for the Social Web』(New Riders, 2008年)

Christian Crumlish、Erin Malone『Designing Social Interfaces』(O'Reilly, 2009年)

James Kalbach『Designing Web Navigation: Optimizing the User Experience』(O'Reilly, 2007年)
日本語版:
『デザイニング・ウェブナビゲーション―最適なユーザーエクスペリエンスの設計』(オライリージャパン, 2009年)

Bill Scott、Theresa Neil『Designing Web Interfaces』(O'Reilly, 2009年)
日本語版:
『デザイニング・ウェブインターフェース―リッチなウェブアプリケーションを実現する原則とパターン』(オライリージャパン, 2009年)

Caroline Jarrett、Gerry Gaffney『Forms that Work: Designing Web Forms for Usability』(Morgan Kaufmann, 2009年)

Bill Buxton『Sketching User Experiences: Getting the Design Right and the Right Design』(Morgan Kaufmann, 2007年)

Steve Mulder with Ziv Yaar『The User Is Always Right: A Practical Guide to Creating and Using Personas for the Web』(New Riders, 2006年)
日本語版:

『Webサイト設計のためのペルソナ手法の教科書 ～ペルソナ活用によるユーザ中心ウェブサイト実践構築ガイド～』（毎日コミュニケーションズ, 2008年）

Robert Hoekman, Jr. and Jared Spool『Web Anatomy: Interaction Design Frameworks that Work』（New Riders, 2010年）

Luke Wroblewski『Web Forms Design: filling in the blanks』（Rosenfeld Media, 2008年）

James Robertson『What Every Intranet Team Should Know』（Step Two Designs, 2009年）

プロジェクト管理

Russ Unger and Carolyn Chandler『A Project Guide to UX Design: For User Experience Designers in the Field or in the Making, Second Edition』（New Riders, 2012年）

日本語版：
『UXデザインプロジェクトガイド―優れたユーザエクスペリエンスデザインを実現するため』（カットシステム, 2011年）

Arnie Lund『User Experience Management: Essential Skills for Leading Effective UX Teams』（Morgan Kaufmann, 2011年）

プロトタイピング／ドキュメンテーション

Dan Brown『Communicating Design: Developing Web Site Documentation for Design and Planning』（New Riders, 2012年）

日本語版：
『Webサイト設計のためのデザイン＆プランニング ～ドキュメントコミュニケーションの教科書』（マイナビ, 2012年）

Carolyn Snyder『Paper Prototyping: The Fast and Easy Way to Design and Refine User Interfaces』（Morgan Kaufmann, 2003年）

日本語版：
『ペーパープロトタイピング 最適なユーザインタフェースを効率よくデザインする』（オーム社, 2004年）

Todd Zaki Warfel『Prototyping: A Practitioner's Guide』（Rosenfeld, 2009年）

サービスデザイン

Marc Stickdorn and Jakob Schneider『This Is Service Design Thinking: Basics, Tools, Cases』（BIS, 2011年）

日本語版：
マーク・スティックドーン、ヤコブ・シュナイダー『THIS IS SERVICE DESIGN THINKING. Basics – Tools – Cases ―領域横断的アプローチによるビジネスモデルの設計』（ビー・エヌ・エヌ新社, 2013年）

Ray Considine、Ted Cohn『WAYMISH: Why Are You Making It So Hard For Me To Give You My Money?』（Waymish Publishing, 2000年）

日本語版：
レイ・コンシダイン、テッド・コーン『だから、顧客が逃げていく！―買う気をなくさせるサービスとその撲滅法』（ダイヤモンド社, 2000年）

ユーザビリティ

Steve Krug『Don't Make Me Think: A Common Sense Approach to Web Usability, Second Edition』（New Riders, 2006年）

日本語版：
スティーブ・クルーグ『ウェブユーザビリティの法則 改訂第2版』（ソフトバンククリエイティブ, 2007年）

Jeffrey Rubin and Dana Chisnell『Handbook of Usability Testing: How to Plan, Design, and Conduct Effective Tests』（Wiley, 2008年）

Giles Colborne『Simple and Usable Web, Mobile, and Interaction Design』（New Riders, 2011年）

Jakob Nielsen and Hoa Loranger『Prioritizing Web Usability』（New Riders, 2006年）

日本語版：
『新ウェブ・ユーザビリティ』（MdN, 2006年）

訳者あとがき

　つい数日前のことです。あるカフェで食事をしていた私は、ふと隣のテーブルの女性の方を向いた瞬間、思わず目が釘付けになりました。彼女がやや戸惑い気味に手にしていたのは、四角いデザートカップとまん丸のスプーン——そう、この本でエリックが（東京から遠く離れたスペインのマドリードで、おそらく何年も昔に）遭遇したのとまったく同じ"使えないモノたち"だったのです。

　ダメなユーザビリティは、時と場所を超えてしぶとく生き続けるものらしい。

　そんな残念な事実を実感した出来事でした。

　「ユーザビリティ」という言葉は、形ある製品デザインの世界だけではなく、ウェブデザインというまだまだ新しい専門領域でもすでに広く知られています。でも、四角いカップとまん丸スプーンの組み合わせがまだこの世界から消滅していないのと同じで、ユーザビリティ不足のウェブサイトやアプリはいたるところに存在します。

　本書の著者エリックは、そんな"ユーザビリティの理想と現実"を、ユーモアあふれる豊富な事例とわかりやすいビジュアルを味方にしながら、ちょっぴり皮肉も交えた痛快な語り口で論じていきます。スキルや知識のレベルを問わず、何らかのかたちでデザインに関わりをお持ちの方なら、誰でも興味をそそられるような本に違いありません。翻訳にあたっては、その魅力をできる限り保ち、最初から最後まで面白く読んでいただける文章にするよう心がけました。彼の独特なセンスが、読者のみなさんにうまく伝わることを願っています。

　もちろん、本書はただ愉快なだけの読み物ではありません。"ユーザビリティの理想と現実"のギャップを埋めるためのさまざまな経験則や歴史的知識、参考文献などの情報が詰め込まれたこの本は、デザインの現場で使える実用書としても大いに役立ちます。特に、エリックの推奨する「ゲリラ形式ユーザビリティ」、つまり面倒な手続きや高いコストをかけずにユーザビリティを向上させる手法を実践するためのマニュアルとして、心強い味方となるはずです。デザインという仕事に携わる私たち一人一人が"ゲリラ精神"に則り、他の誰かを頼るより、まず自分の頭と手をちょっと使ってみるようになれば、この世界にあるモノたちは（少しずつでも）より良いものへと変わっていくでしょう。

　さて、この本でぜひ学びたい重要なポイントの1つは、ユーザビリティが「使いやすさ」とイコールではない、ということです。この2つが同一のものであるかのように扱われることが実に多いのですが、「使いやすさ」とは、ど

んな人がどのような状況で使うかによって大きく左右される、非常に主観的で移ろいやすい概念であり、測定基準というよりは一種の価値観に近いものと考えるべきでしょう。そのため、一般的なユーザビリティの定義においてそれが「使いやすさ」という言葉で置き換えられていることはありません。

「使いやすさ」がユーザビリティのすべてではないという観点に立てれば、それが本書の半分に過ぎないという、もうひとつの大事なポイントにも納得がいきます。つまり、ユーザビリティには「使いやすさ」と同じくらい「優美さと明快さ」も必要だということ──そしてコインの裏表のように、それらは不可分であるということです。

ユーザビリティは国際標準であるISO規格でも定義され、時代の流れを反映して改定が繰り返されていますが、おそらくその最新バージョンと呼べるISO/IEC25010:2011でも、ユーザビリティを構成するいくつもの要素の中に「User Interface Aesthetics」、つまりユーザーインターフェースの審美的な品質というものが入っています。

また、もはや便利で実用的なだけの製品やサービスを作るだけでは十分ではなく、利用する人々の「感性」に訴え、望ましい「体験」を提供することが大きな関心の的となっている現在のデザインビジネスの視点に立てば、「優美さと明快さ」を重視するエリックの理念は、一段と共感を呼ぶことでしょう。

「使いやすさ」と「優美さと明快さ」のバランスを備えた、真のユーザビリティの実現への道は、まだまだこれからです。その道が終わることはないとしても、本書がその長い旅路を共に歩む、愉快で頼もしいパートナーになれば幸いです。

担当編集者の村田 純一氏には、最初の読者としても貴重なコメントやアドバイスの数々をいただきました。翻訳の楽しさをあらためて実感できた、この素晴らしい本との出会いをくださったことに、心よりお礼申し上げます。

また、ユーザビリティの概念についてこれまで私を啓蒙してくださった多くの方々、特にオンライン記事や著書を通じて、いつもこの上なく貴重な学びの機会を与えてくださる黒須 正明教授に、この場を借りて深く感謝の意を表します。

2013年 秋分の季節に
浅野 紀予

索 引

数 字

101のパターンカード集　133
1つのアイコンに1つの機能　209
1つのオブジェクトに1つの動作　209-210
1つのボタンに1つの機能　208
3クリックで一巻の終わり　103
3段階式ユーザビリティプラン　021,232
404エラーページ　030,118
530グラムのシューズ　171

A

『Actionable Web Analytics: Using Data to Make Smart Business Decisions』　240
alt属性　055,181
Amazon　015,036,026,038,079,102,116,141,170,177,217
『Ambient Findability』　161
『A Mind of Its Own: How Your Brain Distorts and Deceives』　196
Android　051,053
Apple Lisa　060-061
Avis Rent-A-Carのポップアップウィンドウ　124

B

Berlingske　141
Bill Scott　066
Boing Boing　046
Braun社製の目覚まし時計　059

C

Caroline Jarrett　048
Cass R. Sunstein（キャス・サンスティーン）　196
CD　039,124,131,221
Christian Crumlish　231
Clayton M. Christensen（クレイトン・クリステンセン）　240
『Clout: the Art and Science of Influential Web Content』　182

Colgate「Free trial size（無料お試しサイズ）」　189
Colleen Jones　182
『Contextual Design: Defining Customer-Centered Systems』　108
KaDeWe　155
Cordelia Fine（コーデリア・ファイン）　196

D

Dan Ariely（ダン・アリエリー）　196
Dan Lockton　133
Dana Chisnell　240
David G. Brown　240
David Harrison　133
David Lane　155
David Weinberger（デビッド・ワインバーガー）　214
『Defensive Design for the Web: How to Improve Error Messages, Help, Forms, and Other Crisis Points』　048
『Designing for People』　068,069,087
『Designing for Small Screens』　161
『Designing Social Interfaces』　231
『Designing Web Interfaces』　066
『Design with Intent: 101 patterns for influencing behavior through design』　133
Donald A. Norman（D. A. ノーマン）　196,214
『Don't Make Me Think』　023,055

E

『Eastland: Legacy of the Titanic』　240
eBay　057,217
Edward R. Tufte　161
Edward Tenner（エドワード・テナー）　231
Ellen Roddick　182
Eric Chester　240
Erin Malone　231
Ethan Marcotte　066
『Everything is Miscellaneous: The Power ofthe New

Digital Disorder』 214

F

fatdux.com　120, 182, 204
FAX　096
『Forms that Work: Designing Web Forms for Usability』　048
「For your convenience...（ご都合に合わせて…）」　089
Flash　031, 032
F型パターン　074

G

GatherSpace.com　191
Gavriel Salvendy　087
George W. Hilton　240
Gerry Gaffney　048
『Getting Them to Give a Damn: How to GetYour Front Line to Care about Your BottomLine』　240
Giles Colborne　214
Ginny Redish　182
Google Analytics　031, 235

H

『Handbook of Human Factors and Ergonomics』　087
『Handbook of Usability Testing: How toPlan, Design, and Conduct Effective Tests』　240
『Handheld Usability』　161
Henry Dreyfuss　068, 069, 087
HPのノートパソコン　056
Hugh Beyer　108
『Human Factors and Web Development』　087
Hyundai Genesisのカーナビ　122

I

『In Search of Excellence』　103, 108
Interfloraのサイト　072
iPad　031, 032, 053, 070, 079
iPhone　163, 208
iPod shuffle　072
iPod　098
『Irrationality』　196
iTunes　017, 098

J

Jan Benway　150
Jason Fried　048
Jason Burby　240
Jason Fried　048
Jeffery Callender　231
Jeffrey Rubin　240
Julie Ratner　087

K

Karen Holtzblatt　108
Kevin Lynch（ケヴィン・リンチ）　161

L

Lance Loveday　108
『Letting Go of the Words』　182
LiGo　142-144
LinkedIn　113, 217
『Living with Complexity』　214
LL Beanの共有参照事例　170
Louis Rosenfeld　133
Luke Wroblewski　048

M

Mark Hurst　164
Matthew Linderman　048
『Measuring the User Experience: Collecting,Analyzing, and Presenting UsabilityMetrics』　240
Michael E. Raynor（マイケル・レイナー）　240
Microsoft Word　056, 115, 209
mondaine.chのサイト　175
Morgan Kaufmann　048, 108, 182, 240

N

NAACPへの寄付　044-046
Neville A. Stanton　133
『Neuro Web Design』　066
New York Timesのサイト　052-053
『Nudge』　196

O

Olivier Blanchard（オリビエ・ブランチャード）　231
『On Writing Well』　182

P

Per Mollerup 161
Peter Morville（ピーター・モービル） 161, 231
Politiken 141
POV（point-of-view：ユーザーの観点） 088
『Predictably Irrational: The Hidden Forces That Shape OurDecisions』 196

Q

QRコード 123, 124, 133

R

Rachel McAlpine 182
RAF（remind, alert, force） 109-110, 114
Ray Considine（レイ・コンシダイン） 108
『Responsive Web Design』 066
Richard H. Thaler（リチャード・セイラー） 196
Robert H. Waterman（ロバート・ウォーターマン） 103, 108
『Rocket Surgery Made Easy: The Do-It-Yourself Guide to Finding and Fixing Usability Problems』 240

S

『Simple and Usable Web, Mobile, and Interaction Design』 214
Samsung Ultra Touch 149
Sandra Niehaus 108
SAS搭乗チケット 067
Scott Weiss 161
『Search Analytics for Your Site』 133
『Search Patterns』 231
Shane Atchison 240
『Social Media ROI: Managing andMeasuring Social Media Efforts in YourOrganization』 231
Steve Krug（スティーブ・クルーグ） 023, 055, 125, 240
Steve Mulder 108
Steve Souders 038
Stuart Sutherland 196
Studio 7.5 161
Stumblehere.com 161
Susan Weinschenk 066

T

Tastebook.com 079
Ted Cohn（テッド・コーン） 108
『The Design of Everyday Things』 196
『The Image of the City』 161
『The Innovator's Dilemma: When NewTechnologies Cause Great Firms to Fail』 240
『The Innovator's Solution: Creating and Sustaining Successful Growth』 240
『The Last Log of the Titanic: What ReallyHappened on the Doomed Ship's Bridge?』 240
Theresa Neil 066
『The User Is Always Right: A PracticalGuide to Creating and Using Personas forthe Web』 108
Tom Peters（トム・ピーターズ） 103, 108
Tom Tullis 240
TripAdvisor 102, 119, 217

U

USATODAY.com 150-152
USBハブ 122
useit.com 074

V

「Velocity and the Bottom Line」 038, 048
『Visual Explanations』 161

W

W3C（World Wide Web Consortium） 166, 204
『WAYMISH: Why Are You Making It So HardFor Me To Give You My Money?』 108
『Wayshowing』 161
『Web Design for ROI』 108
『Web Forms Design: filling in the blanks』 048
『Web Word Wizardry』 182
『Webサイト設計のためのペルソナ手法の教科書～ペルソナ活用によるユーザ中心ウェブサイト実践構築ガイド～』 108
『Why Things Bite Back: Technology and theRevenge of Unintended Consequences』 231
William Zinsser 182
Windows 7 051
wine.com 223, 224
WordPress 057, 125
『Writing That Means Business』 182

Z

Zappos　200, 201, 202
Ziv Yaar　108

あ

アーキタイプ　086
アイコン　057, 060, 061, 063, 065, 084, 110, 142, 162, 163, 161, 173, 174, 181, 186, 202, 209, 213, 214
アイトラッキング　073, 074, 087, 161
アクセシビリティ　178
アダプティブメニュー　132
アドルフ・ヒトラー　128
アナロジー　063, 181
アブラハム・リンカーン　109
米国法人番号（EIN）　069
アラート　110, 111-112, 117, 123, 132
新たなアクション　050
アラン・クーパー（Alan Cooper）　025, 099
アルバート・アインシュタイン　114, 136
安全地帯　097, 098, 169
『アンビエント・ファインダビリティ―ウェブ、検索、そしてコミュニケーションをめぐる旅』　161

い

家（ホーム）アイコン　173
一貫性　116, 135, 184, 198-214, 215, 216, 226
一本道に近いパターン　050
いつもと違う状況　097-098
『イノベーションのジレンマ―技術革新が巨大企業を滅ぼすとき』　240
『イノベーションへの解 利益ある成長に向けて』　240
インターネットイヤー　204
『インターネットはいかに知の秩序を変えるか？―デジタルの無秩序がもつ力』　214
インターフェースの切り替え　092
インタラクティブ要素　031, 050, 057, 226
インビテーションのトリック　050, 051

う

ヴィルフレド・パレート　191
ヴォイチェク・ヤストレムスキー　068
動き、運動し、ストレッチする　069
疑い（FUD）　055-056, 062, 184, 200

埋め込み型リンク　070

え

英国航空（British Airways）のウェブサイト　054
『エクセレント・カンパニー』　108
エスカレーター　126, 155
エラーメッセージ　114, 117, 118, 119, 123, 132, 133
エリック・マグナッセン　070
エリックの"電球"テスト　164-166
エレベーター　128, 154, 155, 160, 166, 185, 188, 213
演繹法（deductive reasoning）　183

お

応答メカニズム　027
"オオカミ少年"症候群　113-114
大きいボタン　070
大きなキー　127
おまけメッセージ　168
オリビエ・ブランチャード『ソーシャルメディアROIビジネスを最大限にのばすリアルタイム・ブランド戦略』　231
"折り目"の概念　140
折り目を特定できない理由　142-144

か

カーナビ　096, 111, 122, 193, 194
カール・ブラウン　236, 237
快適な環境　069, 077
拡大鏡のアイコン　173
可視性　135, 136-161, 225
箇条書きの先頭の一語　074-076
カスタマイゼーション　115, 116
壁の焼け焦げ　098
寡黙な案内係　082-083, 086
カリフォルニアン号　236
ガリレオの稀覯本　096
カルパチア号　239
カレーペーストのラベル　140
感覚的フィードバック　049, 059, 062, 168
関連コンテンツ（コンテクストメニュー）　100, 104-105, 107, 116, 117, 150
関連項目のグループ化　102
寛容なフォーム　047, 080

き

キーボードショートカット　077, 086
期待をみんなに伝える　221
機能性　028-048, 049-050, 073, 091, 172, 184, 195, 209, 235
『逆襲するテクノロジー──なぜ科学技術は人間を裏切るのか』　231
キャデラック　193, 204, 205
業務ルール　034-035, 037, 047, 080
強調リンク　057, 100
共有参照　162, 163, 167-168, 169, 170, 171, 173, 174, 175, 177, 178, 179, 181, 182, 188, 189, 195, 215, 223, 224
均等性　199-201

く

クラシック音楽　020, 098
グラフィカルユーザーインターフェース（GUI）　077
グリエルモ・マルコーニ　236, 237
グレーアウト　110, 114, 115
クレジットカード情報　033, 045, 084

け

警告　042, 081, 110, 111, 112, 132, 188, 216, 226-227, 238
計測単位　176
経路探索（wayfinding）　154, 161, 168, 203, 214
ゲリラ形式ユーザビリティ　232
『検索と発見のためのデザイン──エクスペリエンスの未来へ』　231

こ

ゴール　169, 229
ゴールドラッシュ　232
香気　055, 148, 172
行動を強制する　128
古代ギリシャ人　068
故障中ボタン　032, 033, 157
コミュニケーション環境　167, 168, 186
コリイ・ドクトロウ（Cory Doctorow）　058
コンテクストは王国なり　099-101
コンテクストメニュー　100, 104, 105, 107, 116, 117, 150
コンバージョン　030-031, 032, 034, 038, 039, 095, 117, 233, 235
コンバージョンの測定基準　039
コンバージョンファネル　235

さ

災害からの復旧　105
『サイトサーチアナリティクス　アクセス解析とUXによるウェブサイトの分析・改善手法』　133
サーモスタットの音声案内　207
サブドメインワイルドカード　120

し

思考発話法テスト　233-234
『実践 行動経済学──健康、富、幸福への聡明な選択』　196
自動ドア　153
シェラトンのフォー・ポインツ・ホテル　138
システィーナ礼拝堂　216
シャーロック・ホームズ　156
シャルル・ド・ゴール空港　207
ジュエリーショップのサイト　030
手根管症候群（carpal tunnel syndrome）　077
ジュネーブの国際労働機関（ILO）　074
ジョージ・バークリー（George Berkeley）　136
ジョーとジョセフィン　068
障がいを持つアメリカ人法 508条　178
冗長性　116-117
情報アーキテクチャ　101
勝利を助けるRAFの仕組み　109-110
処理速度　029, 038
ジョン・ロック　136
シンクのストッパー　215
新車の香り付きの青い木　189
シンプル　015, 020, 021, 022, 028, 039, 070, 090, 120, 121, 132, 156, 170, 177, 188, 190, 191, 195, 198
神話　161, 169, 170

す

ズーム　060, 208
スカンジック・ホテルのビュッフェ　187
スカンジナビア空港　173
スクロールフレンドリー　147, 148
すぐ手元にある　088, 101
スケールアップ　052, 065
スコットランドロイヤル銀行　083
スティーブ・クルーグ　023, 055, 125
スティーブ・ジョブズ　031
砂時計のアイコン　060, 061

スパの浴槽のコントローラ　186
スピードバンプ　127
すべてを見せない　152-153
スペルミス　056, 111, 120
スマートテレビ　032, 051, 065, 071
スマートフォン　032, 047, 051, 052, 057, 065, 071, 092, 095, 097, 114, 123, 124, 142, 145, 149, 187
スマートフォンの目覚まし時計　097

そ

『ソーシャルメディアROI ビジネスを最大限にのばすリアルタイム・ブランド戦略』　231
相互依存型フォーム　035-036
操作説明　033, 036, 037, 125, 132, 166, 185, 187, 220
掃除機とそのごみパック　100
双方向通信　050
遡行的推論／レトロダクション（retroductive inference）　184, 197, 202-203, 215

た

タイタニック号　236, 238, 239
タイマーのマグネット　068
平らな懐中電灯　070
ダウンロード　031, 032, 033, 050, 051, 060, 065, 103, 117, 133
『だから、顧客が逃げていく！―買う気をなくさせるサービスとその撲滅法』　108
ダグラス・エンゲルバート　077
ダグラス・チャンドラー　128
タッチスクリーン　057, 069, 070, 086, 208
『誰のためのデザイン？―認知科学者のデザイン原論』　196

ち

チキン・アルフレッドの爆発　129-131
チケット予約（販売）サイト　035, 092, 096
チューリッヒ空港　155
駐車禁止の標識　207
直帰率　235

つ

使いやすさ　027
通貨と税額　176

て

ディスク・オペレーティング・システム（DOS）　077
ディズニー・オン・アイスのチケット　035
適正な高さ　069
デザイナーのエゴ　098
『デザイニング・ウェブインターフェース ―リッチなウェブアプリケーションを実現する原則とパターン』　066
デザインパターン　060
デザイン的不協和　188-189
手荷物カート　126
デンマークのillyのウェブサイト　174
デンマークのエレベーター　166
デンマークの事務所の便利さ　089
デンマークの制限速度標識　211-212
デンマーク企業の看板　139
デンマーク国税局　217

と

ドアの取っ手　168, 206
搭乗チケットのバーコード／QRコード　067, 123
『都市のイメージ（新装版）』　161
ドライブルートの情報　096
ドライヤーのコンテクスト　100
トランジション技法　055, 055, 057-058, 059
ドロップダウンメニュー　072, 073, 084, 086

な

内国歳入庁（IRS）　080
ナショナルジオグラフィック　128
ナビゲーションの反応性　038
ナビゲーションはきちんと反応すること　029
何でもすぐ手が届くようにする　069, 070, 072

に

ニコラス・アルジアリ　203
ニック・シャラット　040
ニコラ・テスラ　237
ニュートラルな姿勢で作業する　069
入力必須フィールド　033-034, 037
人間工学性　027, 067-087, 184, 186, 195
認知　036, 038, 055, 057, 059, 062, 073, 119, 132, 136, 148, 168, 182, 188, 196, 209, 215, 227, 230, 231

ね

ネスプレッソマシン　157-159

の

『脳は意外とおバカである』　196

は

バーコード　067, 097, 123, 149
パーソナライゼーションの危険性　115-116
バスソルトのイラスト　189
バスの到着時刻　173
発明か、それともイノベーションか？　236-237
バナーブラインドネス　150-151, 154
バラハス国際空港　207
バリ製の穴あきレードル　189
反生産的な機能性　041
反生産的な独創性　041
万人保証性　027, 109-133, 184, 187-188, 220
反応性　027, 038, 049-066, 184, 195
反復性疲労障害（RepetitiveStrain Injury：RSI）　077

ひ

ヒースロー空港のゴミ箱　042
ヒートマップ　074, 075
非一貫性　198
ピクセル　142
引っ越し用の段ボール箱　090
標準化　125, 178, 199, 203, 204-205, 211, 225
ヒラリー・ロビンソン　040
ビル・ゲイツ　077

ふ

ファーストネーム、ラストネーム　176
ファイルサイズを圧縮　038
フィードバック　038, 043, 049, 050, 051, 054, 055, 056, 059, 060, 061, 062, 065, 148, 168, 217
フィードバックの完全な欠如　054
フィールドの入力チェック　034
フィッツの法則　070
フェルッチョ・ブゾーニ　156
フォーム入力　033, 047, 081, 233
風水　156
封筒のアイコン　173

『複雑さと共に暮らす―デザインの挑戦』　214
父称（patronymic）　034
不都合への抑止力　128
物理的オブジェクト　059, 062, 065
物理的抑止力　126-128, 132
フライパンの機能性　029
ブラウザ　031, 047, 051, 052, 071, 084, 092, 102, 121, 140, 142, 181, 195
ブラジル大使館のサイト　037
フラスクのデザイン　070
ブランディングと顧客満足度と期待の関係　218-219
プリンタ（印刷）アイコン　173
ブルース・トグナッツィーニ　198
ブレッドケース　174-175
ブロードバンド回線　073, 103, 178
ブログツール　057, 125

へ

ベーゼンドルファー社製のグランドピアノ　156
ベストプラクティス　103
ペテン師　180
ペルソナ　020, 098-099, 107, 108, 190
ベルリンの動物園　128
ヘンリー・ドレフュス　068, 069, 087
ヘンリー・フォード　204

ほ

ボイスメールシステム　110
法律用語　123, 124
ボードゲーム　198, 219
ホームセンターの親切なリマインダー　111
ホームページ　032-033, 044, 118, 223
ポール・ヘニングセン　041
ポール・ラファエル　168
ボゴ・パトベック　021, 232
ポップアップ　055, 058, 078, 079, 113, 115, 123, 124, 152, 153, 160, 181, 209

ま

マーク・トゥエイン　109
マーティン・ルーサー・キング　109
マウスオーバー　050, 057, 058, 078, 084, 115, 181
マウスプロレーション（mouseploration）　055, 057

マクドナルドの安全地帯　169
マクドナルド化　228-229
曲げ木製の椅子　041
真四角なカップと真ん丸なスプーン　028
「またお越しください」のサイン　218
マツダのドライバーマニュアル　121
マルチモーダル体験　091-092, 107
"満開の花"問題　072, 084-085

み
見方次第　088, 091

む
無計画に起こること　236

め
明暗効果　060
明快さと理解　069, 070
メガネ置き場　091
メタデータ　075, 121
メタファー　063, 206
メッセージを暗記させないこと　123-124

も
「戻る」ボタン　060, 080, 123, 235
物事を強制する　114-115

や
役立つエラーメッセージ　117-119
ヤコブ・ニールセン　074, 150, 169
「やり直し」コマンド　060

ゆ
有効なコミュニケーション　049, 050
優美さと明快さ　135
郵便番号　035, 037, 045, 047
遊覧船イーストランド号　239
ユーザーシナリオ　108, 190
ユーザーの観点（point-of-view：POV）　088
ユースケース　190-191
ゆとりを持たせる　069, 078-079
ユナイテッド航空のウェブサイト　078

よ
よくある質問（FAQ）　223, 224
『予想どおりに不合理―行動経済学が明かす「あなたがそれを選ぶわけ」（増補版）』　196
予測可能性　135, 184, 215-231
予想すべきものを知る　217
余分な動作を減らす　069
より良い判断を助ける　119

ら
ラジオシティ・ミュージックホール　082

り
理解可能性　162-182
リニアなプロセス　192
利便性　016, 027, 077, 088-108, 184, 186-187, 195
リマインダー機能　110
利用規約　110, 121, 139
利用手順　121-122

る
ルーチンの切り替え　092-093
ルート証明機関ストアへのメッセージ　118

れ
レイ・コンシダイン、テッド・コーン『だから、顧客が逃げていく！―買う気をなくさせるサービスとその撲滅法』　161
冷蔵庫の警告ランプ　112
レオナルド・ダ・ヴィンチ　069
レストラン　024, 028, 041, 099, 154, 167, 168, 181, 191, 192, 200, 202, 217, 229
レスポンシブコンテンツ　051, 052
レスポンシブデザイン　051-053, 071

ろ
ロープ付きの木製の車止め　028
ロールスロイス　063-064, 132
ロシア連邦　034
ロンドンの交通事情　126
論理性　135, 159, 183-197

わ
ワンストップ・ショッピング　095

浅野 紀予（あさの のりよ）

インフォメーションアーキテクト、翻訳者。2012年冬からフリーランス活動中。訳書『アンビエント・ファインダビリティ』『デザイニング・インターフェース』『検索と発見のためのデザイン』（いずれもオライリー・ジャパン）、『ビジュアル・ストーリーテリング』（BNN新社）など。個人ブログ「IA Spectrum」では、情報アーキテクチャをめぐる情報共有を実践中。
http://blog.iaspectrum.net/

ほんとに使える「ユーザビリティ」
より良いデザインへのシンプルなアプローチ

2013年10月25日　初版第1刷発行

著　者　エリック・ライス
訳　者　浅野 紀予
発行人　籔内 康一
発行所　株式会社ビー・エヌ・エヌ新社
　　　　〒150-0022
　　　　東京都渋谷区恵比寿南一丁目20番6号
　　　　E-mail：info@bnn.co.jp
　　　　Fax：03-5725-1511
　　　　http://www.bnn.co.jp/

印刷・製本　シナノ印刷株式会社

版権コーディネート
　　　　加藤 久美
デザイン　松川 祐子
編集協力　森岡 麻紗子
編　集　村田 純一

＊本書の内容に関するお問い合わせは、お名前とご連絡先を明記のうえ、
　E-mailまたはFaxにてご連絡ください。
＊本書の一部または全部について、個人で使用するほかは、
　（株）ビー・エヌ・エヌ新社および著作権者の承諾を得ずに無断で
　複写・複製することは禁じられております。
＊乱丁本・落丁本はお取り替えいたします。
＊定価はカバーに記載してあります。

ISBN978-4-86100-889-4
Printed in Japan